传声器阵列压缩波束形成声源识别技术

Compressive Beamforming Acoustic Source Identification Technology with Microphone Arrays

杨　洋　褚志刚　杨咏馨
殷实家　刘宴利　著

重庆大学出版社

内容提要

基于传声器阵列测量和压缩感知理论的压缩波束形成是近年来新发展的声源识别技术，具有声源成像干净清晰、抗干扰能力强、适用范围广等优势。压缩波束形成建立关联测量声压信号和声源分布的数学模型，通过对声源分布施加稀疏约束定解该数学模型来重构声源分布，根据建立数学模型时采用的网格点类型和相关假设，可分为定网格在网、定网格离网、动网格和无网格四类。本书系统介绍这四类压缩波束形成方法，不仅涵盖适宜局部区域声源识别的平面传声器阵列测量，而且涵盖适宜360°全景声源识别的球面传声器阵列测量。

书中给出了各方法的理论推导、数值模拟和试验验证结果，介绍了各方法的优缺点，有助于读者全面了解压缩波束形成声源识别技术。

图书在版编目(CIP)数据

传声器阵列压缩波束形成声源识别技术 / 杨洋等著
. -- 重庆 : 重庆大学出版社, 2024.2
ISBN 978-7-5689-3935-5

Ⅰ. ①传… Ⅱ. ①杨… Ⅲ. ①传声器—自适应波束形成 Ⅳ. ①TN641

中国国家版本馆 CIP 数据核字(2023)第 201994 号

传声器阵列压缩波束形成声源识别技术

CHUANSHENGQI ZHENLIE YASUO BOSHU XINGCHENG SHENGYUAN SHIBIE JISHU

杨 洋 褚志刚 杨咏馨 殷实家 刘宴利 著
策划编辑:荀荟羽
责任编辑:陈 力 版式设计:荀荟羽
责任校对:邹 忌 责任印制:张 策
*
重庆大学出版社出版发行
出版人:陈晓阳
社址:重庆市沙坪坝区大学城西路 21 号
邮编:401331
电话:(023) 88617190 88617185(中小学)
传真:(023) 88617186 88617166
网址:http://www.cqup.com.cn
邮箱:fxk@cqup.com.cn (营销中心)
全国新华书店经销
重庆升光电力印务有限公司印刷
*
开本:720mm×1020mm 1/16 印张:11.75 字数:169 千
2024 年 2 月第 1 版 2024 年 2 月第 1 次印刷
ISBN 978-7-5689-3935-5 定价:88.00 元

前　言

基于传声器阵列测量和压缩感知理论的压缩波束形成是近年来新发展的声源识别技术，具有声源成像干净清晰、抗干扰能力强、适用范围广等优点。已有的定网格在网压缩波束形成假设声源落于离散目标区域形成的网格点上，建立了关联测量声压信号和网格点源强分布的数学模型，通过对网格点源强分布施加稀疏约束定解该数学模型来重构声源分布。然而，声源目标区域离散化将引起基不匹配问题，使声源识别性能劣化。基不匹配问题阻碍压缩波束形成的应用与推广，故探索高性能压缩波束形成声源识别方法具有重要意义。本书旨在针对基不匹配问题，提出一系列高性能压缩波束形成声源识别方法，为该领域的研究和应用提供新的思路和技术支持。

本书以作者及研究团队的前期研究工作为基础系统归纳整理而成。根据建立压缩波束形成数学模型时采用的网格点类型和相关假设，将压缩波束形成方法分为定网格在网、定网格离网、动网格和无网格四类。本书系统介绍了这4类方法，涵盖平面传声器阵列测量和球面传声器阵列测量，共7个部分，各部分均综合运用理论推导、数学建模、数值模拟、试验验证等研究方法。

(1)介绍了平面传声器阵列的定网格在网压缩波束形成。扼要阐述了平面传声器阵列测量模型、定网格在网压缩波束形成基本理论及典型求解算法，在此基础上，通过数值仿真分析了各算法的声源识别性能并阐明了离散目标声源区域带来的基不匹配缺陷及先验参数估计对各算法声源识别性能的影响。

(2)提出了平面传声器阵列的正交匹配追踪定网格离网压缩波束形成。利用网格点传递向量的二元一阶泰勒展开近似真实离网声源传递向量，建立了平面传声器阵列的正交匹配追踪离网压缩波束形成方法。在此基础上，通过综合运用数值仿真和试验验证分析了该方法的声源识别性能及网格间距、稀疏度估计、声源相干性、信噪比和快拍数的影响，并与定网格在网压缩波束形成进行了对比。

(3)提出了平面传声器阵列的迭代重加权动网格压缩波束形成。为进一步提升声源识别精度及空间分辨能力,将声源坐标和强度视为待求解变量,构造以声源坐标为变量的感知矩阵函数和以源强重加权 l_2 范数为惩罚项的目标函数,建立了平面传声器阵列的迭代重加权动网格压缩波束形成,并对其声源识别性能进行了模拟仿真和试验验证。

(4)提出了平面传声器阵列的牛顿正交匹配追踪动网格压缩波束形成。为兼顾声源识别精度、空间分辨能力和计算效率,建立以声源坐标和强度为变量的极大似然估计模型并结合正交匹配追踪算法、牛顿优化和反馈机制求解,提出了牛顿正交匹配追踪动网格压缩波束形成。在此基础上,综合运用数值仿真和验证试验,从声源识别精度、空间分辨能力、抗噪声干扰能力、识别声源数目、计算效率等方面将其与前述正交匹配追踪定网格离网压缩波束形成和迭代重加权动网格压缩波束形成的声源识别性能进行综合对比。同时,为提升单数据快拍下牛顿正交匹配追踪动网格压缩波束形成的声源识别性能,提出了多频同步牛顿正交匹配追踪压缩波束形成,并以多频纯音声源、高斯脉冲声源、稳态白噪声声源为例,综合运用仿真分析和验证试验,分析了该方法对稳态声源和非稳态声源识别的适用性、克服基不匹配问题的能力、空间分辨能力、抗噪声干扰能力及处理频率对该方法性能的影响。

(5)提出了平面传声器阵列的无网格压缩波束形成。基于最小化声源在传声器处产生声压的原子范数并分别利用基于内点法、交替方向乘子法及迭代 Vandermonde 分解和收缩阈值法的求解器进行求解,建立了平面传声器阵列的无网格压缩波束形成。前两种求解器适用于单快拍测量和多快拍测量情形,但需要估计噪声先验参数;第三种求解器无须估计噪声先验参数,但尚且仅适用于单快拍测量。最初的无网格压缩波束形成仅适用于传声器规则分布的矩形阵列和稀疏矩形阵列。进一步,通过建立连续角度域下传声器接收声压的二维傅里叶级数展开形式,提出了适用于任意平面阵列形式的无网格压缩波束形成。

(6)介绍了球面传声器阵列测量模型及球面传声器阵列的定网格在网压缩波束形成。在球坐标系中建立球面传声器阵列的远场和近场测量模型,再分别介绍基于远场和近场模型的定网格在网压缩波束形成方法，并阐明其基不匹配问题。

（7）提出了球面传声器阵列的牛顿正交匹配追踪动网格压缩波束形成，包括多快拍版本和多频率版本。多快拍版本在正交匹配追踪基础上引入牛顿优化过程，在局部连续区域内不断优化识别的声源位置；多频率版本通过建立多频率联合最大似然估计模型，再执行牛顿正交匹配追踪进行模型求解实现声源的多频率同步识别。

7 部分研究内容相互补充，丰富完善了压缩波束形成技术的声源识别功能。不同传声器阵列适宜不同声源识别区域：平面传声器阵列适宜识别局部区域内声源；球面传声器阵列适宜 360°全景识别声源。不同数学模型及求解方法获得的声源识别性能各有优势：多快拍方法适用于稳态声源的逐频识别，且可通过增加快拍数目提高声源识别性能；多频率方法更适合宽带声源的多频率同步识别。本书有助于推动压缩波束形成声源识别技术的理论发展、性能提升和功能完善，具有学术价值和工程应用价值。

本书由重庆工业职业技术学院杨洋副教授、杨咏馨博士以及重庆大学的褚志刚教授、殷实家、刘宴利合著。书中研究工作得到国家自然科学基金项目（12304519，11874096，11704040）和重庆市自然科学基金项目（CSTB2023NSCQ-MSX0548，cstc2019jcyj-msxmX0399）资助。

由于作者水平有限，书中疏漏之处在所难免，敬请同行读者批评指正。

著　者

2023 年 6 月

目 录

1　平面传声器阵列的定网格在网压缩波束形成

压缩波束形成是基于压缩感知理论建立的一种新型阵列声源识别方法，因识别空间范围广、对相干和不相干声源均适用且成像清晰等优点而备受关注。定网格在网压缩波束形成离散成像区域形成一组固定不动的网格点，假设声源落于这些网格点上，建立传声器测量声压与网格点源强分布之间的欠定方程组，并基于稀疏恢复算法定解该方程组以获得声源位置及强度估计。

1.1　平面传声器阵列测量模型

当声源在各传声器处引起的声压信号的幅值差可忽略时，可视声波为平面波，即只考虑声源来向带来各传声器间的相位差而忽略幅值衰减。图 1.1 为平面波声场中传声器阵列采样声信号模型，其中“●”代表传声器。以阵列中心为原点、阵列平面为 xOy 平面，建立如图 1.1 所示的笛卡儿坐标系。

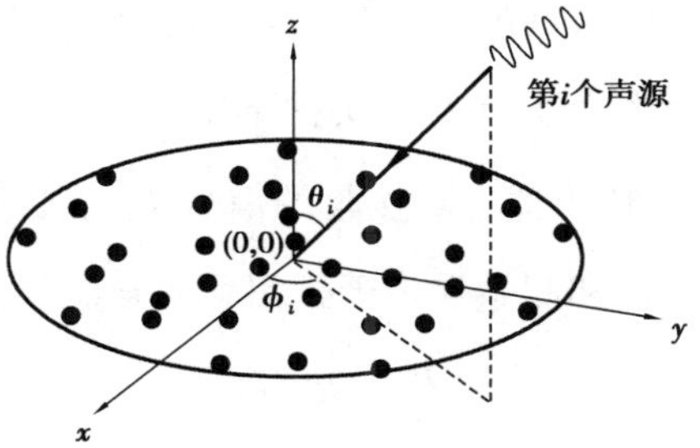

图 1.1　平面波声场中传声器阵列采样声信号模型

假设 I 个声源，第 i 号声源的波达方向（Direction of Arrival，DOA）为（θ_{S_i}，ϕ_{S_i}），其中 θ_{S_i} 为仰角，对应 i 号声源入射方向与 z 轴正向的夹角，ϕ_{S_i} 为方位角，对应 i 号声源入射方向在 xoy 平面上的投影与 x 轴正向的夹角，且 $0°\leqslant\theta\leqslant 90°$，$0°\leqslant\phi<360°$，将所有声源 DOA 集合为矩阵 $\boldsymbol{\Omega}_S=[[\theta_{S1},\phi_{S1}]^T,[\theta_{S2},\phi_{S2}]^T,\cdots,[\theta_{SI},\phi_{SI}]^T]$，上标“^{T}”表示转置运算符。令 $l=1,2,\cdots,L$ 为快拍索引，$s_{i,l}\in\mathbb{C}$ 为第 l 快拍下 i 号声源的强度，$\boldsymbol{s}_i=[s_{i,1},s_{i,2},\cdots,s_{i,L}]\in\mathbb{C}^{1\times L}$ 为各快拍下第 i 号声源的强度组成的行向量，此处“声源强度”用声源在坐标原点处产生的复声压来表示，则各快拍下坐标为（x_{Mq}，y_{Mq}）的传声器处的理论声压向量 $\boldsymbol{p}_q=[p_{q,1},p_{q,2},\cdots,p_{q,L}]\in\mathbb{C}^{1\times L}$ 为

$$\boldsymbol{p}_q=\sum_{i=1}^{I}\boldsymbol{s}_i e^{j2\pi(\sin\theta_{Si}\cos\phi_{Si}x_{Mq}+\sin\theta_{Si}\sin\phi_{Si}y_{Mq})/\lambda} \tag{1.1}$$

其中，$j=\sqrt{-1}$ 为复数单位，$\boldsymbol{\lambda}$ 为波长。

假设传声器总数为 Q，则传声器阵列测量声压信号可表示为矩阵 $\boldsymbol{P}=[\boldsymbol{p}_1^T,\boldsymbol{p}_2^T,\cdots,\boldsymbol{p}_Q^T]^T\in\mathbb{C}^{Q\times L}$。令 $\boldsymbol{a}(\theta_{Si},\phi_{Si})=[e^{j2\pi(\sin\theta_{Si}\cos\phi_{Si}x_{M1}+\sin\theta_{Si}\sin\phi_{Si}y_{M1})/\lambda},e^{j2\pi(\sin\theta_{Si}\cos\phi_{Si}x_{M2}+\sin\theta_{Si}\sin\phi_{Si}y_{M2})/\lambda},\cdots,e^{j2\pi(\sin\theta_{Si}\cos\phi_{Si}x_{MQ}+\sin\theta_{Si}\sin\phi_{Si}y_{MQ})/\lambda}]^T\in\mathbb{C}^{Q\times 1}$，则 $\boldsymbol{P}$ 可表示为

$$\boldsymbol{P}=\sum_{i=1}^{I}\boldsymbol{a}(\theta_{Si},\phi_{Si})\boldsymbol{s}_i \tag{1.2}$$

写成矩阵形式为

$$\boldsymbol{P}=\boldsymbol{A}(\boldsymbol{\Omega}_S)\boldsymbol{S} \tag{1.3}$$

其中，$\boldsymbol{A}(\boldsymbol{\Omega}_S)=[\boldsymbol{a}(\theta_{S1},\phi_{S1}),\boldsymbol{a}(\theta_{S2},\phi_{S2}),\cdots,\boldsymbol{a}(\theta_{SI},\phi_{SI})]\in\mathbb{C}^{Q\times I}$ 表示传递矩阵，$\boldsymbol{S}=[\boldsymbol{s}_1^T,\boldsymbol{s}_2^T,\cdots,\boldsymbol{s}_I^T]^T\in\mathbb{C}^{I\times L}$ 为所有 L 个快拍下所有 I 个声源强度组成的源强矩阵。考虑测量噪声干扰，传声器实际接收的信号 $\boldsymbol{P}^\star\in\mathbb{C}^{Q\times L}$ 应包含来自真实声源产生的理论声压信号 $\boldsymbol{P}$ 和测量噪声干扰信号 $\boldsymbol{N}\in\mathbb{C}^{Q\times L}$，即

$$\boldsymbol{P}^\star=\boldsymbol{P}+\boldsymbol{N} \tag{1.4}$$

定义信噪比（Signal-to-Noise Ratio，SNR）为 $\mathrm{SNR}=20\log_{10}(\|\boldsymbol{P}\|_F/\|\boldsymbol{N}\|_F)$，其

中 $\|\cdot\|_F$ 表示 Frobenius 范数。

1.2　定网格在网压缩波束形成

1.2.1　数学模型

将目标声源区域沿 θ 和 ϕ 两个方向按照一定间隔离散为 G 个固定网格点，g 号网格点对应 DOA 为 (θ_{Gg},ϕ_{Gg})，令 $\boldsymbol{\Omega}_G=[[\theta_{G1},\phi_{G1}]^T,[\theta_{G2},\phi_{G2}]^T,\cdots,[\theta_{GG},\phi_{GG}]^T]$。假设声源落在网格点上，则声源识别问题可转变为以下方程组的求解问题：

$$\boldsymbol{P}^{\star}=\boldsymbol{A}(\boldsymbol{\Omega}_G)\boldsymbol{S}+\boldsymbol{N} \tag{1.5}$$

其中，$\boldsymbol{A}(\boldsymbol{\Omega}_G)=[\boldsymbol{a}(\theta_{G1},\varphi_{G1}),\boldsymbol{a}(\theta_{G2},\varphi_{G2}),\cdots,\boldsymbol{a}(\theta_{GG},\varphi_{GG})]\in\mathbb{C}^{Q\times G}$ 表示感知矩阵，为已知量，$\boldsymbol{S}=[\boldsymbol{s}_1^T,\boldsymbol{s}_2^T,\cdots,\boldsymbol{s}_G^T]^T\in\mathbb{C}^{G\times L}$ 表示源强分布矩阵，为未知量，$\boldsymbol{s}_g\in\mathbb{C}^{1\times L}$ 为第 g 号网格点处各快拍下的源强构成的向量。

传声器数量通常远少于离散的网格点数量，即 $Q\ll G$，式(1.5)是欠定线性方程组，不存在解析解。压缩波束形成基于主声源通常在空间稀疏分布这一事实，利用 $l_{2,p}$ 范数($0\leqslant p\leqslant 1$，单快拍模型时为 l_p 范数)对源强 $\boldsymbol{S}$ 施加稀疏约束，将 $\boldsymbol{S}$ 的求解问题转化为以下 $l_{2,p}$ 范数(l_p 范数)最小化问题：

$$\hat{\boldsymbol{S}}=\underset{\boldsymbol{S}\in\mathbb{C}^{G\times L}}{\operatorname{argmin}}\|\boldsymbol{S}\|_{2,p}^{p}\quad \text{s. t. }\|\boldsymbol{P}^{\star}-\boldsymbol{A}(\boldsymbol{\Omega}_G)\boldsymbol{S}\|_F\leqslant\varepsilon \tag{1.6}$$

其中，ε 为噪声信号 $\boldsymbol{N}$ 的容差，通常取为 $\|\boldsymbol{N}\|_F$，$\|\boldsymbol{S}\|_{2,p}^{p}$ 为

$$\|\boldsymbol{S}\|_{2,p}^{p}=\begin{cases}\sum\limits_{g=1}^{G}\|\boldsymbol{S}_{g,:}\|_2^p, p\neq 0\\ |\{g\,|\,\|\boldsymbol{S}_{g,:}\|_2>0\}|=|\{g\,|\boldsymbol{S}_{g,:}\neq 0\}|, p=0\end{cases} \tag{1.7}$$

其中，$\|\cdot\|_2$ 表示向量的 l_2 范数，$|\cdot|$ 表示集合的势。压缩波束形成利用稀疏恢复算法求解式(1.6)以获得源强分布 $\boldsymbol{S}$，从而实现声源位置及强度估计。

1.2.2 典型求解算法

针对式(1.6)所示的稀疏恢复问题,典型求解算法主要有贪婪算法[1-5]、凸松弛算法[6-10]和稀疏贝叶斯学习算法[11-14]。

(1)正交匹配追踪算法

匹配追踪(Matching Pursuit,MP)算法和正交匹配追踪(Orthogonal Matching Pursuit, OMP)算法都是贪婪算法的代表。MP 的基本思想是根据信号与基向量(感知矩阵列)间的相关性逐一选出感知矩阵中与传声器声压信号最相关的基向量,逐步形成支撑集以实现对传声器声压信号的稀疏逼近,即求得矩阵 $\boldsymbol{S}$ 中所有非零行的元素。OMP 则是在匹配追踪算法的基础上增加了正交化过程,使每个声源识别后的残差总与所有已识别声源对应基向量正交,避免重复匹配相同基向量,其应用更为广泛。

定义残差 $\boldsymbol{\xi}=\boldsymbol{P}^{\star}-\boldsymbol{A}(\boldsymbol{\Omega}_{\mathrm{G}})\boldsymbol{S}$。初始化 $\boldsymbol{S}^{(0)}=\boldsymbol{0}$,$\boldsymbol{\xi}^{(0)}=\boldsymbol{P}^{\star}$,支撑集 $\Gamma^{(0)}=\varnothing$,非支撑集 $\Gamma_{\mathrm{C}}^{(0)}=\{1,2,\cdots,G\}$,支撑集对应的 DOA 构成的矩阵 $\boldsymbol{\Omega}_{\mathrm{S}}^{(0)}=[\ ]$,支撑集上的原子集构成的矩阵 $\boldsymbol{\Lambda}^{(0)}=[\ ]$。OMP 算法逐个估计声源,第 γ 次迭代中针对第 γ 号声源的识别过程可简述为以下两步:

①从非支撑集对应的感知矩阵列向量中挑选出与当前残差最为相关的一列,将其索引加入支撑集、移出非支撑集,并将此列加入支撑集对应的原子集构成的矩阵 $\boldsymbol{\Lambda}$ 中,即

$$\lambda=\underset{g}{\operatorname{argmax}}\left(\left\|\boldsymbol{a}(\theta_{\mathrm{G}g},\phi_{\mathrm{G}g})^{\mathrm{H}}\boldsymbol{\xi}^{(\gamma-1)}\right\|_2\right),g\in\Gamma_{\mathrm{C}}^{(\gamma-1)} \tag{1.8}$$

$$\Gamma^{(\gamma)}=\Gamma^{(\gamma-1)}\cup\lambda,\Gamma_{\mathrm{C}}^{(\gamma)}=\Gamma_{\mathrm{C}}^{(\gamma-1)}\backslash\lambda \tag{1.9}$$

$$\hat{\boldsymbol{\Omega}}_{\mathrm{S}}^{(\gamma)}=\left[\hat{\boldsymbol{\Omega}}_{\mathrm{S}}^{(\gamma-1)},[\hat{\theta}_{\mathrm{S}\lambda},\hat{\phi}_{\mathrm{S}\lambda}]^{\mathrm{T}}\right] \tag{1.10}$$

$$\boldsymbol{\Lambda}^{(\gamma)}=\left[\boldsymbol{\Lambda}^{(\gamma-1)},\boldsymbol{a}(\hat{\theta}_{\mathrm{S}\lambda},\hat{\phi}_{\mathrm{S}\lambda})\right] \tag{1.11}$$

②利用最小二乘法,基于已识别源对应基向量构成的矩阵 $\boldsymbol{\Lambda}^{(\gamma)}$,正交更新源强

$$\hat{\boldsymbol{S}}^{(\gamma)}_{\Gamma^{(\gamma)},:}=((\boldsymbol{\Lambda}^{(\gamma)})^{\mathrm{H}}\boldsymbol{\Lambda}^{(\gamma)})^{-1}(\boldsymbol{\Lambda}^{(\gamma)})^{\mathrm{H}}\boldsymbol{P}^{\star} \tag{1.12}$$

其中,下标“$\Gamma^{(\gamma)},:$”表示 $\Gamma^{(\gamma)}$ 中元素指示的行,冒号表示所有列非支撑集上的源强为 0,即

$$\hat{\boldsymbol{S}}^{(\gamma)}_{\Gamma^{(\gamma)}_{\mathrm{C}},:}=\boldsymbol{0} \tag{1.13}$$

最后,更新残差,即

$$\boldsymbol{\xi}^{(\gamma)}=\boldsymbol{P}^{\star}-\boldsymbol{A}(\boldsymbol{\Omega}_{\mathrm{G}})\hat{\boldsymbol{S}}^{(\gamma)} \tag{1.14}$$

当迭代次数达到声源数目 I 时,迭代终止。

具体求解流程见表 1.1。

表 1.1　基于 OMP 求解的二维定网格在网压缩波束形成算法

初始化:$\gamma=0,\xi^{(0)}=\boldsymbol{P}^{\star},\Gamma^{(0)}=\varnothing,\Gamma^{(0)}_{\mathrm{C}}=\{1,2,\cdots,G\},\boldsymbol{S}^{(0)}=\boldsymbol{0},\boldsymbol{\Omega}^{(0)}_{\mathrm{S}}=[\ ],\boldsymbol{\Lambda}^{(0)}=[\ ]$
循环
$\gamma\leftarrow\gamma+1$
根据式(1.8)挑选最强相关列
根据式(1.9)、式(1.10)及式(1.11)更新支撑集 $\Gamma^{(\gamma)}$、非支撑集 $\Gamma^{(\gamma)}_{\mathrm{C}}$、矩阵 $\hat{\boldsymbol{\Omega}}^{(\gamma)}_{\mathrm{S}}$ 及矩阵 $\boldsymbol{\Lambda}^{(\gamma)}$
根据式(1.12)求解已识别声源源强 $\hat{\boldsymbol{S}}^{(\gamma)}_{\Gamma^{(\gamma)},:}$
根据式(1.14)更新残差 $\boldsymbol{\xi}^{(\gamma)}$
直到 $\gamma=I$
输出:$\hat{\boldsymbol{\Omega}}^{(\gamma)}_{\mathrm{S}},\hat{\boldsymbol{S}}^{(\gamma)}_{\Gamma^{(\gamma)},:}$

(2)迭代重加权 l_1 范数最小化算法

$\|\boldsymbol{S}\|_{2,0}$ 是声源分布稀疏性的最直接度量,但采用 $\|\boldsymbol{S}\|_{2,0}$ 时,式(1.6)示的最小化问题为非凸组合问题,难以求解。$\|\boldsymbol{S}\|_{2,1}$ 是 $\|\boldsymbol{S}\|_{2,0}$ 的凸松弛形式,感知矩阵满足一定条件时,$\|\boldsymbol{S}\|_{2,1}$ 等价于 $\|\boldsymbol{S}\|_{2,0}$,可用前者替代后者。相应地,式(1.6)可写为:

$$\hat{\boldsymbol{S}}=\underset{\boldsymbol{S}\in\mathbb{C}^{G\times L}}{\operatorname{argmin}}\|\boldsymbol{S}\|_{2,1}\quad \text{s. t.}\ \|\boldsymbol{P}^{\star}-\boldsymbol{A}(\boldsymbol{\Omega}_{\mathrm{G}})\boldsymbol{S}\|_{\mathrm{F}}\leqslant\varepsilon \tag{1.15}$$

式(1.15)可采用凸优化工具包 CVX 进行求解,得到每个固定网格点对应的源强,从而实现声源 DOA 估计和源强量化。

直接求解式(1.15)得到的结果往往与实际声源分布之间存在一定偏差,迭代重加权 l_1 范数最小化(Iterative Reweighted l_1-norm minimization, IR l_1)通过在 l_1 范数最小化求解的基础上再对声源分布进行迭代优化,从而减小偏差。该方法首先采用比 l_1 范数更具稀疏促进能力的对数求和罚函数 $\sum_{g=1}^{G}\ln(\|\boldsymbol{S}_{g,:}\|_2+\eth)$ 构建目标函数,从而形成以下求解问题:

$$\min_{\boldsymbol{S}\in\mathbb{C}^{G\times L}}\sum_{g=1}^{G}\ln(\|\boldsymbol{S}_{g,:}\|_2+\eth)\quad \text{s.t. } \|\boldsymbol{P}^{\star}-\boldsymbol{A}(\boldsymbol{\Omega}_{\mathrm{G}})\boldsymbol{S}\|_{\mathrm{F}}\leqslant\varepsilon \tag{1.16}$$

其中,$\eth$ 为一正参数,用以保证对数函数被正确定义。$\sum_{g=1}^{G}\ln(\|\boldsymbol{S}_{g,:}\|_2+\eth)$ 为凹函数,可基于优化最小化框架迭代求解式(1.16)所示的问题。由第 $\gamma-1$ 次迭代结果 $\hat{\boldsymbol{S}}^{(\gamma-1)}$ 到第 γ 次迭代结果 $\boldsymbol{S}^{(\gamma)}$ 的求解步骤如下:

$$\hat{\boldsymbol{S}}^{(\gamma)}=\underset{\boldsymbol{S}\in\mathbb{C}^{G\times L}}{\operatorname{argmin}}\sum_{g=1}^{G}\frac{1}{(\|\hat{\boldsymbol{S}}_{g,:}^{(\gamma-1)}\|_2+\eth)}\|\boldsymbol{S}_{g,:}\|_2\quad \text{s.t. } \|\boldsymbol{P}^{\star}-\boldsymbol{A}(\boldsymbol{\Omega}_{\mathrm{G}})\boldsymbol{S}\|_{\mathrm{F}}\leqslant\varepsilon \tag{1.17}$$

通常参数 $\eth$ 取为 10^{-3},若 10^{-3} 小于 $\{\|\hat{\boldsymbol{S}}_{g,:}^{(\gamma-1)}\|_2/\sqrt{L}\mid g=1,2,\cdots,G\}$ 中元素按降序排列后第 $Q/\lfloor 4\lg(G/Q)\rfloor$ 个值,参数 $\eth$ 取为后者[15],其中,“$\lfloor\cdot\rfloor$”表示向负无穷方向取整。进一步,定义加权矩阵 $\boldsymbol{W}=\mathrm{Diag}([w_1,w_2,\cdots,w_G]^{\mathrm{T}})\in\mathbb{C}^{G\times G}$,“Diag(·)”表示以括号中向量的元素为对角元素生成对角矩阵,第 g 个权重系数 $w_g^{(\gamma)}$ 记为以下表达式:

$$w_g^{(\gamma)}=\begin{cases}1, & \gamma=1\\ \dfrac{1}{\|\hat{\boldsymbol{S}}_{g,:}^{(\gamma-1)}\|_2+\eth}, & \gamma>1\end{cases} \tag{1.18}$$

则式(1.17)可简化为

$$\hat{\boldsymbol{S}}^{(\gamma)}=\underset{\boldsymbol{S}\in\mathbb{C}^{G\times L}}{\arg\min}\|\boldsymbol{W}^{(\gamma)}\boldsymbol{S}\|_{2,1}\quad \text{s.t. } \|\boldsymbol{P}^{\star}-\boldsymbol{A}(\boldsymbol{\Omega}_{\mathrm{G}})\boldsymbol{S}\|_{\mathrm{F}}\leqslant\varepsilon \tag{1.19}$$

初次迭代中，初始化 $\boldsymbol{W}^{(1)}$ 为单位矩阵，此时式(1.19)等价于常规的 l_1 范数最小化问题，经求解得到第一次声源分布估计 $\hat{\boldsymbol{S}}^{(1)}$ 之后开始更新加权矩阵进入新一轮迭代，一般经过 2 ~ 3 次迭代之后结果即可收敛。由式(1.18)可知，在后续迭代中，幅值较小的声源点被施加较大的权重系数，以达到更好的噪声抑制；幅值较大的声源点被施加较小的权重系数，可保证重建信号的保真度。相比直接的 l_1 范数模型，重加权的 l_1 范数约束模型更加逼近原始的 l_0 范数稀疏约束模型。IR $l1$ 能够有效减小偏差和促进稀疏，更容易获得最优稀疏解。表 1.2 给出了 IR $l1$ 算法流程。

表 1.2　基于 IR $l1$ 求解的二维定网格在网压缩波束形成算法

输入：$\boldsymbol{P}^{\star}$，$\boldsymbol{A}(\boldsymbol{\Omega}_{\mathrm{G}})$，$L$，$\gamma_{\max}$；初始化：$\boldsymbol{W}^{(1)}=\boldsymbol{I}$，$\eth=1\mathrm{e}{-3}$，$\gamma=1$
当 $\gamma \leqslant \gamma_{\max}$ 时，执行以下步骤
利用 CVX 根据式(1.19)计算 $\hat{\boldsymbol{S}}^{(\gamma)}$
$\gamma \leftarrow \gamma+1$
根据式(1.18)更新 $\boldsymbol{W}^{(\gamma)}$
输出：$\hat{\boldsymbol{S}}^{(\gamma)}$

(3)**稀疏贝叶斯学习算法**

稀疏贝叶斯学习(Sparse Bayesian Learning, SBL)算法通常使用分层的两级贝叶斯推理从传声器测量声压中重建网格点源强的稀疏估计。第一级通过假设的信号先验模型和数据似然推理源强的后验概率分布；第二级通过最大化观测数据的概率进行超参数自适应学习以获得稀疏估计。该算法自适应地从观测信号中学习超参数，进而获得稀疏稳健的估计。

基于式(1.5)的模型，SBL 通常假设源强 $\boldsymbol{S}_{:,l}$($\boldsymbol{S}_{:,l}$ 为 $\boldsymbol{S}$ 的第 l 列)满足均值为 0、协方差矩阵为对角阵 $\boldsymbol{\Gamma}=\mathrm{Diag}(\boldsymbol{\sigma}_{\mathrm{S}}) \in \mathbb{C}^{G\times G}$ 的复高斯分布。$\boldsymbol{\sigma}_{\mathrm{S}}=[\sigma_{\mathrm{S1}},\sigma_{\mathrm{S2}},\cdots,\sigma_{\mathrm{S}G}]$，$\sigma_{\mathrm{S}g}$ 为 $\boldsymbol{S}_{:,l}$ 的第 g 个元素的方差，也是 SBL 需要学习的超参数，它控制着声源强度分布的稀疏度以及稀疏剖面。

多数据快拍下，$\boldsymbol{S}$ 中各列向量具有相同的稀疏剖面，假设各快拍下模型参数独立，声源源强的先验分布模型可写为

$$p(\boldsymbol{S}) = \prod_{l=1}^{L} p(\boldsymbol{S}_{:,l}) = \prod_{l=1}^{L} \mathrm{CN}(\boldsymbol{S}_{:,l} \mid \boldsymbol{0}, \boldsymbol{\Gamma}) \tag{1.20}$$

其中，$\prod$ 表示连乘运算符。类似地，假设噪声服从 0 均值的复高斯分布，且各传声器或各快拍间噪声独立，则多数据快拍下噪声的先验分布模型可写为

$$p(\boldsymbol{N}) = \prod_{l=1}^{L} p(\boldsymbol{N}_{:,l}) = \prod_{l=1}^{L} \mathrm{CN}(\boldsymbol{N}_{:,l} \mid \boldsymbol{0}, \boldsymbol{\Sigma}_{\mathrm{N}}) \tag{1.21}$$

其中，$\boldsymbol{\Sigma}_{\mathrm{N}} = \sigma_{\mathrm{N}}^2 \boldsymbol{I} \in \mathbb{C}^{Q\times Q}$（$\boldsymbol{I} \in \mathbb{R}^{Q\times Q}$ 为单位矩阵）是噪声分布的协方差矩阵。相应的数据似然为

$$p(\boldsymbol{P}^{\star} \mid \boldsymbol{S}) = \prod_{l=1}^{L} p(\boldsymbol{P}^{\star}_{:,l} \mid \boldsymbol{S}_{:,l}) = \prod_{l=1}^{L} \mathrm{CN}(\boldsymbol{P}^{\star}_{:,l} \mid \boldsymbol{A}(\boldsymbol{\Omega}_{\mathrm{G}})\boldsymbol{S}_{:,l}, \boldsymbol{\Sigma}_{\mathrm{N}}) \tag{1.22}$$

基于式(1.20)高斯先验和式(1.22)似然，可得源强的后验分布为

$$p(\boldsymbol{S} \mid \boldsymbol{P}^{\star}) \propto p(\boldsymbol{P}^{\star} \mid \boldsymbol{S}) p(\boldsymbol{S}) = \prod_{l=1}^{L} \mathrm{CN}(\boldsymbol{\mu}_l, \boldsymbol{\Sigma}_{\mathrm{S}}) \tag{1.23}$$

其中，$\boldsymbol{\mu}_l \in \mathbb{C}^{G\times 1}$ 和 $\boldsymbol{\Sigma}_{\mathrm{S}} \in \mathbb{C}^{G\times G}$ 分别为 $\boldsymbol{S}$ 的后验分布的均值和协方差

$$\boldsymbol{\mu}_l = \boldsymbol{\Gamma}\boldsymbol{A}(\boldsymbol{\Omega}_{\mathrm{G}})^{\mathrm{H}} \boldsymbol{\Sigma}_{\mathrm{P}}^{-1} \boldsymbol{P}^{\star}_{:,l} \tag{1.24}$$

$$\boldsymbol{\Sigma}_{\mathrm{S}} = \boldsymbol{\Gamma} - \boldsymbol{\Gamma}\boldsymbol{A}(\boldsymbol{\Omega}_{\mathrm{G}})^{\mathrm{H}} \boldsymbol{\Sigma}_{\mathrm{P}}^{-1} \boldsymbol{A}(\boldsymbol{\Omega}_{\mathrm{G}}) \boldsymbol{\Gamma} \tag{1.25}$$

其中，$\boldsymbol{\Sigma}_{\mathrm{P}} \in \mathbb{C}^{Q\times Q}$ 为传声器声压 $\boldsymbol{P}^{\star}$ 的协方差矩阵

$$\boldsymbol{\Sigma}_{\mathrm{P}} = \mathrm{E}(\boldsymbol{P}^{\star}_{:,l} (\boldsymbol{P}^{\star}_{:,l})^{\mathrm{H}}) = \sigma_{\mathrm{N}}^2 \boldsymbol{I} + \boldsymbol{A}(\boldsymbol{\Omega}_{\mathrm{G}}) \boldsymbol{\Gamma} \boldsymbol{A}(\boldsymbol{\Omega}_{\mathrm{G}})^{\mathrm{H}} \tag{1.26}$$

其中，E(·)表示求期望。SBL 通常利用证据来估计超参数 σ_{N}^2 和 $\boldsymbol{\sigma}_{\mathrm{S}}$。根据全概率公式可得测量声压向量的分布（证据）为

$$\begin{aligned} p(\boldsymbol{P}^{\star}) &= \int p(\boldsymbol{P}^{\star} \mid \boldsymbol{S}) p(\boldsymbol{S}) \mathrm{d}\boldsymbol{S} = \int \prod_{l=1}^{L} \mathrm{CN}(\boldsymbol{P}^{\star}_{:,l} \mid \boldsymbol{A}(\boldsymbol{\Omega}_{\mathrm{G}}) \boldsymbol{S}_{:,l}, \boldsymbol{\Sigma}_{\mathrm{N}}) \mathrm{CN}(\boldsymbol{S}_{:,l} \mid \boldsymbol{0}, \boldsymbol{\Gamma}) \mathrm{d}\boldsymbol{S} \\ &= \prod_{l=1}^{L} \mathrm{CN}(\boldsymbol{P}^{\star}_{:,l} \mid \boldsymbol{0}, \boldsymbol{\Sigma}_{\mathrm{P}}) = \frac{\mathrm{e}^{-\mathrm{tr}((\boldsymbol{P}^{\star})^{\mathrm{H}} \boldsymbol{\Sigma}_{\mathrm{P}}^{-1} \boldsymbol{P}^{\star})}}{(\pi^{Q} \det(\boldsymbol{\Sigma}_{\mathrm{P}}))^{L}} \end{aligned} \tag{1.27}$$

其中，tr(·)表示矩阵的迹，det(·)表示矩阵的行列式。通过第Ⅱ类极大似然估计（即最大化证据），可获得超参数$\boldsymbol{\sigma}_{\mathrm{S}}$ 的估计

$$\hat{\boldsymbol{\sigma}}_{\mathrm{S}}=\underset{\sigma_{\mathrm{S}g}\geqslant 0}{\arg\max}(\ln p(\boldsymbol{P}^{\star}))=\underset{\sigma_{\mathrm{S}g}\geqslant 0}{\arg\max}(-\mathrm{tr}((\boldsymbol{P}^{\star})^{\mathrm{H}}\boldsymbol{\Sigma}_{\mathrm{P}}^{-1}\boldsymbol{P}^{\star})-L\ln\det(\boldsymbol{\Sigma}_{\mathbf{P}}))\tag{1.28}$$

式(1.28)所示最大化问题的目标函数非凸，通过对目标函数微分逐步更新迭代获得参数 $\sigma_{\mathrm{S}g}$ 的近似估计

$$\hat{\sigma}_{\mathrm{S}g}^{(\gamma)}=\hat{\sigma}_{\mathrm{S}g}^{(\gamma-1)}\cdot\frac{1}{L}\cdot\frac{\boldsymbol{a}(\theta_{\mathrm{G}g},\phi_{\mathrm{G}g})^{\mathrm{H}}\boldsymbol{\Sigma}_{\mathrm{P}}^{-1}\boldsymbol{P}^{\star}(\boldsymbol{P}^{\star})^{\mathrm{H}}\boldsymbol{\Sigma}_{\mathrm{P}}^{-1}\boldsymbol{a}(\theta_{\mathrm{G}g},\phi_{\mathrm{G}g})}{\boldsymbol{a}(\theta_{\mathrm{G}g},\phi_{\mathrm{G}g})^{\mathrm{H}}\boldsymbol{\Sigma}_{\mathrm{P}}^{-1}\boldsymbol{a}(\theta_{\mathrm{G}g},\phi_{\mathrm{G}g})}\tag{1.29}$$

其中，$\hat{\sigma}_{\mathrm{S}g}^{(\gamma)}$ 表示第 γ 次迭代过程中$(\theta_{\mathrm{G}g},\phi_{\mathrm{G}g})$方向声源能量的估计（方差）。

若已知噪声信息，SBL 的计算步骤至此结束。若噪声信息未知，则需执行迭代计算估计噪声方差 σ_{N}^2，为计算模型参数方差提供基础。初始化$(\sigma_{\mathrm{N}}^2)^{(0)}=0.1$，$\boldsymbol{\sigma}_{\mathrm{S}}^{(0)}=[1,1,\cdots,1]\in\mathbb{R}^{G\times 1}$。在第 γ 次迭代中，超参数 $\boldsymbol{\sigma}_{\mathrm{N}}^2$ 可通过随机极大似然获得[11]

$$(\hat{\sigma}_{\mathrm{N}}^2)^{(\gamma)}=\frac{\mathrm{tr}((\boldsymbol{I}-\boldsymbol{A}_{:,v}\boldsymbol{A}_{:,v}^{+})\boldsymbol{P}^{\star}(\boldsymbol{P}^{\star})^{\mathrm{H}})}{L(Q-K)}\tag{1.30}$$

其中，$v=\{\hat{\boldsymbol{\sigma}}_{\mathrm{S}}^{(\gamma)}$ 中前 K 个最大元素对应的索引$\}=\{g_1,g_2,\cdots,g_K\}$，$\boldsymbol{A}_{:,v}\in\mathbb{C}^{Q\times K}$ 是由感知矩阵 $\boldsymbol{A}(\boldsymbol{\Omega}_{\mathrm{G}})$ 中索引为 v 的列向量构成的矩阵，$\boldsymbol{A}_{:,v}^{+}\in\mathbb{C}^{K\times Q}$ 是 $\boldsymbol{A}_{:,v}$ 的 Moore-Penrose 伪逆。更新

$$\boldsymbol{\eta}^{(\gamma)}=\frac{\|\hat{\boldsymbol{\sigma}}_{\mathrm{S}}^{(\gamma)}-\hat{\boldsymbol{\sigma}}_{\mathrm{S}}^{(\gamma-1)}\|_1}{\|\hat{\boldsymbol{\sigma}}_{\mathrm{S}}^{(\gamma-1)}\|_1}\tag{1.31}$$

当 $\gamma\geqslant\gamma_{\max}$ 或 $\boldsymbol{\eta}^{(\gamma)}\leqslant 10^{-3}$ 时，迭代停止。

SBL 算法流程见表 1.3。

表 1.3　基于 SBL 求解的二维定网格在网压缩波束形成算法

输入：$\boldsymbol{P}^{\star}$，$\boldsymbol{A}(\boldsymbol{\Omega}_{\mathrm{G}})$，$L$，$K$，$\boldsymbol{\eta}_{\min}=10^{-3}$，$\gamma_{\max}$
初始化：$\gamma=0$，$\boldsymbol{\eta}^{(0)}=1$，$\boldsymbol{\sigma}_{\mathrm{S}}^{(0)}=[1,1,\cdots,1]$，$(\sigma_{\mathrm{N}}^2)^{(0)}=0.1$

续表

当 $\gamma<\gamma_{\max}$ 且 $\eta>\eta_{\min}$ 时,执行以下步骤
$\gamma\leftarrow\gamma+1$
根据式(1.26)计算$\boldsymbol{\Sigma}_{\mathrm{P}}$
根据式(1.29)更新所有网格点对应 $\hat{\sigma}_{\mathrm{S}g}^{(\gamma)}$,$(g=1,2,\cdots,G)$
挑选出 $\hat{\boldsymbol{\sigma}}_{\mathrm{S}}^{(\gamma)}$ 中最大 K 个元素,并构造 $A_{:,v}\in\mathbb{C}^{Q\times K}$
根据式(1.30)更新$(\hat{\sigma}_{\mathrm{N}}^{2})^{(\gamma)}$
根据式(1.31)更新 $\eta^{(\gamma)}$
输出:$\hat{\boldsymbol{\sigma}}_{\mathrm{S}}^{(\gamma)}$,$(\hat{\sigma}_{\mathrm{N}}^{2})^{(\gamma)}$

上述输出的超参数 $\hat{\boldsymbol{\sigma}}_{\mathrm{S}}$ 即为波束形成的功率输出,而所有网格点声压幅值可由 $\boldsymbol{A}_{:,v}^{+}\boldsymbol{P}^{\star}$ 获得。相比凸松弛算法和贪婪算法,稀疏贝叶斯学习算法无显式稀疏约束,而是通过单独缩放每个网格点源强对应方差来隐含稀疏促进。

三类算法中,凸松弛算法能够获得全局最优解,但需严格满足等距约束条件且计算复杂度大、计算速度慢,对大规模问题不适用;贪婪算法计算复杂度小、计算速度快,但可能获得局部最优解而非全局最优解,且性能受感知矩阵列相干性影响严重;稀疏贝叶斯算法计算速度较快,但声源识别性能依赖于信号先验分布的假设。

1.2.3 典型求解算法性能对比

本小节通过声源识别仿真案例分析对比基于 OMP,IR $l1$ 和 SBL 三种算法求解的压缩波束形成方法(分别记为 OMP-CB,IR $l1$-CB 和 SBL-CB)的性能。仿真时采用与直径0.65 m、平均传声器间距0.1 m 的 Bruel & Kjær 36 通道扇形轮阵列一致的传声器分布,测量几何布置如图 1.1 所示。假设 5 个声源,DOA 依次为(75°,80°),(25°,140°),(25°,190°),(60°,230°)和(40°,300°),强度(各快拍下强度的均方根)依次为 100 dB,97 dB,94 dB,97 dB 和 90 dB,声波频率为

4 000 Hz,快拍数为 10。计算时,OMP-CB 和 SBL-CB 方法中的稀疏度及 IR *l*1-CB 方法中的 SNR 先验参数均被准确估计。图 1.2 为三种方法在 SNR 分别为 10 dB 和 5 dB 时的识别结果,其中,"○"和"*"分别代表声源真实 DOA 和估计 DOA,真实声源强度和估计声源强度均参考真实声源强度的最大值进行 dB 缩放,显示动态范围设为 20 dB,同时每幅子图上方标出以基准声压 2×10^{-5}Pa 为参考的最大输出值。

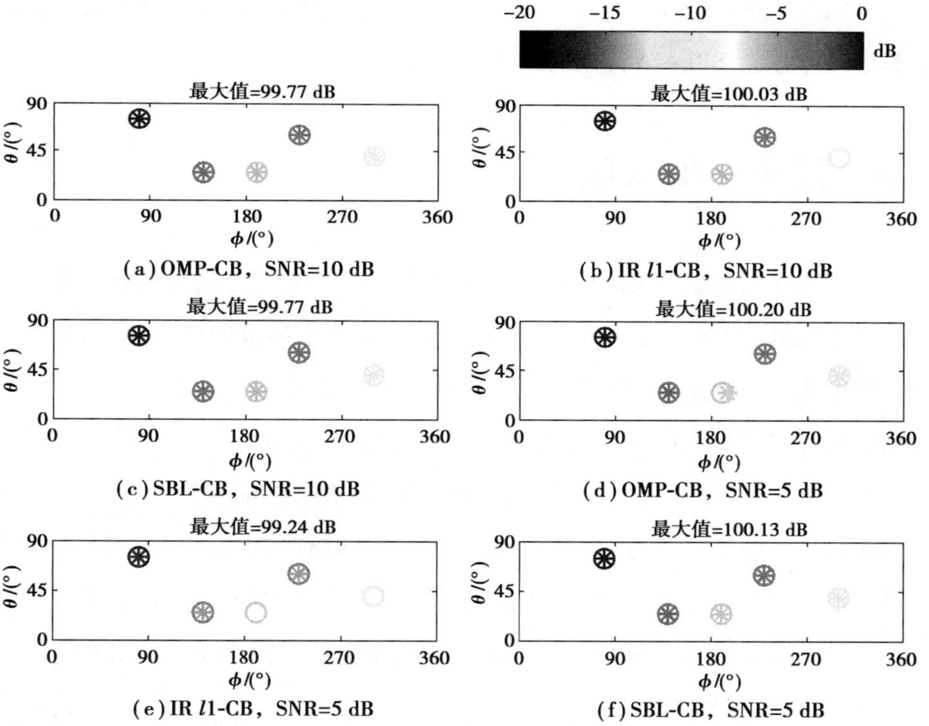

图 1.2 OMP-CB、IR *l*1-CB 和 SBL-CB 方法在强噪声干扰下的识别结果

注:○表示真实声源分布,*表示估计声源分布,均参考真实声源强度最大值进行 dB 缩放。

由图 1.2(a)-(c)可知,SNR 为 10 dB 时,OMP-CB 和 SBL-CB 方法均能准确识别所有声源,而 IR *l*1-CB 方法出现了丢失声源的现象。当 SNR 为 5 dB 时[图 1.2(d)-(f)],SBL-CB 方法仍能准确识别所有声源,而 OMP-CB 方法存在声源定位不准确的现象,这是由于相邻网格对应基向量与测量残差间的相关性接近，当测量残差中存在强噪声干扰时会影响其与基向量的相关性，导致挑选到附近的错误网格点，进而使声源定位不准确。IR $l1$-CB 方法遗漏了两个声源且对已识别源的强度量化不够准确。由此初步可知，SBL-CB 方法受噪声干扰影响最小，抗噪声干扰能力最强，OMP-CB 方法次之，IR $l1$-CB 方法较差。

就计算效率而言，获得图 1.2(a)—(c)所示结果 OMP-CB，IR $l1$-CB 和 SBL-CB 方法在 3.5 GHz Intel(R) Xeon(R) E5-1650 v3 CPU 上运行所需计算耗时分别为 0.004 s，122.697 s 和 0.522 s。可见，OMP-CB 方法计算效率远高于其他两种方法，SBL-CB 方法次之，IR $l1$-CB 方法计算效率最低。

1.3 基不匹配缺陷

定网格在网压缩波束形成方法基于实际声源 DOA 落在离散网格点上的假设建立方程组并求解。实际应用中，声源通常不落于离散网格点上，从有限离散字典中选出的支撑集(基向量)无法准确对应声源真实位置，此时 1.2.2 小节介绍的所有定网格在网压缩波束形成方法的性能将降低，该现象称为基不匹配。为展示基不匹配现象，下面利用 OMP-CB，IR $l1$-CB 和 SBL-CB 三种方法进行声源识别案例仿真。为量化各方法的声源识别精度，定义声源 DOA 估计值与真实值之间的角距离为 DOA 估计偏差∂、声源强度估计值与真实值声压级(Source Pressure Level, SPL)之差为声源强度量化偏差β，其表达式分别为

$$\partial=\frac{180}{\pi}\arccos(\cos\theta\cos\hat{\theta}+(\cos\phi-\cos\hat{\phi})\sin\theta\sin\hat{\theta}) \tag{1.32}$$

$$\beta=20\log_{10}(|\hat{s}|/|s|) \tag{1.33}$$

其中，(θ,ϕ)和$(\hat{\theta},\hat{\phi})$分别为声源 DOA 的真实值与估计值，$s$ 和 $\hat{s}$ 分别为声源强度真实值与估计值。

仿真时采用与直径 0.65 m、平均传声器间距 0.1 m 的 Bruel & Kjær 36 通道扇形轮阵列一致的传声器分布，测量几何布置如图 1.1 所示。假设 5 个声源，

分别标记为 S1 至 S5，DOA 依次为(63°,77°)，(26°,142°)，(27°,193°)，(61°,229°)和(37°,301°)，声源强度依次为 100，97，94，97 和 90 dB，声波频率为 4000 Hz，SNR 为 20 dB，快拍数为 10。计算时，OMP-CB 和 SBL-CB 方法中的稀疏度及 IR $l1$-CB 方法中的 SNR 先验参数均被准确估计，相应结果如图 1.3 所示。图 1.3(a)(b)(c)对应目标声源区域 θ 和 ϕ 方向离散网格间距 Δ 均为 5°，图 1.3(d)(e)(f)对应目标声源区域 θ 和 ϕ 方向离散网格间距 Δ 均为 2°。表 1.4 为各方法对各声源的 DOA 估计偏差∂、强度量化偏差β 以及获得图 1.3 中结果的计算耗时，其中，IR $l1$-CB 方法和 SBL-CB 方法的声源强度估计值为真实声源附近所有分散估计值的总和。

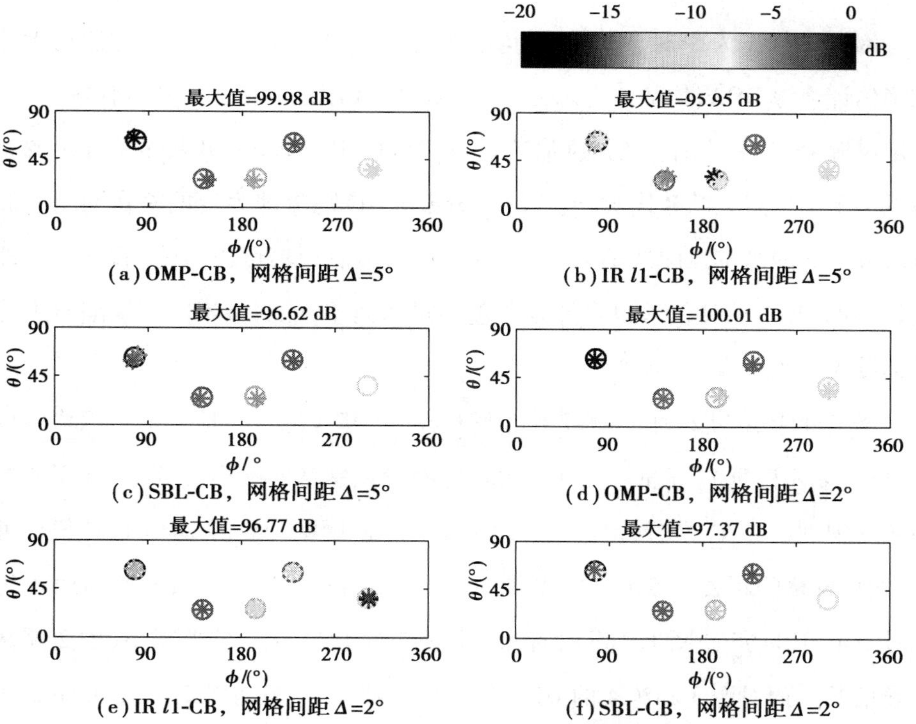

图 1.3　三种在网压缩波束形成方法不同网格间距下的声源识别结果

注：○表示真实声源分布，* 表示估计声源分布，均参考真实声源强度最大值进行 dB 缩放。

表 1.4　图 1.3 中各方法声源识别偏差及计算耗时

方法	网格	S1		S2		S3		S4		S5		计算
	间距	$\partial/(^\circ)$	β/dB	$\partial/(^\circ)$	β/dB	$\partial/(^\circ)$	β/dB	$\partial/(^\circ)$	β/dB	$\partial/(^\circ)$	β/dB	耗时/s
OMP-CB	5°	2.69	0.02	1.63	0.96	2.39	0.43	1.33	0.23	3.09	0.72	0.002
	2°	1.34	0.01	0.00	1.21	3.12	0.75	1.71	0.21	3.06	1.87	0.015
IR $l1$-CB	5°	3.17	3.42	2.78	2.27	2.75	2.23	1.33	1.05	2.08	2.10	163.9
	2°	1.34	3.06	0.00	0.23	1.10	3.30	1.33	2.80	1.17	4.24	2541
SBL-CB	5°	3.42	1.61	1.32	1.22	2.18	0.50	1.33	0.38	—	—	0.740
	2°	1.34	2.33	0.00	0.32	1.10	0.71	1.33	0.37	—	—	37.44

网格间距 Δ 为 5°时,所有声源均偏离网格点(基不匹配),三种方法均无法准确估计声源 DOA,均估计声源为真实声源 DOA 附近网格点上的替代源,导致一定声源 DOA 估计偏差及强度估计偏差(IR $l1$-CB 和 SBL-CB 甚至估计声源为附近多个网格点上的替代源,造成能量分散)。该现象即为定网格在网压缩波束形成方法的基不匹配缺陷。实际应用中,当声源距离传声器阵列较远时,即便较小的 DOA 估计偏差也会导致严重的距离偏差,此时基不匹配缺陷对声源识别结果影响严重,不可忽视。

网格间距 Δ 为 2°时,声源 2 位于网格点上(基匹配),其他 4 个声源均偏离网格点(基不匹配)。此时,三种方法均能准确识别基匹配声源,而对基不匹配声源的识别仍存在一定偏差。结合表 1.4 中不同网格间距时 DOA 估计偏差可知,相比网格间距 Δ 为 5°时的识别结果[图 1.3(a)、(b)、(c)],网格间距 Δ 为 2°时 OMP-CB 方法[图 1.3(d)]对源 1 和源 5 的 DOA 估计偏差减小(源 2 属基匹配情况),而对源 3 和源 4 的 DOA 估计偏差却增加,且对源 2、源 3 和源 5 的强度估计偏差均增加;IR $l1$-CB 方法[图 1.3(e)]对基不匹配声源的识别仍存在能量分散,且声源强度估计偏差仍较大;SBL-CB 方法[图 1.3(f)]对源 1 和源 3 的 DOA 估计精度有所提升,但强度估计精度却降低,且能量分散和丢失声源的情况仍存在。同时,表1.4最右列显示网格间距Δ从5°改为2°时各方法计算耗时均明显增加,这是由于网格越密感知矩阵维度越大,计算量也相应增加。由此说明,加密网格能一定程度缓解定网格在网压缩波束形成方法的基不匹配问题,但以增加计算耗时为代价,且过密的网格导致感知矩阵列相干性过大,反而可能劣化声源识别性能。因此,探寻解决基不匹配问题的有效方案是提升压缩波束形成方法声源识别性能和促进其推广应用的重要课题。

1.4　先验参数估计的影响

除面临基不匹配问题外,前述三种定网格在网压缩波束形成方法均需要对特定先验参数进行估计,OMP-CB 方法需要稀疏度估计作为终止条件,IR $l1$-CB 方法需要 SNR 估计作为模型约束,SBL-CB 方法除一些阈值参数外也需要稀疏度估计。1.3 节分析了先验参数准确估计时基不匹配问题对各方法声源识别性能的影响。本小节进一步分析存在基不匹配的一般情况下,先验参数估计对各方法声源识别性能的影响。如图 1.4 所示为先验参数欠估计和过估计时三种方法对图 1.3 所示案例的声源识别结果。图 1.4(a)、(c)对应稀疏度欠估计(为4),图 1.4(b)对应 SNR 欠估计(为 15 dB),图 1.4(d)、(f)对应稀疏度过估计(为6),图 1.4(e)对应 SNR 过估计(为 25 dB)。

根据前述仿真(图 1.3)可知,基不匹配情况下,IR $l1$-CB 和 SBL-CB 方法产生能量分散的估计结果,OMP-CB 方法的估计结果能量集中。对比图 1.4 与图 1.3 可知,稀疏度欠估计时 OMP-CB 方法丢失弱声源,过估计时引入低能量虚假源,几乎不影响其他声源的定位且对强度估计的影响很小;对 IR $l1$-CB 和 SBL-CB 方法,SNR 和稀疏度估计为不同值时声源能量分散情况不同,即声源定位和强度估计结果不稳定。由此说明,IR $l1$-CB 和 SBL-CB 方法受各自先验参数影响较大,OMP-CB 方法受稀疏度估计影响相对较小,声源识别性能相对稳健。

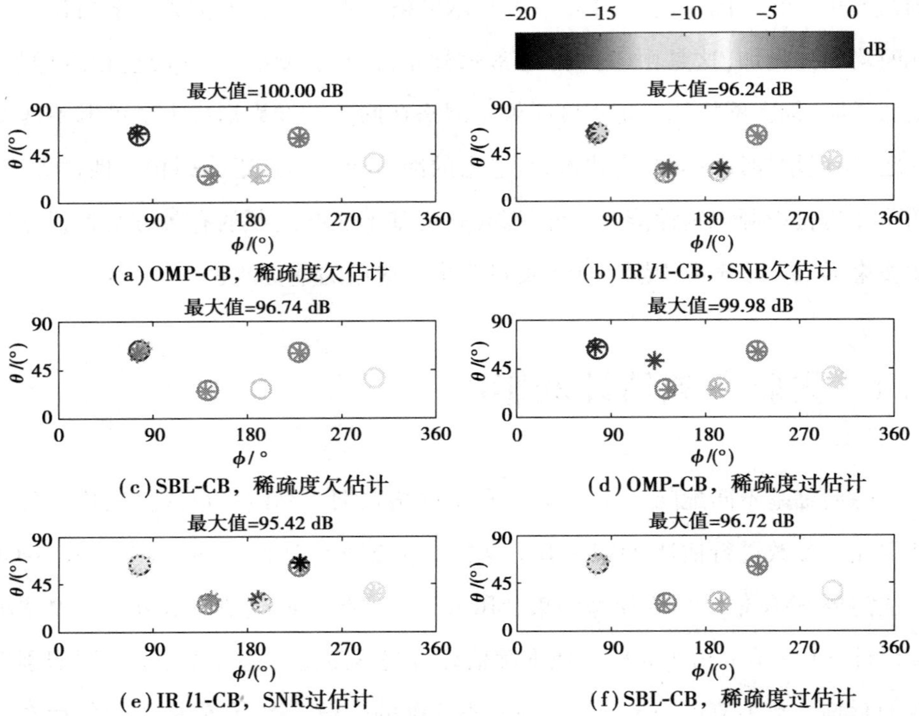

图 1.4　先验参数估计不准确时三种定网格在网压缩波束形成方法的声源识别结果

注:○表示真实声源分布，＊表示估计声源分布,均参考真实声源强度最大值进行 dB 缩放。

1.5　小结

本章介绍了平面传声器阵列的定网格在网压缩波束形成数学模型及贪婪、凸松弛、稀疏贝叶斯学习三种数学模型求解算法,对比了各算法的性能。当声源未落在离散的网格点上时,定网格在网压缩波束形成方法存在基不匹配问题。

2　平面传声器阵列的正交匹配追踪定网格离网压缩波束形成

为克服定网格在网压缩波束形成方法的基不匹配缺陷，本章提出正交匹配追踪定网格离网压缩波束形成方法[16]，为与前述在网 OMP-CB 进行区别，将其简称为离网 OMP-CB。离网 OMP-CB 仍离散目标声源区域形成一组固定不动的网格点，但不假设声源落在网格点上，而是考虑声源可能偏离网格点的事实，用网格点处传递向量沿两个维度的二元一阶泰勒展开近似真实离网声源传递向量，构造以声源在网坐标、离网偏差及源强为未知量的方程组，并建立结合 OMP 算法和最小二乘法的求解器进行求解，实现声源离网坐标及强度的估计。

2.1　基本理论

离网 OMP-CB 用网格点处传递向量的二元一阶泰勒展开近似真实离网声源的传递向量，构造以声源在网坐标、离网偏差及源强为待求解项的方程组，并基于 OMP 算法求解获得声源在网坐标、基于最小二乘法求解获得离网偏差及源强。求解过程主要分为以下 3 步：①令离网偏差为 0，进行在网初步估计；②基于初步估计结果求解离网偏差，并对在网初步估计予以补偿；③求离网估计源的强度。在网初步估计结果对最终识别结果有重要影响，采用 OMP 算法进行声源在网初始估计既可避免声源能量分散又可获得高计算效率，而 OMP 算法通常需要估计稀疏度，当稀疏度过估计时，若对稀疏度对应的所有在网估计源(包含真实源和过估计稀疏度时的虚假源)同步补偿离网偏差,则虚假源的存在将干扰真实源离网补偿值的估计,进而影响识别结果的准确性。为此,提出方法对每个源单独执行在网初步估计和离网偏差补偿步骤(①和②)。随后,构造所有估计源对应传递向量形成传递矩阵,基于最小二乘法正交求解获得所有估计源的强度。下文首先在单快拍场景下阐述提出方法的基本理论,再推广至多快拍场景。

2.1.1 单快拍场景

参照 1.1 节所述平面传声器阵列测量模型,令 $u_{Si}=\sin\theta_{Si}\cos\phi_{Si}$, $v_{Si}=\sin\theta_{Si}\sin\phi_{Si}$,单声源时单快拍测量场景传声器声压向量为 $\boldsymbol{p}^{\star}=s_1\boldsymbol{a}(u_{S1},v_{S1})+\boldsymbol{n}$,其中 $\boldsymbol{a}(u_{S1},v_{S1})=[\mathrm{e}^{\mathrm{j}2\pi(u_{S1}x_1+v_{S1}y_1)/\lambda},\mathrm{e}^{\mathrm{j}2\pi(u_{S1}x_2+v_{S1}y_2)/\lambda},\cdots,\mathrm{e}^{\mathrm{j}2\pi(u_{S1}x_Q+v_{S1}y_Q)/\lambda}]^{\mathrm{T}}\in\mathbb{C}^{Q\times1}$, $\boldsymbol{n}\in\mathbb{C}^{Q\times1}$ 为测量噪声干扰向量。声源真实 DOA 对应的 (u_{S1},v_{S1}) 与声源附近网格点对应的 (u_{Gg},v_{Gg}) 可表示为以下关系

$$\begin{cases}u_{S1}=u_{Gg}+\Delta u_1\\v_{S1}=v_{Gg}+\Delta v_1\end{cases},\tag{2.1}$$

其中,Δu_1 和 Δv_1 表示离网偏差。相应地,估计网格点的传递向量 $\boldsymbol{a}(u_{Gg},v_{Gg})$ 与真实传递向量间也存在偏差。当声源目标区域网格点划分不过于稀疏时,离网偏差较小,离网真实声源传递向量可由附近网格点对应传递向量的二元一阶泰勒展开近似,即

$$\begin{aligned}\boldsymbol{a}(u_{S1},v_{S1})&=\boldsymbol{a}(u_{Gg}+\Delta u_1,v_{Gg}+\Delta v_1)\\&=\left(\boldsymbol{a}(u,v)+\Delta u_1\frac{\partial\boldsymbol{a}(u,v)}{\partial u}+\Delta v_1\frac{\partial\boldsymbol{a}(u,v)}{\partial v}\right)\Bigg|_{(u_{Gg},v_{Gg})}+\boldsymbol{o}\end{aligned}\tag{2.2}$$

其中,$\boldsymbol{o}$ 为高阶余项。传声器声压向量可相应表示为

$$\boldsymbol{p}^{\star}=s_1\boldsymbol{a}(u_{Gg},v_{Gg})+s_1\Delta u_1\frac{\partial\boldsymbol{a}(u,v)}{\partial u}\Bigg|_{(u_{Gg},v_{Gg})}+s_1\Delta v_1\frac{\partial\boldsymbol{a}(u,v)}{\partial v}\Bigg|_{(u_{Gg},v_{Gg})}+\boldsymbol{n}_{\mathrm{e}}\tag{2.3}$$

其中 $\boldsymbol{n}_e = s_1\boldsymbol{o}+\boldsymbol{n}$ 为测量噪声和泰勒展开余项共同构成的干扰项。声源在网坐标(u_{Gg}, v_{Gg})，离网偏差 Δu_1 和 Δv_1，强度 s_1 均为待求解量。具体求解过程如下：

①假设离网偏差均为0时，基于正文匹配追踪算法从离散网格点中选出与传声器声压向量相关性最大的传递向量，将该传递向量对应的网格点作为初步估计，即

$$(\hat{u}_{S1}, \hat{v}_{S1}) = \underset{\substack{u_S=\sin\theta_S\cos\phi_S, v_S=\sin\theta_S\sin\phi_S, (\theta_S,\phi_S)\in \\ \{(\theta_{G1},\phi_{G1}),(\theta_{G2},\phi_{G2}),\cdots,(\theta_{GG},\phi_{GG})\}}}{\arg\max} (\boldsymbol{a}(u_S, v_S)^{H}\boldsymbol{p}^{\star}) \tag{2.4}$$

其中，上标“H”为共轭转置运算符。

②获得在网初步估计结果后，可求出相应的传递向量 $\boldsymbol{a}(\hat{u}_{S1}, \hat{v}_{S1})$ 及其偏导向量$\partial\boldsymbol{a}(u,v)/\partial u\,|_{(\hat{u}_{S1},\hat{v}_{S1})}$和$\partial\boldsymbol{a}(u,v)/\partial v\,|_{(\hat{u}_{S1},\hat{v}_{S1})}$，此时式(2.3)写成矩阵形式为

$$\boldsymbol{p}^{\star} = \boldsymbol{A}_r(\hat{u}_{S1}, \hat{v}_{S1})\boldsymbol{s}_r + \boldsymbol{n}_e \tag{2.5}$$

$$\boldsymbol{A}_r(\hat{u}_{S1}, \hat{v}_{S1}) = \left[\boldsymbol{a}(u,v), \frac{\partial\boldsymbol{a}(u,v)}{\partial u}, \frac{\partial\boldsymbol{a}(u,v)}{\partial v}\right]\Bigg|_{(\hat{u}_{S1},\hat{v}_{S1})} \tag{2.6}$$

$$\boldsymbol{s}_r = s_1 \cdot [1, \Delta u_1, \Delta v_1]^{T} \tag{2.7}$$

其中，$\boldsymbol{A}_r(\hat{u}_{S1}, \hat{v}_{S1}) \in \mathbb{C}^{Q\times 3}$ 是在网初步估计声源传递向量及其沿 u 和 v 方向的偏导构成的矩阵，$\boldsymbol{s}_r \in \mathbb{C}^{3\times 1}$ 是声源强度及离网偏差组成的向量。此时，利用最小二乘法可求得

$$\hat{\boldsymbol{s}}_r = \left(\boldsymbol{A}_r(\hat{u}_{S1}, \hat{v}_{S1})^{H}\boldsymbol{A}_r(\hat{u}_{S1}, \hat{v}_{S1})\right)^{-1}\boldsymbol{A}_r(\hat{u}_{S1}, \hat{v}_{S1})^{H}\boldsymbol{p}^{\star} \tag{2.8}$$

根据求得的离网偏差补偿在网初步估计，获得更准确的离网估计结果：$\hat{u}_{S1} \leftarrow \hat{u}_{S1} + \Delta u_1$，$\hat{v}_{S1} \leftarrow \hat{v}_{S1} + \Delta v_1$，“$\leftarrow$”表示更新操作。

③根据离网估计结果构造传递向量 $\boldsymbol{a}(\hat{u}_{S1}, \hat{v}_{S1})$，离网估计源的强度为

$$\hat{s}_1 = (\boldsymbol{a}(\hat{u}_{S1}, \hat{v}_{S1})^{H}\boldsymbol{a}(\hat{u}_{S1}, \hat{v}_{S1}))^{-1}\boldsymbol{a}(\hat{u}_{S1}, \hat{v}_{S1})^{H}\boldsymbol{p}^{\star} \tag{2.9}$$

2.1.2 多快拍场景

多快拍测量场景下，传声器测量声压矩阵为 $\boldsymbol{P}^{\star}=\boldsymbol{a}(u_{\mathrm{S1}},v_{\mathrm{S1}})\boldsymbol{S}_{1,:}+\boldsymbol{N}$。相应地，步骤①变为

$$(\hat{u}_{\mathrm{S1}},\hat{v}_{\mathrm{S1}})=\underset{\substack{u_{\mathrm{S}}=\sin\theta_{\mathrm{S}}\cos\phi_{S},v_{\mathrm{S}}=\sin\theta_{\mathrm{S}}\sin\phi_{\mathrm{S}},(\theta_{\mathrm{S}},\phi_{\mathrm{S}})\in\\\{(\theta_{\mathrm{G1}},\phi_{\mathrm{G1}}),(\theta_{\mathrm{G2}},\phi_{\mathrm{G2}}),\cdots,(\theta_{GG},\phi_{GG})\}}}{\arg\max}(\|\boldsymbol{a}(u_{\mathrm{S}},v_{\mathrm{S}})^{\mathrm{H}}\boldsymbol{P}^{\star}\|_2) \quad (2.10)$$

此时式(2.5)变为

$$\boldsymbol{P}^{\star}=\boldsymbol{A}_{\mathrm{r}}(\hat{u}_{\mathrm{S1}},\hat{v}_{\mathrm{S1}})\boldsymbol{D}+\boldsymbol{N}_{\mathrm{e}} \quad (2.11)$$

其中，$\boldsymbol{D}=\boldsymbol{d}\boldsymbol{S}_{1,:}$，$\boldsymbol{d}=[1,\Delta u_1,\Delta v_1]^{\mathrm{T}}\in\mathbb{C}^{3\times1}$ 为离网偏差向量，$\boldsymbol{S}_{1,:}=[s_{1,1},s_{1,2},\cdots,s_{1,L}]\in\mathbb{C}^{1\times L}$ 为声源强度向量。相应地，$\boldsymbol{D}$ 的最小二乘估计为

$$\hat{\boldsymbol{D}}=(\boldsymbol{A}_{\mathrm{r}}(\hat{u}_{\mathrm{S1}},\hat{v}_{\mathrm{S1}})^{\mathrm{H}}\boldsymbol{A}_{\mathrm{r}}(\hat{u}_{\mathrm{S1}},\hat{v}_{\mathrm{S1}}))^{-1}\boldsymbol{A}_{\mathrm{r}}(\hat{u}_{\mathrm{S1}},\hat{v}_{\mathrm{S1}})^{\mathrm{H}}\boldsymbol{P}^{\star} \quad (2.12)$$

步骤②中离网偏差为

$$\hat{\boldsymbol{d}}=\hat{\boldsymbol{D}}\hat{\boldsymbol{S}}_{1,:}^{\mathrm{H}}(\hat{\boldsymbol{S}}_{1,:}\hat{\boldsymbol{S}}_{1,:}^{\mathrm{H}})^{-1} \quad (2.13)$$

其中，$\hat{\boldsymbol{S}}_{1,:}=\hat{\boldsymbol{D}}_{1,:}$。根据求得的离网偏差补偿在网初步估计并更新传递向量 $\boldsymbol{a}(\hat{u}_{\mathrm{S1}},\hat{v}_{\mathrm{S1}})$。最后，步骤③利用 $\hat{\boldsymbol{S}}_{1,:}=(\boldsymbol{a}(\hat{u}_{\mathrm{S1}},\hat{v}_{\mathrm{S1}})^{\mathrm{H}}\boldsymbol{a}(\hat{u}_{\mathrm{S1}},\hat{v}_{\mathrm{S1}}))^{-1}\boldsymbol{a}(\hat{u}_{\mathrm{S1}},\hat{v}_{\mathrm{S1}})^{\mathrm{H}}\boldsymbol{P}^{\star}$ 估计声源强度。

识别多个声源时，循环执行上述步骤①—③即可。其中，识别第 γ 个声源时所采用的传声器声压向量 $\boldsymbol{P}^{\star}$ 用识别前($\gamma-1$)个声源后的残差 $\boldsymbol{\xi}^{(\gamma-1)}$ 替代，定义识别前($\gamma-1$)个声源后的残差为

$$\boldsymbol{\xi}^{(\gamma-1)}=\boldsymbol{P}^{\star}-\boldsymbol{A}(\hat{\boldsymbol{\Omega}}_{\mathrm{S}}^{(\gamma-1)})\hat{\boldsymbol{S}}^{(\gamma-1)} \quad (2.14)$$

其中，$\hat{\boldsymbol{\Omega}}_{\mathrm{S}}^{(\gamma-1)}=[[\hat{u}_{\mathrm{S1}},\hat{v}_{\mathrm{S1}}]^{\mathrm{T}},[\hat{u}_{\mathrm{S2}},\hat{v}_{\mathrm{S2}}]^{\mathrm{T}},\cdots,[\hat{u}_{\mathrm{S}(\gamma-1)},\hat{v}_{\mathrm{S}(\gamma-1)}]^{\mathrm{T}}]$ 为当前所有已识别源对应的 $\hat{u}_{\mathrm{S}}$ 和 $\hat{v}_{\mathrm{S}}$ 构成的矩阵，$\boldsymbol{A}(\hat{\boldsymbol{\Omega}}_{\mathrm{S}}^{(\gamma-1)})=[\boldsymbol{a}(\hat{u}_{\mathrm{S1}},\hat{v}_{\mathrm{S1}}),\boldsymbol{a}(\hat{u}_{\mathrm{S2}},\hat{v}_{\mathrm{S2}}),\cdots,\boldsymbol{a}(\hat{u}_{\mathrm{S}(\gamma-1)},\hat{v}_{\mathrm{S}(\gamma-1)})]\in\mathbb{C}^{Q\times(\gamma-1)}$ 为当前所有已识别源与传声器间传递向量构成的传递矩阵，$\hat{\boldsymbol{S}}^{(\gamma-1)}=[(\hat{\boldsymbol{S}}_{1,:})^{\mathrm{T}},(\hat{\boldsymbol{S}}_{2,:})^{\mathrm{T}},\cdots,(\hat{\boldsymbol{S}}_{(\gamma-1),:})^{\mathrm{T}}]^{\mathrm{T}}\in\mathbb{C}^{(\gamma-1)\times L}$ 为当前所有已识别源的强度向量构成的矩阵。每次迭代中，为准确估计已识别源的强度，将

$\hat{\boldsymbol{S}}^{(\gamma)}$ 更新为

$$\hat{\boldsymbol{S}}^{(\gamma)}=(\boldsymbol{A}(\hat{\boldsymbol{\Omega}}_{\mathrm{S}}^{(\gamma)})^{\mathrm{H}}\boldsymbol{A}(\hat{\boldsymbol{\Omega}}_{\mathrm{S}}^{(\gamma)}))^{-1}\boldsymbol{A}(\hat{\boldsymbol{\Omega}}_{\mathrm{S}}^{(\gamma)})^{\mathrm{H}}\boldsymbol{P}^{\star} \tag{2.15}$$

离网 OMP-CB 方法的算法流程见表 2.1。

表 2.1 离网 OMP-CB 方法算法流程

初始化：$\gamma=0$，$\boldsymbol{\xi}^{(0)}=\boldsymbol{P}^{\star}$，$\hat{\boldsymbol{\Omega}}_{\mathrm{S}}^{(0)}=[\ ]$，$\hat{\boldsymbol{S}}^{(0)}=[\ ]$，$\boldsymbol{A}(\hat{\boldsymbol{\Omega}}_{\mathrm{S}}^{(0)})=[\ ]$
重复
当 $\gamma<\gamma_{\max}$ 时，执行以下步骤
$\gamma\leftarrow\gamma+1$
根据式(2.10)进行在网初始估计，得$(\hat{u}_{\mathrm{S}\gamma},\hat{v}_{\mathrm{S}\gamma})$，并构造 $\boldsymbol{A}_{\mathrm{r}}(\hat{u}_{\mathrm{S}\gamma},\hat{v}_{\mathrm{S}\gamma})$
利用式(2.12)和式(2.13)求解离网偏差 $\Delta u_{\mathrm{S}\gamma}$ 和 $\Delta v_{\mathrm{S}\gamma}$
补偿偏差获得离网估计$(\hat{u}_{\mathrm{S}\gamma},\hat{v}_{\mathrm{S}\gamma})$，并更新矩阵 $\hat{\boldsymbol{\Omega}}_{\mathrm{S}}^{(\gamma)}$ 和 $\boldsymbol{A}(\hat{\boldsymbol{\Omega}}_{\mathrm{S}}^{(\gamma)})$
利用式(2.15)更新所有识别声源的强度估计 $\hat{\boldsymbol{S}}^{(\gamma)}$
利用式(2.14)更新残差 $\boldsymbol{\xi}^{(\gamma)}$
输出：$\hat{\boldsymbol{\Omega}}_{\mathrm{S}}^{(\gamma)}$，$\hat{\boldsymbol{S}}^{(\gamma)}$

获得 $\hat{\boldsymbol{\Omega}}_{\mathrm{S}}$ 后，根据 $\hat{u}_{\mathrm{S}i}=\sin\hat{\theta}_{\mathrm{S}i}\cos\hat{\phi}_{\mathrm{S}i}$ 和 $\hat{v}_{\mathrm{S}i}=\sin\hat{\theta}_{\mathrm{S}i}\sin\hat{\phi}_{\mathrm{S}i}$ 即可获得声源 DOA 的估计$(\hat{\theta}_{\mathrm{S}i},\hat{\phi}_{\mathrm{S}i})$。

2.2 性能分析

2.2.1 声源识别性能指标定义

本节通过声源识别案例仿真和蒙特卡罗数值模拟分析离网 OMP-CB 方法的性能及其受各典型因素的影响规律。为直观展示方法声源识别精度，分别采用式(1.32)和式(1.33)定义 DOA 估计偏差∂和声源强度量化偏差 β，并进一步定义声源识别成功概率 CDF(∂_0)、平均 DOA 估计误差$\mathrm{MAE}_{\mathrm{DOA}}$ 及平均声源强度量化误差$\mathrm{MAE}_{\mathrm{Strength}}$三个统计量用于分析蒙特卡罗数值模拟的计算结果。声源识别成功概率 $\mathrm{CDF}(\partial_0)$ 表示声源 DOA 估计偏差∂不大于指定角度∂_0的概率，其表达式为

$$\mathrm{CDF}(\partial_0)=\frac{\mathrm{size}([\partial_{i,k}\mid\partial_{i,k}\leqslant\partial_0])}{IK} \tag{2.16}$$

其中，$\partial_{i,k}$ 为第 k 次蒙特卡罗随机运算中第 i 个声源 DOA 的估计偏差，$[\partial_{i,k}\mid\partial_{i,k}\leqslant\partial_0]$ 为所有不大于 ∂_0 的 $\partial_{i,k}$ 组成的向量，$\mathrm{size}(\cdot)$ 表示括号中向量的维度。每次蒙特卡罗运算中，识别声源个数 $\hat{I}$ 不小于真实声源个数 I 时，取估计声源强度最大的前 I 个声源，并逐个与真实声源 DOA 进行匹配，取使 $\sum_{i=1}^{I}\partial_{i,k}$ 最小的匹配方式；当估计声源个数 $\hat{I}$ 小于真实声源个数 I 时，将估计声源 DOA 与 $\hat{I}$ 个真实声源匹配，取使 $\sum_{i=1}^{\hat{I}}\partial_{i,k}$ 最小的匹配方式，其他 $I-\hat{I}$ 个声源判断为丢失，对应 $\partial_{i,k}$ 为 ∞。定义平均 DOA 估计误差$\mathrm{MAE}_{\mathrm{DOA}}$的表达式为

$$\mathrm{MAE}_{\mathrm{DOA}}=\mathrm{E}(\partial_{i,k}\mid\partial_{i,k}\leqslant\partial_0) \tag{2.17}$$

其中，$\mathrm{E}(\cdot)$表示求均值。定义平均声源强度量化误差$\mathrm{MAE}_{\mathrm{Strength}}$的表达式为

$$\mathrm{MAE}_{\mathrm{Strength}}=\mathrm{E}(\beta_{i,k}\mid\partial_{i,k}\leqslant\partial_0) \tag{2.18}$$

其中，$\beta_{i,k}$ 为第 k 次蒙特卡罗随机运算中第 i 个声源的强度量化偏差。

2.2.2 声源识别性能分析

利用离网 OMP-CB 方法对图 1.3 所示案例进行声源识别，稀疏度准确估计。图 2.1(a)、(b)分别为网格间距为 5°和 2°时离网 OMP-CB 方法的识别结果。表 2.2 展示了两种网格间距下离网 OMP-CB 方法对各声源的 DOA 估计偏差∂、强度量化偏差β及计算耗时。

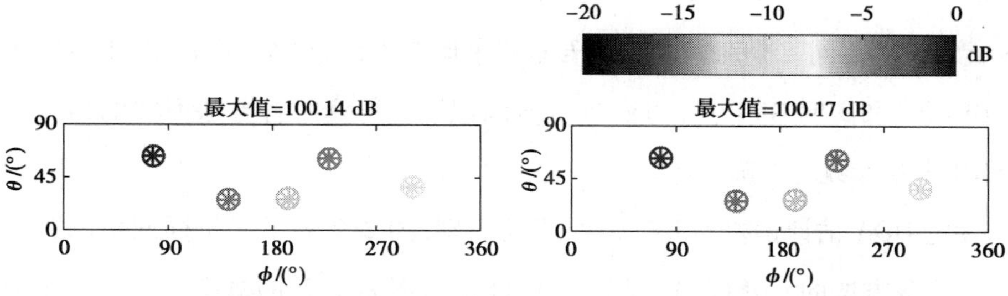

(a) 网格间距 Δ=5°　　　(b) 网格间距 Δ=2°

图 2.1　离网 OMP-CB 方法在不同网格间距下的声源识别结果

注:○表示真实声源分布,*表示估计声源分布,均参考真实声源强度最大值进行 dB 缩放。

表 2.2　图 2.1 中离网 OMP-CB 方法的声源识别偏差及计算耗时

方法	网格间距	声源 1		声源 2		声源 3		声源 4		声源 5		MAE_{DOA} /(°)	计算耗时 /s
		∂/(°)	β/dB	∂/(°)	β/dB	∂/(°)	β/dB	∂/(°)	β/dB	∂/(°)	β/dB		
离网 OMP-CB	5°	0.64	0.14	0.48	0.32	0.88	0.29	0.43	0.31	0.52	1.38	0.59	0.011
	2°	0.74	0.01	0.38	0.31	0.82	0.33	0.39	0.36	0.50	1.08	0.57	0.038

图 2.1 中成像结果显示,离网 OMP-CB 方法能够准确估计声源 DOA 和强度。对比表 2.2 和表 1.4 可知,离网 OMP-CB 方法获得的各声源 DOA 估计偏差明显小于在网压缩波束形成方法。由此可知,离网 OMP-CB 方法能够缓解基不匹配问题。另外,从表 2.2 还可知,离网 OMP-CB 方法在网格间距为 5°和 2°时获得的声源 DOA 估计偏差相当,初步表明网格间距对该方法声源识别性能影响较小;网格间距为 5°和 2°时计算耗时分别仅为 0.011 s 和 0.038 s,表明离网 OMP-CB 方法继承了 OMP-CB 方法的优势,具有高计算效率。

进一步,假设两个声源随机分布在阵列前方半球空间内,声源强度设为 1 ~ 2 Pa 的随机值且相位随机,生成 200 组运算($I=2, K=200$)。设定 SNR 为

30 dB,频率从 2 000 Hz 以 500 Hz 步长增加至 6 000 Hz,阵列及其他设置与图 1.3 所示案例相同。分别利用在网压缩波束形成方法(包括 OMP-CB,IR $l1$-CB 及 SBL-CB)和离网 OMP-CB 方法进行声源识别。仿真时各方法所需的稀疏度或 SNR 先验参数均准确估计。

设定 DOA 估计偏差不大于 2°为成功识别,图 2.2 展示了不同网格间距不同频率下各方法的 CDF(2°),即 DOA 估计偏差不大于 2°的概率。从图 2.2 中可知,三种在网压缩波束形成方法在网格间距大于等于 10°时获得的 CDF(2°)极低,几乎无法成功识别声源;网格间距为 5°时,各频率下的 CDF(2°)仅约 0.70,且在网 OMP-CB 方法在低频(2 000 ~ 3 000 Hz)时受分辨率限制其 CDF(2°)仅约 0.50;仅当网格间距为 2°时呈现出较高的 CDF(2°)。因此,在网压缩波束形成方法声源识别性能受网格间距影响显著,且在网格间距不大于 5°时才能实现较高概率的成功识别。相比之下,离网 OMP-CB 方法在网格间距为 2°和 5°时均呈现较高的 CDF(2°),在网格间距为 10°时各频率(2 000 ~ 6 000 Hz)及网格间距为 15°时的低频(2 000 ~ 3 500 Hz)均获得了超过 0.70 的 CDF(2°)。同时,不同网格间距下离网 OMP-CB 方法获得的 CDF(2°)均高于其他在网方法。因此,离网 OMP-CB 方法能够获得高于在网压缩波束形成方法的成功识别概率。

值得一提的是,当网格间距为 10°和 15°时,离网 OMP-CB 方法在高频的 CDF(2°)明显降低。这是由于网格间距较大时初始估计(步骤①)获得的网格点 DOA 与真实 DOA 之间偏差较大,高频时波长短,初始估计网格点处传递函数与真实声源处传递函数相差大,初始估计网格点处传递函数的泰勒展开无法作为真实声源处传递函数的近似,进而导致识别失败。建议应用离网 OMP-CB 方法时网格间距取小于等于 5°。

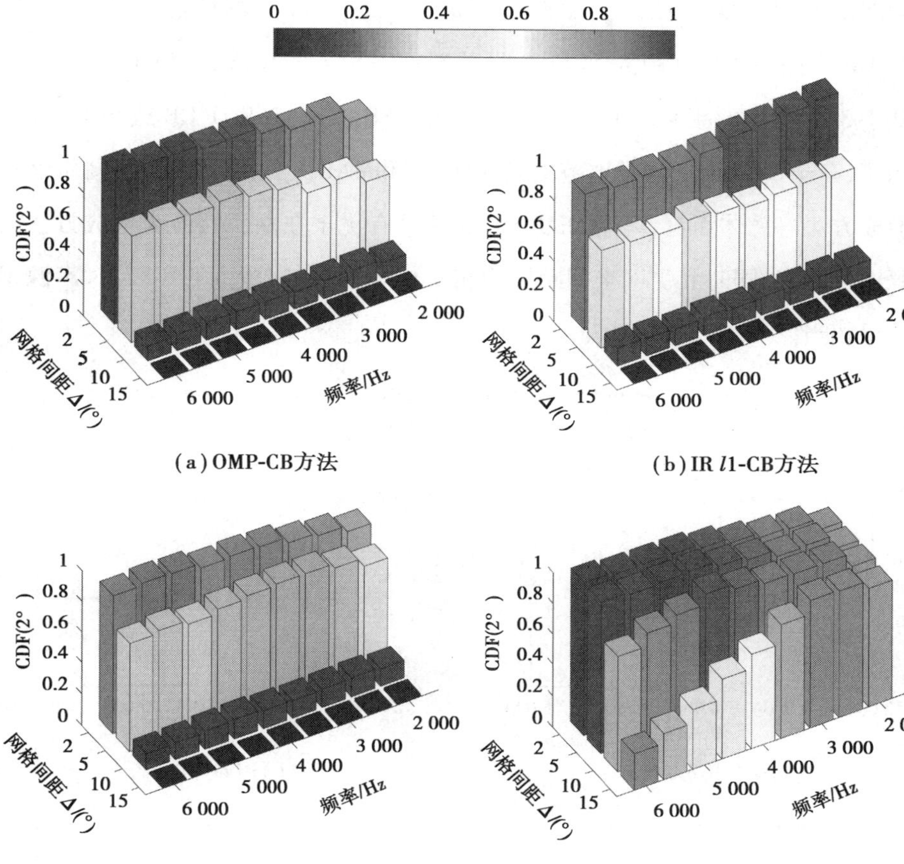

(a) OMP-CB方法　(b) IR $l1$-CB方法

(c) SBL-CB方法　(d) 离网OMP-CB方法

图 2.2　不同网格间距不同频率下各方法的 CDF(2°)

图 2.3 和图 2.4 分别统计了各方法在不同网格间距不同频率下的平均 DOA 估计误差MAE_{DOA}及平均声源强度量化误差$MAE_{Strength}$，其中，在网压缩波束形成方法由于仅在网格间距不大于 5°时才能实现较高概率的成功识别，因此仅统计其在网格间距为 5°和 2°时的结果。从图 2.3 可知，三种在网压缩波束形成方法在网格间距为 5°时，各频率的MAE_{DOA}均接近 1.5°，而离网 OMP-CB 方法即使在网格间距为 15°时MAE_{DOA}也远低于 1.5°，图 2.4 中各方法的平均声源强度量化误差$MAE_{Strength}$也呈现类似现象，这表明离网 OMP-CB 方法能够以更粗

糙的网格获得不亚于在网压缩波束形成方法的声源识别性能。另外，离网OMP-CB方法在网格间距为5°和2°时呈现近乎相同的MAE_{DOA}和$MAE_{Strength}$，且在低于3 000 Hz的频率范围内其MAE_{DOA}和$MAE_{Strength}$与IR *l*1-CB或SBL-CB方法相当，高于3 000 Hz的频率范围其MAE_{DOA}和$MAE_{Strength}$明显低于在网压缩波束形成方法。总体而言，离网OMP-CB方法具有优于在网压缩波束形成方法的声源识别精度，同时其受网格间距影响相对较小，网格间距为5°和2°时声源识别效果相当。

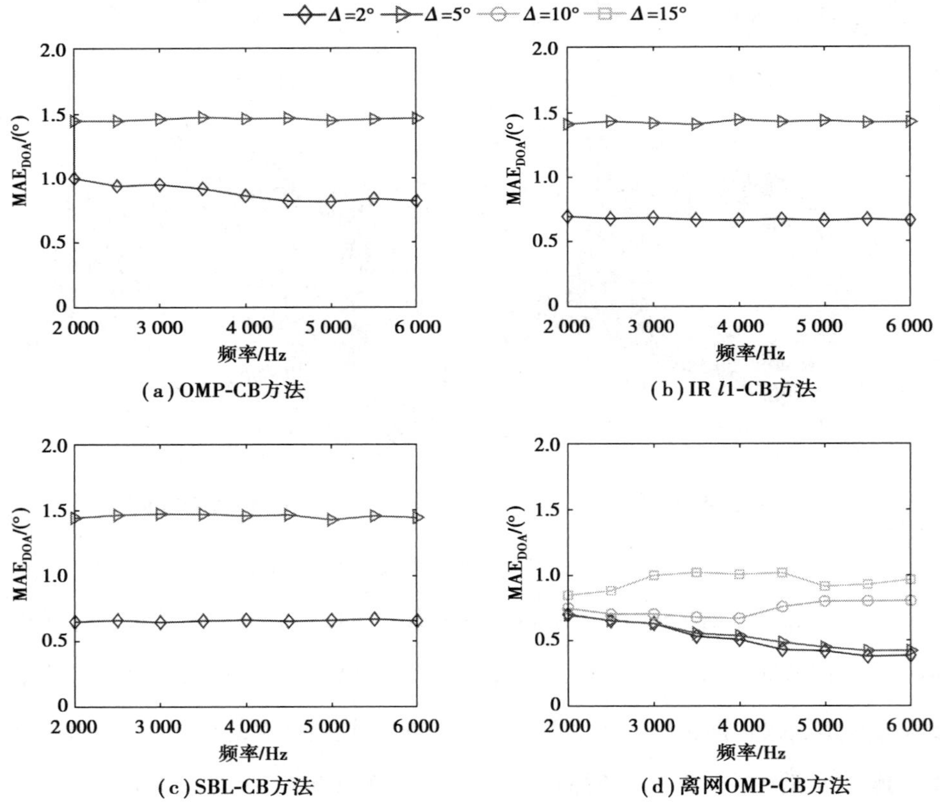

图 2.3 不同网格间距不同频率下各方法的 MAE_{DOA}

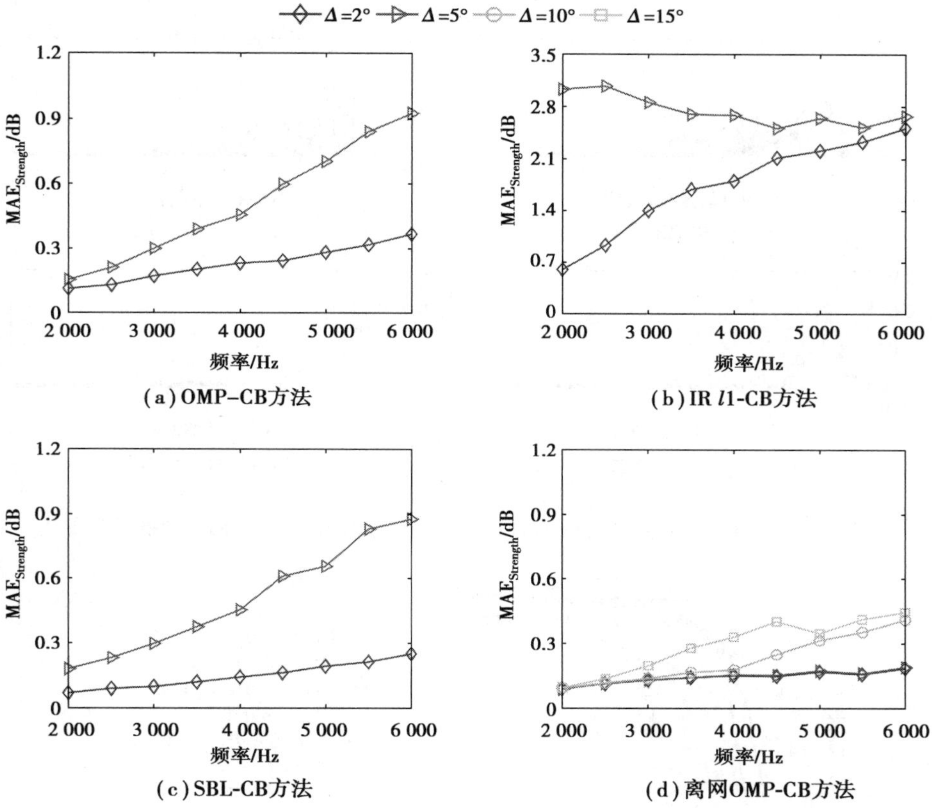

图 2.4　不同网格间距不同频率下各方法的 $MAE_{Strength}$

为进一步对比分析各方法的声源识别精度，图 2.5 统计了上述蒙特卡罗仿真中网格间距为 5°和 2°时各方法 DOA 估计偏差的概率分布，图 2.6 为对应的累积概率函数。图 2.5 显示，三种在网方法在网格间距为 5°时 DOA 估计偏差主要分布在 2°左右，网格间距为 2°时 DOA 估计偏差主要分布在 0.80°左右，而离网 OMP-CB 方法在网格间距为 5°和 2°时 DOA 估计偏差分布几乎重合且主要分布在 0.28°附近。同时，从图 2.6 可知，离网 OMP-CB 方法有更高的概率获得小于 1°的 DOA 估计偏差且能保证 CDF(5°)（即 DOA 估计偏差不大于 5°的概率）足够高。由此可知，离网 OMP-CB 方法能够获得优于在网压缩波束形成方法的声源识别精度，有效缓解基不匹配。

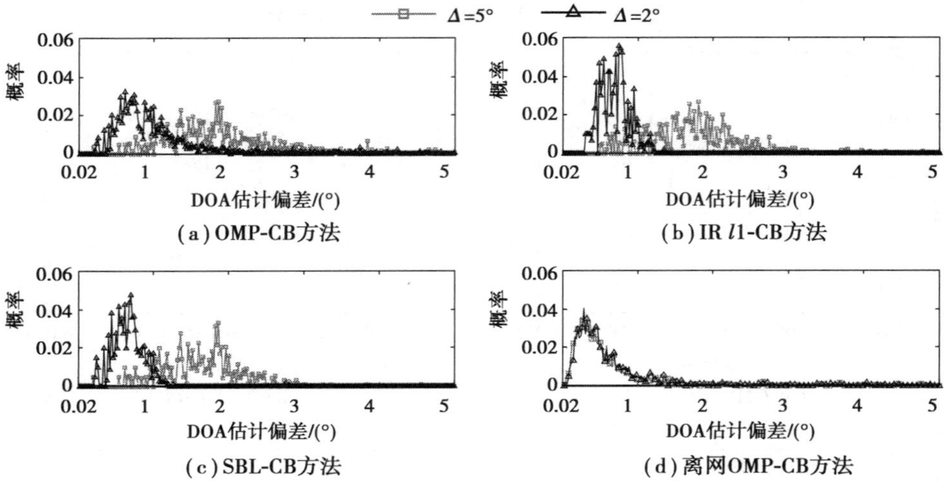

图 2.5　在网压缩波束形成方法和离网 OMP-CB 方法 DOA 估计偏差的概率分布

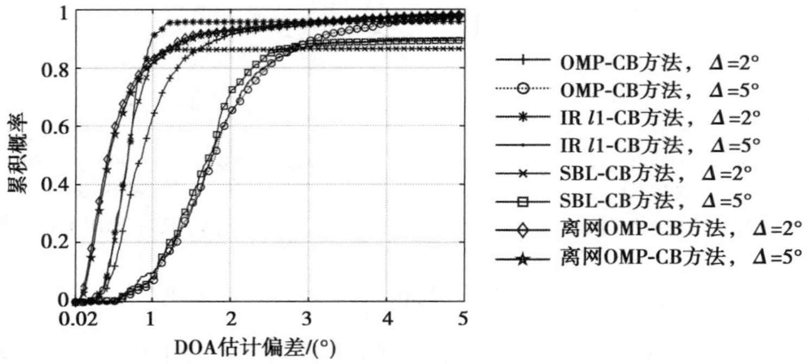

图 2.6　在网压缩波束形成和离网 OMP-CB 方法 DOA 估计偏差的累积概率

2.2.3　稀疏度估计的影响

离网 OMP-CB 方法需进行稀疏度估计，本小节讨论稀疏度估计对离网 OMP-CB 方法声源识别性能的影响。如图 2.7 所示为稀疏度欠估计和过估计时离网 OMP-CB 方法对图 2.1 所示案例的声源识别结果，表 2.3 展示了不同稀疏度估计时各声源 DOA 估计偏差∂和声源强度量化偏差β。稀疏度欠估计或过估计仅造成声源丢失或引入强度较弱的虚假源，其余真实声源仍被准确识别且声源 DOA 估计偏差不改变，声源强度量化偏差也变化很小。

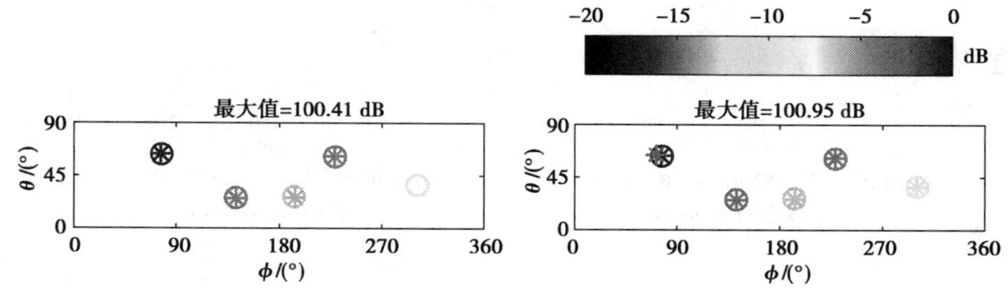

(a)稀疏度欠估计　　(b)稀疏度过估计

图 2.7　离网 OMP-CB 方法在稀疏度不准确估计时的声源识别结果

注：○表示真实声源分布，＊表示估计声源分布，均参考真实声源强度最大值进行 dB 缩放。

表 2.3　图 2.7 中离网 OMP-CB 方法的声源 DOA 估计偏差及强度量化偏差

稀疏度估计	声源 1		声源 2		声源 3		声源 4		声源 5		MAE_{DOA}
	∂/(°)	β/dB	∂/(°)	β/dB	∂/(°)	β/dB	∂/(°)	β/dB	∂/(°)	β/dB	/(°)
欠估计	0.64	0.41	0.48	0.55	0.88	0.61	0.43	0.42	—	—	0.61
准确估计	0.64	0.14	0.48	0.32	0.88	0.29	0.43	0.31	0.52	1.38	0.59
过估计	0.64	0.95	0.48	0.33	0.88	0.03	0.43	0.18	0.52	0.96	0.59

2.2.4　信噪比和快拍数的影响

为分析离网 OMP-CB 方法对声源相干性的适应性及其声源识别性能受 SNR 和快拍数的影响，进行不同工况下的声源识别案例仿真。如图 2.8 所示为不同 SNR 和快拍数下对相干声源和不相干声源的识别结果，其中 SNR 分别取 20 dB、10 dB、5 dB 和 0 dB，快拍数取 10 或 1(单快拍)，图中左列对应相干声源结果，右列对应不相干声源结果。表 2.4 为各工况下的平均 DOA 估计误差 MAE_{DOA} 及平均声源强度量化误差 $MAE_{Strength}$。

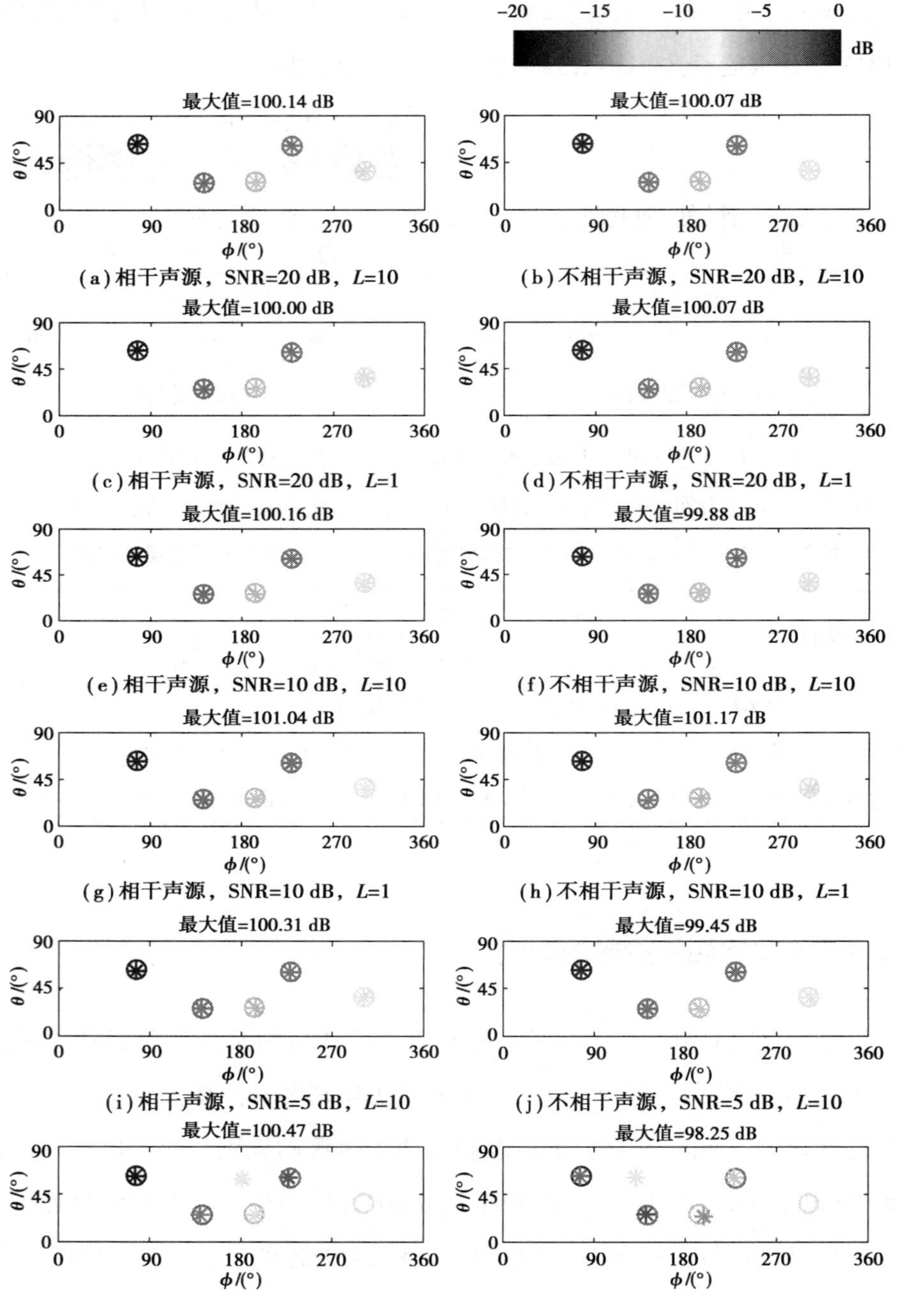

(a) 相干声源，SNR=20 dB，L=10

(b) 不相干声源，SNR=20 dB，L=10

(c) 相干声源，SNR=20 dB，L=1

(d) 不相干声源，SNR=20 dB，L=1

(e) 相干声源，SNR=10 dB，L=10

(f) 不相干声源，SNR=10 dB，L=10

(g) 相干声源，SNR=10 dB，L=1

(h) 不相干声源，SNR=10 dB，L=1

(i) 相干声源，SNR=5 dB，L=10

(j) 不相干声源，SNR=5 dB，L=10

(k) 相干声源，SNR=5 dB，L=1

(l) 不相干声源，SNR=5 dB，L=1

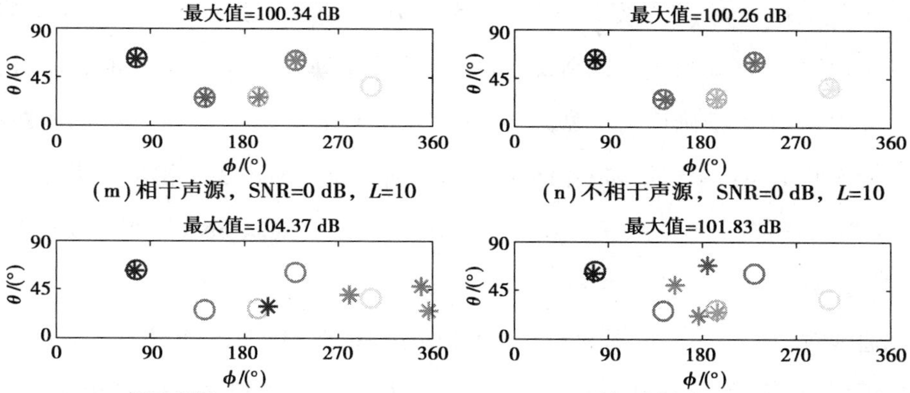

(m)相干声源，SNR=0 dB，L=10
(n)不相干声源，SNR=0 dB，L=10
(o)相干声源，SNR=0 dB，L=1
(p)不相干声源，SNR=0 dB，L=1

图 2.8　不同 SNR、快拍数及声源相干性时离网 OMP-CB 方法的声源识别结果

注：○表示真实声源分布，＊表示估计声源分布，均参考真实声源强度最大值进行 dB 缩放。

表 2.4　图 2.8 中离网 OMP-CB 方法的平均 DOA 估计误差及强度量化误差

SNR	快拍数	相干声源		不相干声源	
		MAE_{DOA}/(°)	$MAE_{Strength}$/dB	MAE_{DOA}/(°)	$MAE_{Strength}$/dB
SNR=20 dB	L=10	0.59	0.49	0.36	0.11
	L=1	0.74	0.42	0.67	0.35
SNR=10 dB	L=10	0.61	0.13	0.41	0.18
	L=1	0.98	0.61	0.96	1.07
SNR=5 dB	L=10	0.78	0.31	0.77	0.39
	L=1	17.48	0.92	20.95	2.75
SNR=0 dB	L=10	7.73	1.31	1.07	0.71
	L=1	26.71	3.86	24.54	2.20

结合图表可知，SNR 为 20 dB 时，无论是相干声源还是不相干声源，无论是单快拍还是多快拍，离网 OMP-CB 方法均能准确识别各声源，且获得的识别误差MAE_{DOA} 和$MAE_{Strength}$ 均较小。由此可知，离网 OMP-CB 方法对相干声源和非相干声源均适用。另外，不同 SNR 下的识别结果显示，随着 SNR 的降低，离网

OMP-CB 方法声源识别精度不断下降。SNR 降至 10 dB 时，单快拍和多快拍均能准确识别声源（单快拍时识别误差略大于多快拍）；SNR 降至 5 dB 时，仅多快拍（$L=10$）时能够准确识别声源，单快拍时则出现弱源丢失和误差较大的问题；SNR 降至 0 dB 时，单快拍和多快拍均无法准确识别所有声源。初步说明，离网 OMP-CB 方法能在低 SNR 下准确识别声源，单快拍时要求 SNR 不低于 10 dB，增加快拍数可降低对 SNR 的要求。

通常对相干声源的识别难度大于不相干声源（离网 OMP-CB 方法对相干声源的识别误差略大于不相干声源可证明这一观点），后续仿真仅针对相干声源进行。为进一步统计分析离网 OMP-CB 方法声源识别性能受 SNR 和快拍数的影响，将图 2.2 中对应 200 组随机双声源（$I=2,K=200$）在不同 SNR 和快拍数下进行声源识别仿真。设定声波频率为 4 000 Hz，SNR 从 0 dB 以 5 dB 步长增加至 40 dB，阵列及其他设置与图 2.2 所述相同。图 2.9 展示了不同 SNR 和快拍数下离网 OMP-CB 方法的 CDF(2°)，即 DOA 估计偏差不大于 2°的概率。图 2.10 为不同 SNR 和快拍数下离网 OMP-CB 方法的平均 DOA 估计误差 $\mathrm{MAE}_{\mathrm{DOA}}$ 及平均声源强度量化误差 $\mathrm{MAE}_{\mathrm{Strength}}$。

由图 2.9 可知，离网 OMP-CB 方法在单快拍时能够在 SNR 大于 10 dB 时获得较高 CDF(2°)，随快拍数增加其在低 SNR 时获得的 CDF(2°)逐渐提高，当快拍数大于等于 15 时该方法在 0 dB 也能获得高 CDF(2°)。由此说明，离网 OMP-CB 方法能在低 SNR 下实现高概率的成功识别，但单快拍时通常需要 SNR 不低于 10 dB，增加快拍数可降低对 SNR 的要求，快拍数充足时即使在 SNR 为 0 dB 的强噪声干扰下离网 OMP-CB 也能实现高概率的成功识别。由图 2.10 可知，单快拍时，离网 OMP-CB 方法的声源识别误差随噪声干扰增加而显著增加。随着快拍数增加，噪声干扰对离网 OMP-CB 方法声源识别性能的影响明显削弱。当快拍数增加至 25 时，离网 OMP-CB 方法即使在低 SNR 下也能获得较高的声源识别精度，表明快拍数足够多时离网 OMP-CB 的声源识别性能受噪声干扰影响较小。

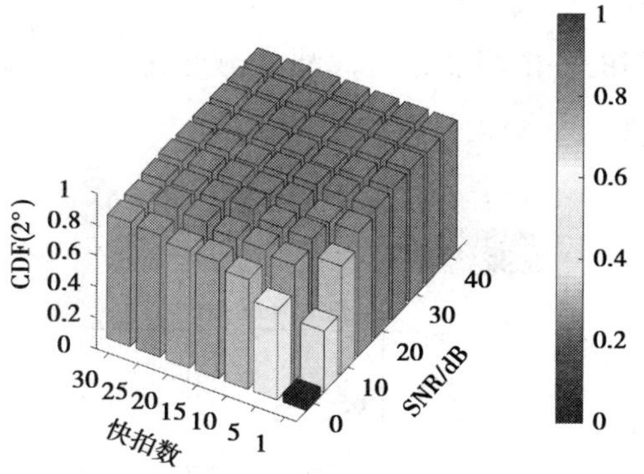

图 2.9 不同 SNR 不同快拍数下离网 OMP-CB 的 CDF(2°)

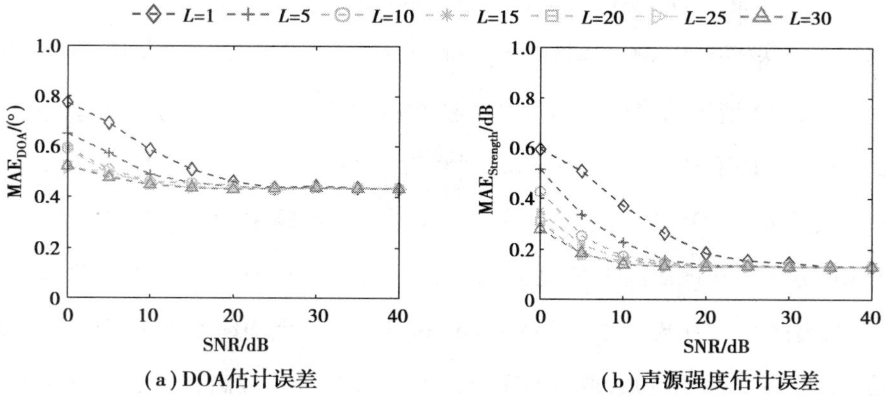

图 2.10 不同 SNR 不同快拍数下离网 OMP-CB 的 MAE_{DOA} 和 $MAE_{Strength}$

综合图 2.9 和图 2.10，为保证识别成功概率，建议单快拍时 SNR 不低于 15 dB。当快拍数充足（不少于 25）时，离网 OMP-CB 方法抗噪声干扰能力好，在 SNR 为 0 dB 时能高概率地成功识别声源且识别精度高。

2.2.5 空间分辨能力

为分析离网 OMP-CB 方法的空间分辨能力，假设两个小分离的等强度同相位声源，DOA 分别为（20°,205°）和（25°,205°），声源强度均为 100 dB，频率为 4 000 Hz，SNR 为 20 dB，快拍数为 20。如图 2.11 所示为离网 OMP-CB 方法的识别结果,箭头指示部分为局部放大图。从图中可知,离网 OMP-CB 方法将两个声源识别为声源间的一个高能量替代源及附近的一个低能量替代源,无法分离两个声源,识别失败。

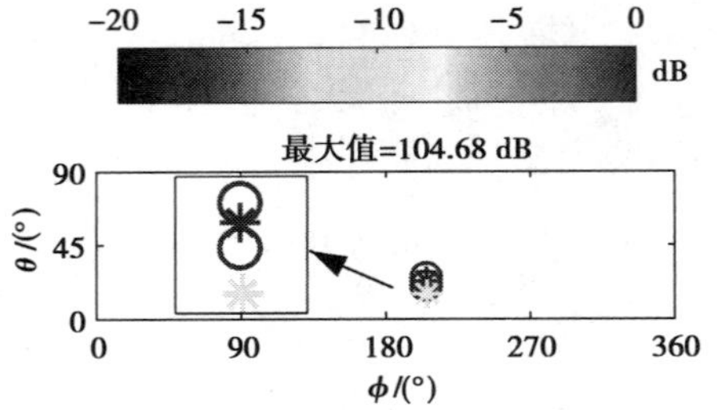

图 2.11 离网 OMP-CB 方法对小分离双声源的识别结果

注:○表示真实声源分布,＊表示估计声源分布,均参考真实声源强度最大值进行 dB 缩放。

如图 2.12 所示为离网 OMP-CB 方法在不同频率不同声源分离下蒙特卡罗仿真获得的 CDF(2°)。从图中可知,频率为 2 000 Hz 时,离网 OMP-CB 方法在声源间夹角大于 30°时才能获得较高的 CDF(2°);频率为 6 000 Hz 时,离网 OMP-CB 方法可在声源间夹角大于 10°时获得较高的 CDF(2°);当声源间夹角为 5°时,离网 OMP-CB 方法在 2 000 ~6 000 Hz 频率范围内获得的 CDF(2°)均极低(接近 0)。由此可知,离网 OMP-CB 方法仅在频率较高且声源分离较远时高概率准确估计声源 DOA,而在频率低或声源夹角较小时准确估计声源 DOA 的概率偏低。表明离网 OMP-CB 方法空间分辨能力较弱。

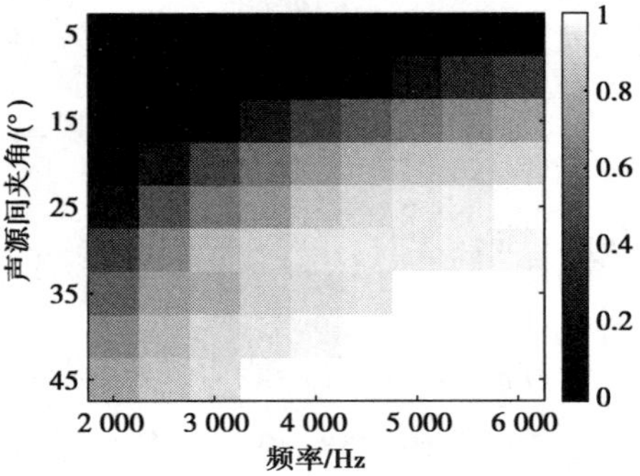

图 2.12 不同频率不同声源分离下离网 OMP-CB 方法的 CDF(2°)

2.3 试验验证

2.3.1 半消声室试验

为验证离网 OMP-CB 方法在实际应用中的有效性及仿真结论的正确性，在半消声室中进行了扬声器声源识别试验，试验布局如图 2.13 所示。试验时采用直径 0.65 m 的 36 通道 Brüel & Kjær 扇形轮阵列；声源由两个扬声器及其地面镜像声源组成，依次标记为 S1 至 S4，坐标分别为(1.25,0,3)m，(1.25,−2.4,3)m，(−1.25,−2.4,3)m 及(−1.25,0,3) m，对应的 DOA 分别为(22.62°,360°)，(42.05°,297.51°)，(42.05°,242.49°)和(22.62°,180°)。

利用 PULSE 数据采集分析系统(Brüel & Kjær Type 3660C, Nærum, Denmark)同步采集所有传声器声压信号并执行快速傅里叶变换获得其傅里叶谱，采样频率为 16 384 Hz，频率分辨率为 4 Hz。分别采用在网压缩波束形成方法(OMP-CB，IR $l1$-CB，SBL-CB)及离网 OMP-CB 方法进行声源识别，计算时 θ 和 ϕ 方向均以 5°间隔进行网格划分，考虑传声器的频响失配，将 SNR 估计为 20 dB，稀疏度估计为 4。如图 2.14 所示为 3 000 Hz 时四种方法的声源识别结果。表 2.5 为对应各声源的 DOA 估计偏差∂及平均 DOA 估计误差 MAE_{DOA}。

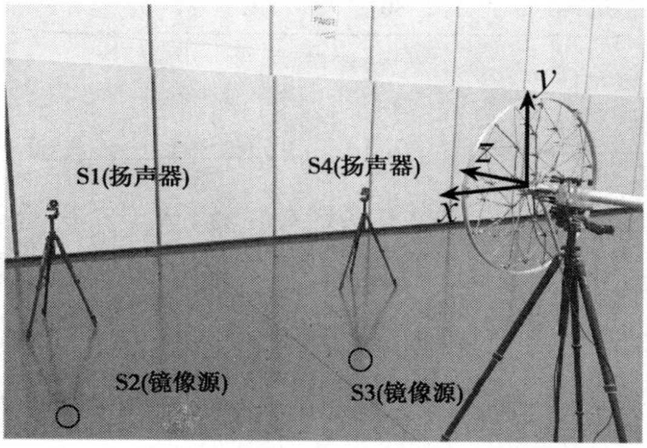

图 2.13　试验布局图

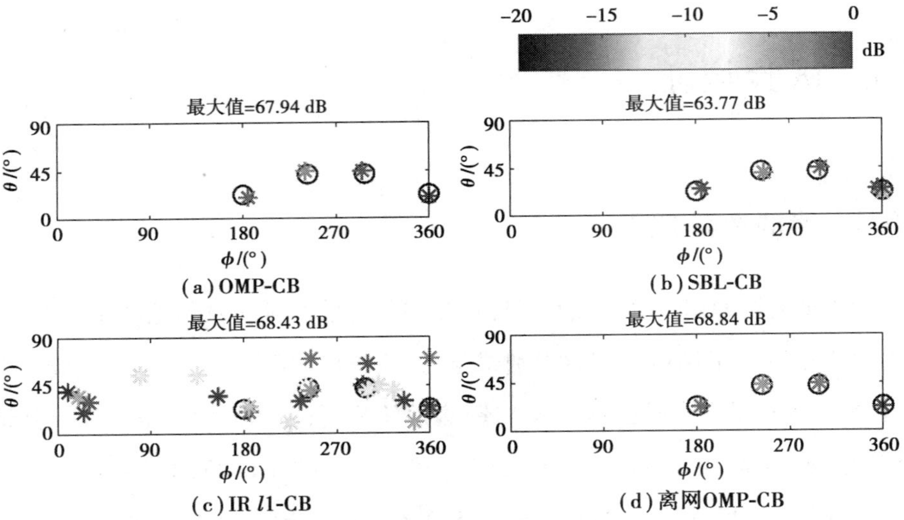

图 2.14 在网压缩波束形成及离网 OMP-CB 方法的试验结果

注：○表示真实声源 DOA，不包含强度信息，* 表示估计声源分布，

参考各方法输出的最大值进行 dB 缩放。

表 2.5 图 2.14 中在网压缩波束形成及离网 OMP-CB 方法对各声源 DOA 的估计偏差及 MAE_{DOA}

方法	S1	S2	S3	S4	MAE_{DOA}
OMP-CB	2.62°	3.42°	3.41°	3.18°	3.16°
IR *l*1-CB	2.50°	5.04°	3.02°	3.15°	3.43°
SBL-CB	2.71°	3.41°	2.63°	3.12°	2.97°
离网 OMP-CB	0.65°	1.86°	1.06°	1.39°	1.24°

从图 2.14 可知，OMP-CB［图 2.14(a)］和 SBL-CB［图 2.14(b)］方法估计声源至真实声源附近网格点，偏离真实声源位置；IR *l*1-CB［图 2.14(c)］方法估计声源为真实声源附近多个网格点，能量被分散，另外，IR *l*1-CB 方法还在远离真实声源位置引入许多虚假源；离网 OMP-CB 方法［图 2.14(d)］估计的声源位置摆脱网格点限制且更接近真实声源。结合表 2.4 可知，三种在网压缩波束形成方法 DOA 估计偏差约 3°，而离网 OMP-CB 方法获得的 DOA 估计偏差约 1°，

明显小于在网压缩波束形成方法。由此可知,离网 OMP-CB 方法获得了相比在网方法更高的 DOA 估计精度,有效缓解了基不匹配问题。

如图 2.15 和表 2.6 所示为稀疏度欠估计和过估计时离网 OMP-CB 方法的结果,随着稀疏度估计值的增加,离网 OMP-CB 方法已识别声源位置不发生改变,过估计稀疏度仅引入能量相对较低的虚假源,而不干扰真实声源的 DOA 估计结果。稀疏度欠估计时,声源强度估计值随稀疏度估计增加变化略明显[图 2.15(a)、(b)],而当稀疏度估计值超过真实值后,增加稀疏度估计值,声源强度估计值变化微小,真实声源强度量化结果鲁棒[图 2.15(c)、(d)]。由此证明,离网 OMP-CB 方法对稀疏度估计不敏感,声源识别性能稳健。

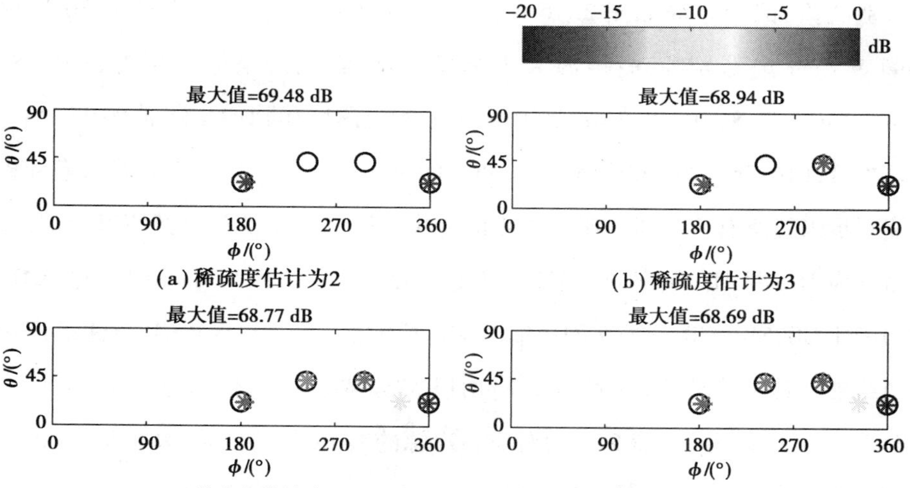

(a)稀疏度估计为2

(b)稀疏度估计为3

(c)稀疏度估计为5

(d)稀疏度估计为6

图 2.15 不同稀疏度估计下离网 OMP-CB 方法的试验结果

注:○表示真实声源 DOA,不包含强度信息,* 表示估计声源分布,

参考各方法输出的最大值进行 dB 缩放。

表 2.6 图 2.15 中离网 OMP 方法对各声源 DOA 的估计偏差及 MEA_{DOA}

稀疏度估计	S1	S2	S3	S4	MAE_{DOA}
欠估计 $\hat{I}=2$	0.65°	—	—	1.39°	1.02°
欠估计 $\hat{I}=3$	0.65°	1.86°	—	1.39°	1.30°

续表

稀疏度估计	S1	S2	S3	S4	MAE_{DOA}
准确估计 $\hat{I}=4$	0.65°	1.86°	1.06°	1.39°	1.24°
过估计 $\hat{I}=5$	0.65°	1.86°	1.06°	1.39°	1.24°
过估计 $\hat{I}=6$	0.65°	1.86°	1.06°	1.39°	1.24°

2.3.2 室外试验

为进一步验证提出方法在普通室外环境下的有效性，在室外进行扬声器声源识别试验，试验布局如图 2.16 所示。试验时采用直径 0.65 m 的 36 通道 Brüel & Kjær 扇形轮阵列；声源为 3 个扬声器，它们的坐标分别为(−0.78, 0.28,3)m,(−0.8,−0.42,3)m 及(0.9,0.3,3)m，对应的 DOA 分别为(15.44°, 160.25°),(16.76°,207.69°)和(17.55°,18.40°)。利用 PULSE 数据采集分析系统同步采集所有传声器声压信号并执行快速傅里叶变换获得其傅里叶谱，采样频率为 16 384 Hz，频率分辨率为 4 Hz。如图 2.17 所示为 3 000 Hz 时 OMP-CB, IR $l1$-CB, SBL-CB 三种在网压缩波束形成方法及离网 OMP-CB 方法的声源识别结果。其中，计算时 θ 和 ϕ 方向均以 5°间隔进行网格划分，SNR 估计为 5 dB，稀疏度估计为 3。表 2.7 为对应各声源的 DOA 估计偏差∂及平均 DOA 估计误差MAE_{DOA}。

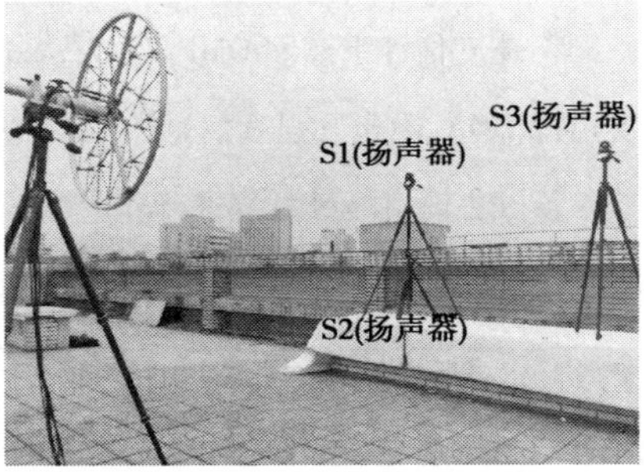

图 2.16 试验布局图

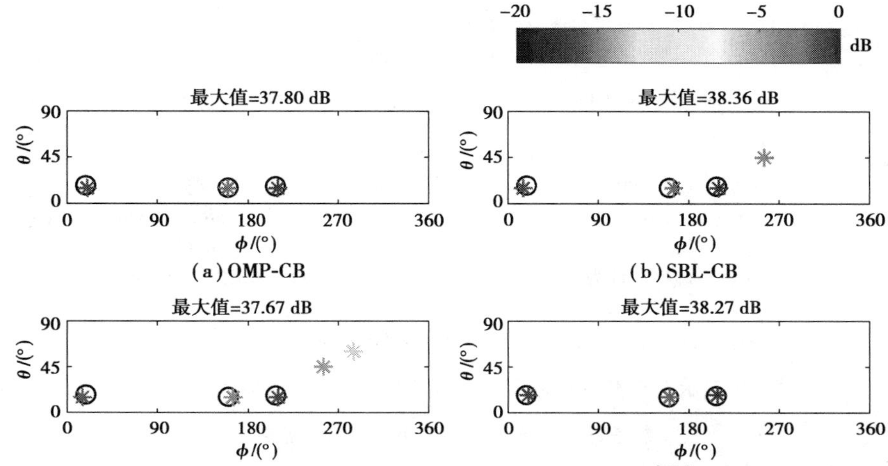

(a) OMP-CB (b) SBL-CB (c) IR $l1$-CB (d) 离网OMP-CB

图 2. 17　在网压缩波束形成及离网 OMP-CB 方法的试验结果

注：○表示真实声源 DOA，不包含强度信息，∗表示估计声源分布，

参考各方法输出的最大值进行 dB 缩放。

表 2. 7　图 2. 17 中在网压缩波束形成及离网 OMP-CB 方法对各声源的 DOA 估计偏差及 MAE_{DOA}

方法	S1	S2	S3	MAE_{DOA}
OMP-CB	0. 45°	1. 87°	2. 59°	1. 64°
IR $l1$-CB	1. 32°	1. 87°	2. 72°	1. 97°
SBL-CB	1. 32°	1. 87°	2. 72°	1. 97°
离网 OMP-CB	0. 28°	0. 92°	0. 71°	0. 64°

结合图 2. 17 和表 2. 7 可知，三种在网压缩波束形成方法均估计声源为真实声源附近网格点，偏差较大；离网 OMP-CB 方法能够摆脱网格点约束更加准确地估计声源 DOA，偏差明显变小。由此证明，离网 OMP-CB 方法能获得比在网压缩波束形成方法更准确的声源识别结果。

如图 2. 18 和表 2. 8 所示为稀疏度估计不准确时离网 OMP-CB 方法的试验结果，与前述室内的试验结论相同，稀疏度欠估计和过估计不影响识别出的声源的 DOA 估计精度，对声源强度估计略有影响，再次证明离网 OMP-CB 方法对稀疏度估计不敏感，声源识别性能稳健。

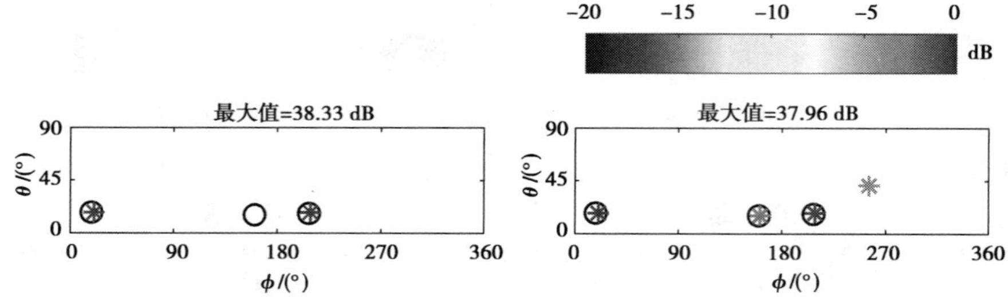

(a)稀疏度估计为2　　(b)稀疏度估计为4

图 2.18　不同稀疏度估计下离网 OMP-CB 方法的试验结果

注：○表示真实声源 DOA，不包含强度信息，*表示估计声源分布，

参考各方法输出的最大值进行 dB 缩放。

表 2.8　图 2.18 中离网 OMP-CB 方法对各声源的 DOA 估计偏差及 MAE_{DOA}

稀疏度估计	S1	S2	S3	MAE_{DOA}
欠估计 $\hat{I}=2$	—	0.92°	0.71°	0.82°
准确估计 $\hat{I}=3$	0.28°	0.92°	0.71°	0.64°
过估计 $\hat{I}=4$	0.28°	0.92°	0.71°	0.64°

2.4　小结

正交匹配追踪定网格离网压缩波束形成方法(离网 OMP-CB)以网格点处传递向量沿两个维度的二元一阶泰勒展开近似真实声源传递向量，构造以声源在网坐标、离网偏差及源强为未知量的方程组，并建立结合 OMP 和最小二乘的求解器进行求解，实现声源离网坐标及强度的估计。该方法能够有效缓解定网格在网压缩波束形成方法的基不匹配问题，获得更高的声源 DOA 估计及强度量化精度，声源识别性能更优。同时，该方法对稀疏度估计和网格间距不敏感，声源识别性能鲁棒，但空间分辨能力较差。

3　平面传声器阵列的迭代重加权动网格压缩波束形成

第 2 章的定网格离网 OMP-CB 方法能在一定程度上缓解基不匹配问题，但空间分辨能力较差。为实现高精度的声源识别并提升空间分辨能力，本章提出迭代重加权动网格压缩波束形成方法(简称动网 IR-CB)[17]，其将声源坐标和源强视为待求解变量，构造以声源坐标为变量的感知矩阵函数和以源强重加权 l_2 范数为惩罚项的目标函数，并基于梯度下降法进行求解获得声源坐标及强度估计。

3.1　基本理论

定网格在网压缩波束形成框架下，目标声源区域被离散为固定不动的网格点，各网格点坐标已知，迭代重加权方法仅用于计算各网格点上的源强，利用估计的源强信息进行加权，通过迭代实现性能提升。基于 l_2 范数的迭代重加权方法在第 $\gamma+1$ 次迭代时的最小化问题可表示为

$$\hat{\boldsymbol{S}}^{(\gamma+1)} = \underset{\boldsymbol{S}\in\mathbb{C}^{G\times L}}{\arg\min} \sum_{g=1}^{G} d_g^{(\gamma)} \|\boldsymbol{S}_{g,:}\|_2^2 \quad \text{s. t.}\ \|\boldsymbol{P}^{\star} - \boldsymbol{A}(\boldsymbol{\Omega}_{\mathrm{G}})\boldsymbol{S}\|_{\mathrm{F}} \leqslant \varepsilon \qquad (3.1)$$

其中，$d_g^{(\gamma)} = (\|\hat{\boldsymbol{S}}_{g,:}^{(\gamma)}\|_2^2 + \eth)^{-1}$，$\hat{\boldsymbol{S}}_{g,:}^{(\gamma)}$ 表示第 γ 次迭代获得的第 g 个网格点上各快拍下的源强，$\eth$ 为一正参数，用于保证函数的正确定义及控制迭代进程。

与定网格在网 IR-CB 不同，动网 IR-CB 离散目标声源区域形成一组坐标可

动态变化的网格点,网格点坐标及其对应的源强分布均为优化变量。由于采用动态网格,感知矩阵不再是常矩阵,而是关于网格坐标 $\boldsymbol{\theta}$ 和 $\boldsymbol{\phi}$ 的函数 $\boldsymbol{A}(\boldsymbol{\theta},\boldsymbol{\phi})=[\boldsymbol{a}(\theta_{G1},\phi_{G1}),\boldsymbol{a}(\theta_{G2},\phi_{G2}),\cdots,\boldsymbol{a}(\theta_{GG},\phi_{GG})]\in\mathbb{C}^{Q\times G}$。式(3.1)相应变为

$$\{\hat{\boldsymbol{\theta}}^{(\gamma+1)},\hat{\boldsymbol{\phi}}^{(\gamma+1)},\hat{\boldsymbol{S}}^{(\gamma+1)}\}=\underset{\boldsymbol{\theta}\in\mathbb{R}^{G\times1},\boldsymbol{\phi}\in\mathbb{R}^{G\times1},\boldsymbol{S}\in\mathbb{C}^{G\times L}}{\arg\min}\sum_{g=1}^{G}d_g^{(\gamma)}\|\boldsymbol{S}_{g,:}\|_2^2$$
$$\text{s.t.}\ \|\boldsymbol{P}^{\star}-\boldsymbol{A}(\boldsymbol{\theta},\boldsymbol{\phi})\boldsymbol{S}\|_{\mathrm{F}}\leqslant\varepsilon \tag{3.2}$$

式(3.2)可进一步表示为以下无约束形式

$$\{\hat{\boldsymbol{\theta}}^{(\gamma+1)},\hat{\boldsymbol{\phi}}^{(\gamma+1)},\hat{\boldsymbol{S}}^{(\gamma+1)}\}=\underset{\boldsymbol{\theta}\in\mathbb{R}^{G\times1},\boldsymbol{\phi}\in\mathbb{R}^{G\times1},\boldsymbol{S}\in\mathbb{C}^{G\times L}}{\arg\min}\sum_{g=1}^{G}d_g^{(\gamma)}\|\boldsymbol{S}_{g,:}\|_2^2+$$
$$\lambda^{(\gamma)}\|\boldsymbol{P}^{\star}-\boldsymbol{A}(\boldsymbol{\theta},\boldsymbol{\phi})\boldsymbol{S}\|_{\mathrm{F}}^2 \tag{3.3}$$

其中,λ 为正则化参数,用于平衡解的稀疏性与拟合误差。经过化简,可得

$$\{\hat{\boldsymbol{\theta}}^{(\gamma+1)},\hat{\boldsymbol{\phi}}^{(\gamma+1)},\hat{\boldsymbol{S}}^{(\gamma+1)}\}=\underset{\boldsymbol{\theta}\in\mathbb{R}^{G\times1},\boldsymbol{\phi}\in\mathbb{R}^{G\times1},\boldsymbol{S}\in\mathbb{C}^{G\times L}}{\arg\min}\mathrm{tr}(\boldsymbol{S}^{\mathrm{H}}\boldsymbol{D}^{(\gamma)}\boldsymbol{S}+\lambda^{(\gamma)}$$
$$(\boldsymbol{P}^{\star}-\boldsymbol{A}(\boldsymbol{\theta},\boldsymbol{\phi})\boldsymbol{S})^{\mathrm{H}}(\boldsymbol{P}^{\star}-\boldsymbol{A}(\boldsymbol{\theta},\boldsymbol{\phi})\boldsymbol{S})) \tag{3.4}$$

且

$$\boldsymbol{D}^{(\gamma)}=\mathrm{Diag}((\|\hat{\boldsymbol{S}}_{1,:}^{(\gamma)}\|_2^2+\delta)^{-1},(\|\hat{\boldsymbol{S}}_{2,:}^{(\gamma)}\|_2^2+\delta)^{-1},\cdots,(\|\hat{\boldsymbol{S}}_{G,:}^{(\gamma)}\|_2^2+\delta)^{-1})\in\mathbb{C}^{G\times G} \tag{3.5}$$

其中,Diag(·)表示以括号内的元素或向量构造对角矩阵。

以源强 $\boldsymbol{S}$ 为待求变量,最小化目标函数获得源强 $\boldsymbol{S}$ 的估计 $\tilde{\boldsymbol{S}}$ 为

$$\tilde{\boldsymbol{S}}(\boldsymbol{\theta},\boldsymbol{\phi})=((\boldsymbol{A}(\boldsymbol{\theta},\boldsymbol{\phi}))^{\mathrm{H}}\boldsymbol{A}(\boldsymbol{\theta},\boldsymbol{\phi})+(\lambda^{(\gamma)})^{-1}\boldsymbol{D}^{(\gamma)})^{-1}(\boldsymbol{A}(\boldsymbol{\theta},\boldsymbol{\phi}))^{\mathrm{H}}\boldsymbol{P}^{\star} \tag{3.6}$$

将 $\tilde{\boldsymbol{S}}(\boldsymbol{\theta},\boldsymbol{\phi})$ 代入式(3.4),则问题进一步简化为仅关于网格坐标(变量 $\boldsymbol{\theta}$ 和 $\boldsymbol{\phi}$)的优化问题

$$\{\hat{\boldsymbol{\theta}}^{(\gamma+1)},\hat{\boldsymbol{\phi}}^{(\gamma+1)}\}=\underset{\boldsymbol{\theta}\in\mathbb{R}^{G\times1},\boldsymbol{\phi}\in\mathbb{R}^{G\times1}}{\arg\min}R(\boldsymbol{\theta},\boldsymbol{\phi}) \tag{3.7}$$

$$R(\boldsymbol{\theta},\boldsymbol{\phi})\triangleq\mathrm{tr}(-(\boldsymbol{P}^{\star})^{\mathrm{H}}\boldsymbol{A}(\boldsymbol{\theta},\boldsymbol{\phi})((\boldsymbol{A}(\boldsymbol{\theta},\boldsymbol{\phi}))^{\mathrm{H}}\boldsymbol{A}(\boldsymbol{\theta},\boldsymbol{\phi})+$$
$$(\lambda^{(\gamma)})^{-1}\boldsymbol{D}^{(\gamma)})^{-1}(\boldsymbol{A}(\boldsymbol{\theta},\boldsymbol{\phi}))^{\mathrm{H}}\boldsymbol{P}^{\star}) \tag{3.8}$$

利用梯度下降法求解式(3.7)可获得 $\hat{\boldsymbol{\theta}}^{(\gamma+1)}$ 和 $\hat{\boldsymbol{\phi}}^{(\gamma+1)}$。具体地,在第 $\gamma+1$ 次迭代中各网格坐标的更新如下:

$$\begin{cases}\hat{\theta}_g^{(\gamma+1)}=\hat{\theta}_g^{(\gamma)}-\alpha\dfrac{\partial R(\boldsymbol{\theta},\boldsymbol{\phi})}{\partial\theta_g}\Bigg|_{\boldsymbol{\theta}=\hat{\boldsymbol{\theta}}^{(\gamma)},\boldsymbol{\phi}=\hat{\boldsymbol{\phi}}^{(\gamma)}}\\\hat{\phi}_g^{(\gamma+1)}=\hat{\phi}_g^{(\gamma)}-\alpha\dfrac{\partial R(\boldsymbol{\theta},\boldsymbol{\phi})}{\partial\phi_g}\Bigg|_{\boldsymbol{\theta}=\hat{\boldsymbol{\theta}}^{(\gamma)},\boldsymbol{\phi}=\hat{\boldsymbol{\phi}}^{(\gamma)}}\end{cases}\tag{3.9}$$

其中，α 表示迭代步长，初始值取为 10^3，并在迭代中以 0.1 倍规律修正，以保证目标函数 $R(\hat{\boldsymbol{\theta}}^{(\gamma)},\hat{\boldsymbol{\phi}}^{(\gamma)})$ 随迭代不断减小。$\partial R(\boldsymbol{\theta},\boldsymbol{\phi})/\partial\theta_g$ 和 $\partial R(\boldsymbol{\theta},\boldsymbol{\phi})/\partial\phi_g$ 的表达式为

$$\begin{aligned}\frac{\partial R(\boldsymbol{\theta},\boldsymbol{\phi})}{\partial\theta_g}=&\operatorname{tr}\left(-(\boldsymbol{P}^\star)^{\mathrm{H}}\left(\frac{\partial\boldsymbol{A}}{\partial\theta_g}(\boldsymbol{A}^{\mathrm{H}}\boldsymbol{A}+\lambda^{-1}\boldsymbol{D}^{(\gamma)})^{-1}\boldsymbol{A}^{\mathrm{H}}+\boldsymbol{A}(\boldsymbol{A}^{\mathrm{H}}\boldsymbol{A}+\lambda^{-1}\boldsymbol{D}^{(\gamma)})^{-1}\frac{\partial\boldsymbol{A}^{\mathrm{H}}}{\partial\theta_g}\right)\boldsymbol{P}^\star\right)+\\&\operatorname{tr}\left((\boldsymbol{P}^\star)^{\mathrm{H}}\boldsymbol{A}(\boldsymbol{A}^{\mathrm{H}}\boldsymbol{A}+\lambda^{-1}\boldsymbol{D}^{(\gamma)})^{-1}\left(\frac{\partial\boldsymbol{A}^{\mathrm{H}}}{\partial\theta_g}\boldsymbol{A}+\boldsymbol{A}^{\mathrm{H}}\frac{\partial\boldsymbol{A}}{\partial\theta_g}\right)(\boldsymbol{A}^{\mathrm{H}}\boldsymbol{A}+\lambda^{-1}\boldsymbol{D}^{(\gamma)})^{-1}\boldsymbol{A}^{\mathrm{H}}\boldsymbol{P}^\star\right)\end{aligned}\tag{3.10}$$

$$\begin{aligned}\frac{\partial R(\boldsymbol{\theta},\boldsymbol{\phi})}{\partial\phi_g}=&\operatorname{tr}\left(-(\boldsymbol{P}^\star)^{\mathrm{H}}\left(\frac{\partial\boldsymbol{A}}{\partial\phi_g}(\boldsymbol{A}^{\mathrm{H}}\boldsymbol{A}+\lambda^{-1}\boldsymbol{D}^{(\gamma)})^{-1}\boldsymbol{A}^{\mathrm{H}}+\boldsymbol{A}(\boldsymbol{A}^{\mathrm{H}}\boldsymbol{A}+\lambda^{-1}\boldsymbol{D}^{(\gamma)})^{-1}\frac{\partial\boldsymbol{A}^{\mathrm{H}}}{\partial\phi_g}\right)\boldsymbol{P}^\star\right)+\\&\operatorname{tr}\left((\boldsymbol{P}^\star)^{\mathrm{H}}\boldsymbol{A}(\boldsymbol{A}^{\mathrm{H}}\boldsymbol{A}+\lambda^{-1}\boldsymbol{D}^{(\gamma)})^{-1}\left(\frac{\partial\boldsymbol{A}^{\mathrm{H}}}{\partial\phi_g}\boldsymbol{A}+\boldsymbol{A}^{\mathrm{H}}\frac{\partial\boldsymbol{A}}{\partial\phi_g}\right)(\boldsymbol{A}^{\mathrm{H}}\boldsymbol{A}+\lambda^{-1}\boldsymbol{D}^{(\gamma)})^{-1}\boldsymbol{A}^{\mathrm{H}}\boldsymbol{P}^\star\right)\end{aligned}\tag{3.11}$$

其中，$\boldsymbol{A}$ 为 $\boldsymbol{A}(\boldsymbol{\theta},\boldsymbol{\phi})$ 的简写。获得网格坐标估计 $\hat{\boldsymbol{\theta}}^{(\gamma+1)}$ 和 $\hat{\boldsymbol{\phi}}^{(\gamma+1)}$ 后，将其代入式(3.6)，可得到对源强分布矩阵的新一轮估计

$$\hat{\boldsymbol{S}}^{(\gamma+1)}=\tilde{\boldsymbol{S}}(\hat{\boldsymbol{\theta}}^{(\gamma+1)},\hat{\boldsymbol{\phi}}^{(\gamma+1)})\tag{3.12}$$

另外，对正则化参数 λ 的取值，本算法参照文献[15]提出的自适应选择方法，利用以下公式对其进行更新：

$$\lambda^{(\gamma+1)}=\frac{\delta QL}{\|\boldsymbol{P}^\star-\boldsymbol{A}(\hat{\boldsymbol{\theta}}^{(\gamma+1)},\hat{\boldsymbol{\phi}}^{(\gamma+1)})\hat{\boldsymbol{S}}^{(\gamma+1)}\|_{\mathrm{F}}^2}\tag{3.13}$$

其中，δ 为一恒定缩放常数，取 0.2。

本章提出的迭代重加权方法设置一组初始网格点，每次迭代中，通过优化网格点坐标，使网格点位置发生变动，最终使部分网格点逼近真实声源 DOA，对应的源强矩阵估计 $\hat{\boldsymbol{S}}$ 也越来越准确，故该方法称为动网 IR-CB。为节约计算耗

时,每次迭代中仅保留源强 $\hat{S}_g = \|\hat{\boldsymbol{S}}_{g,:}\|_2/\sqrt{L}$ 大于预设阈值 κ 的网格坐标。同时,为平衡结果精度与计算成本,以迭代次数 $\gamma>\gamma_{\max}$ 或收敛误差 $\sigma^{(\gamma+1)} = \|\hat{\boldsymbol{S}}^{(\gamma+1)} - \hat{\boldsymbol{S}}^{(\gamma)}\|_F / \|\hat{\boldsymbol{S}}^{(\gamma)}\|_F \leqslant \sigma_{\mathrm{tol}}$ 作为终止条件。

动网 IR-CB 方法的算法流程见表 3.1。

表 3.1　动网 IR-CB 方法算法流程

输入:$\boldsymbol{P}^{\star}$,初始网格坐标 $\hat{\boldsymbol{\theta}}^{(0)}$ 和 $\hat{\boldsymbol{\phi}}^{(0)}$,$\lambda^{(0)}$
初始化:源强分布 $\hat{\boldsymbol{S}}^{(0)} = \boldsymbol{0}$,$\gamma=0$
循环
基于 $\boldsymbol{P}^{\star}$,$\hat{\boldsymbol{S}}^{(\gamma)}$,$\hat{\boldsymbol{\theta}}^{(\gamma)}$,$\hat{\boldsymbol{\phi}}^{(\gamma)}$,$\lambda^{(\gamma)}$ 构建式(3.8)所示函数
利用梯度下降法,根据式(3.9)寻找使目标函数减小的新网格坐标估计 $\hat{\boldsymbol{\theta}}^{(\gamma+1)}$ 和 $\hat{\boldsymbol{\phi}}^{(\gamma+1)}$
根据式(3.6)和式(3.12)计算新源强分布估计 $\hat{\boldsymbol{S}}^{(\gamma+1)}$
根据式(3.13)计算正则化参数 $\lambda^{(\gamma+1)}$
$\gamma \leftarrow \gamma+1$
直到 $\sigma^{(\gamma+1)} \leqslant \sigma_{\mathrm{tol}}$ 或 $\gamma>\gamma_{\max}$
输出:$(\hat{\boldsymbol{\theta}},\hat{\boldsymbol{\phi}})$,$\hat{\boldsymbol{S}}$

3.2　性能分析

3.2.1　声源识别精度分析

利用动网 IR-CB 方法对图 1.3 所示案例进行识别,仿真时声源、阵列、网格间距及其他设置均与图 1.3 所示案例相同,计算时声源强度阈值 κ 设为 0.15,最大迭代次数 $\gamma_{\max}$ 设为 100,收敛误差阈值 σ_{tol} 设为 10^{-6}。如图 3.1 所示为网格间距分别为 10°,15°,20°和 25°时动网 IR-CB 方法的声源识别结果。表 3.2

展示了不同网格间距下各声源的 DOA 估计偏差∂、平均 DOA 估计误差MAE_{DOA}及计算耗时。

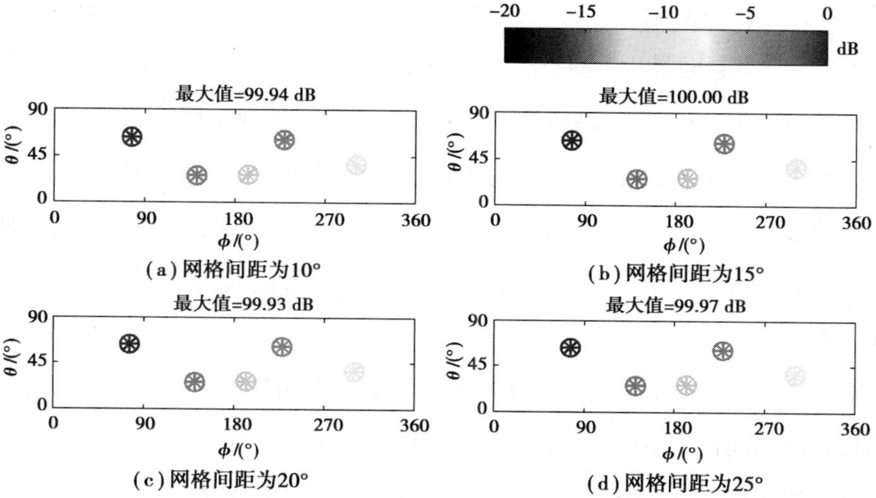

图 3.1　不同网格间距下动网 IR-CB 方法的声源识别结果

注：○表示真实声源分布，* 表示估计声源分布，均参考真实声源强度最大值进行 dB 缩放。

表 3.2　图 3.1 中动网 IR-CB 方法的声源识别偏差及计算耗时

方法	网格间距	声源 1 ∂/(°)	声源 1 β/dB	声源 2 ∂/(°)	声源 2 β/dB	声源 3 ∂/(°)	声源 3 β/dB	声源 4 ∂/(°)	声源 4 β/dB	声源 5 ∂/(°)	声源 5 β/dB	MAE_{DOA} /(°)	计算耗时/s
动网 IR-CB	10°	0.05	0.06	0.40	0.01	0.09	0.07	0.30	0.23	0.10	0.13	0.19	128.2
	15°	0.06	0.01	0.12	0.03	0.10	0.09	0.11	0.15	0.09	0.08	0.10	13.69
	20°	0.04	0.07	0.47	0.03	0.09	0.07	0.35	0.25	0.11	0.17	0.21	2.786
	25°	0.07	0.03	0.24	0.02	0.09	0.08	0.19	0.18	0.10	0.02	0.14	4.264

图 3.1 显示，动网 IR-CB 方法在网格间距为 10°，15°，20°和 25°时均能准确估计声源 DOA 和强度。从表 3.2 可知，动网 IR-CB 方法获得的 MAE_{DOA} 为 0.10°～0.21°，明显小于第 2 章提出的定网格离网 OMP-CB 方法（表 2.2，0.57°～0.59°），对各声源的强度量化偏差亦小于定网格离网 OMP-CB 方法。由此可知，动网 IR-CB 方法不仅能够有效克服基不匹配问题，而且能够获得高

于离网 OMP-CB 方法(图 2.1)的声源定位精度和声源强度量化精度。从表 3.2 可知,就该案例而言,网格间距为 15°时声源识别精度最高;动网 IR-CB 方法在各网格间距下的计算效率明显低于离网 OMP-CB 方法;网格间距为 20°时动网 IR-CB 方法计算耗时最少,更稀疏的初始网格(如 25°)会导致迭代次数增加从而计算耗时增多,过密集的网格(如 10°)会导致数据处理量增加从而计算耗时增多。综合识别精度和计算效率,初步认为网格间距为 15°时动网 IR-CB 方法综合性能表现最优。总的来说,动网 IR-CB 方法能够有效克服基不匹配问题,获得显著高于离网 OMP-CB 方法的声源识别精度,但其计算效率低于离网 OMP-CB 方法。

利用动网 IR-CB 方法对图 2.2 中对应的 200×9 组算例进行蒙特卡罗仿真,分别设置网格间距为 10°,15°,20°和 25°,其他设置与图 3.1 相同。图 3.2 展示了不同网格间距下动网 IR-CB 方法在各频率下的声源识别成功概率 CDF(2°),即 DOA 估计偏差不大于 2°的概率。对比图 2.2 和图 3.2 可知,相比离网 OMP-CB 方法,动网 IR-CB 方法的 CDF(2°)几乎不受网格间距和频率限制,其在网格间距为 10°,15°,20°和 25°时均能在关心频段(2 000 ~ 6 000 Hz)内实现高概率成功识别。

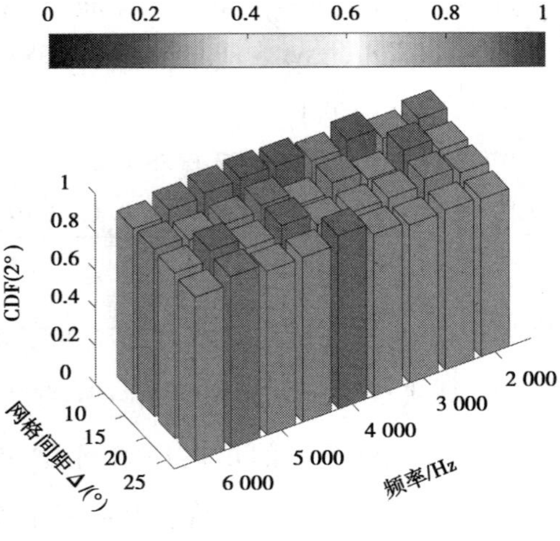

图 3.2 不同网格间距不同频率下动网 IR-CB 方法的 CDF(2°)

如图 3.3 所示为各网格间距和频率下动网 IR-CB 方法的平均 DOA 估计误差MAE_{DOA} 及平均声源强度量化误差$MAE_{Strength}$。动网 IR-CB 方法在不同频率下的MAE_{DOA} 均低于 0.26°，明显优于图 2.3 所示定网格在网压缩波束形成方法（OMP-CB，IR $l1$-CB 和 SBL-CB）及定网格离网 OMP-CB 方法，表明动网 IR-CB 方法能够有效克服基不匹配问题，实现高精度的声源定位。动网 IR-CB 方法在不同网格间距和频率下的声源强度量化误差$MAE_{Strength}$ 约为 0.3 dB，略高于网格间距为 5°和 2°时离网 OMP-CB 方法的$MAE_{Strength}$。

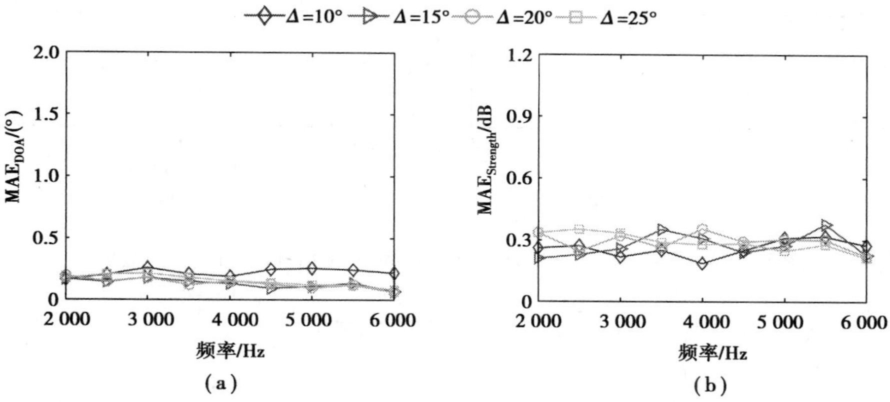

图 3.3　不同网格间距不同频率下动网 IR-CB 方法的MAE_{DOA} 和$MAE_{Strength}$

值得一提的是，动网 IR-CB 方法在网格间距为 10°时的MAE_{DOA} 略高于其他更稀疏网格间距下的MAE_{DOA}，表明过密集的网格可能劣化该方法的声源识别精度。另外，过密集的网格带来数据处理量增多使计算耗时急剧增加（表 3.2）。就本章研究的频率范围而言，建议动网 IR-CB 方法初始网格间距选为 15°。

图 3.4 进一步展示了动网 IR-CB 方法的 DOA 估计偏差分布概率，网格间距为 10°，15°，20°和 25°时其 DOA 估计偏差均主要集中在 0.02°之内，而离网 OMP-CB 方法 DOA 估计偏差相对分散且主要分布在 0.28°附近（图 2.5），表明动网 IR-CB 方法在不同网格间距下均能获得优于离网 OMP-CB 方法的 DOA 估计精度。另外，从图 3.5 所示累积概率可知，动网 IR-CB 方法能高概率地获得

小于 1°的 DOA 估计偏差，综上所述，动网 IR-CB 方法能够有效克服基不匹配问题，获得明显优于离网 OMP-CB 方法的高精度声源识别结果，且结果受网格间距影响小，性能稳健。

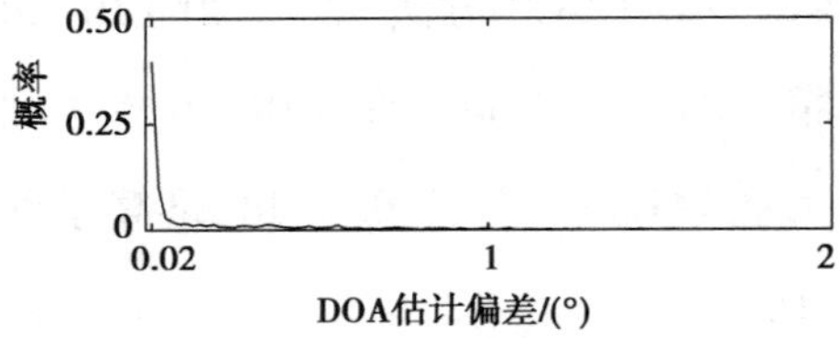

(a) 网格间距10°

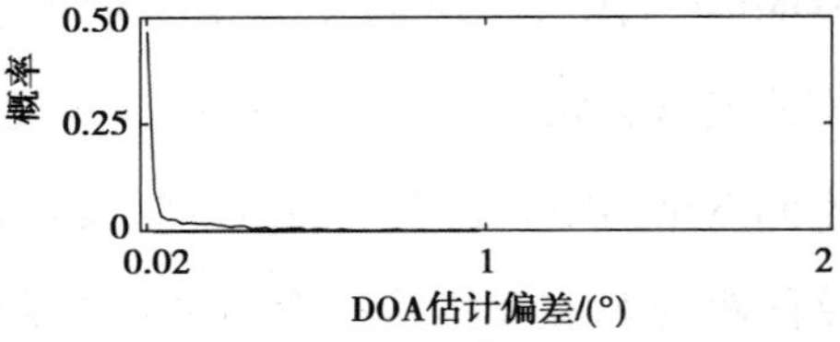

(b) 网格间距15°

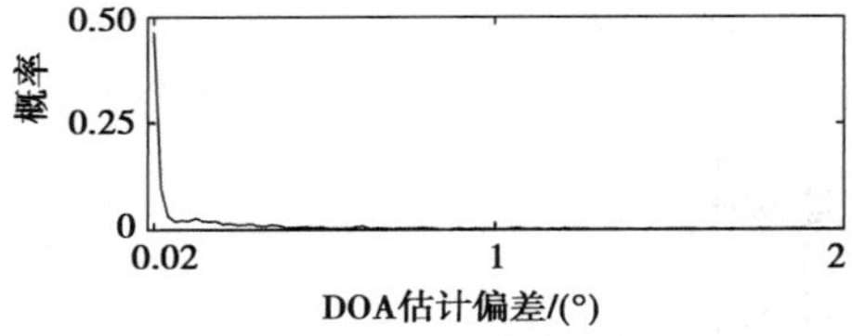

(c) 网格间距20°

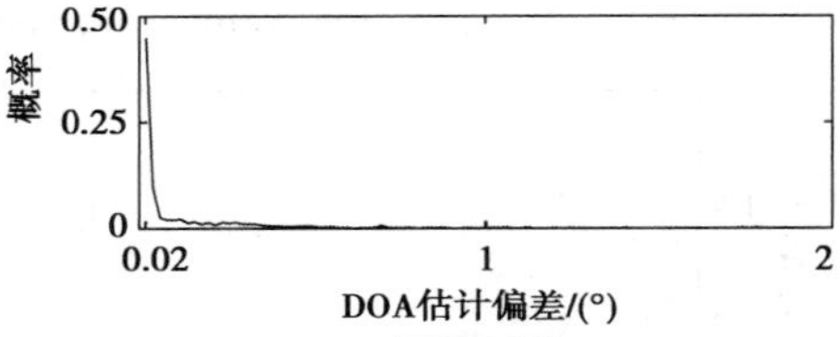

(d) 网格间距25°

图 3.4　不同网格间距下动网 IR-CB 方法 DOA 估计偏差的概率分布

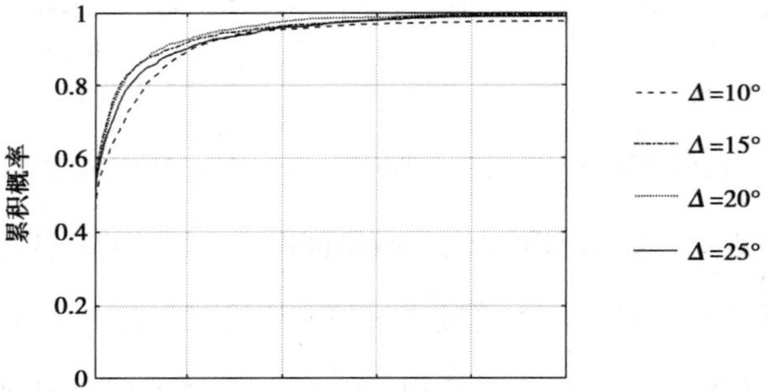

图 3.5　不同网格间距下动网 IR-CB 方法 DOA 估计偏差的累积概率

3.2.2　信噪比和快拍数的影响

如图 3.6 所示为不同 SNR 及声源相干性情况下动网 IR-CB 方法的声源识别结果，表 3.3 为对应的平均 DOA 估计误差MAE_{DOA} 及平均声源强度量化误差$MAE_{Strength}$。结合图表可知,动网 IR-CB 方法在 SNR 为 20 dB 时能够高精度地识别相干或不相干声源,声源识别精度随 SNR 降低而降低,当 SNR 低至 0 dB 时声源识别偏差明显,对相干声源甚至出现丢失声源的现象。初步说明,快拍数为 10 时动网 IR-CB 方法能够在 SNR 低至 5 dB 时获得准确的声源识别结果。

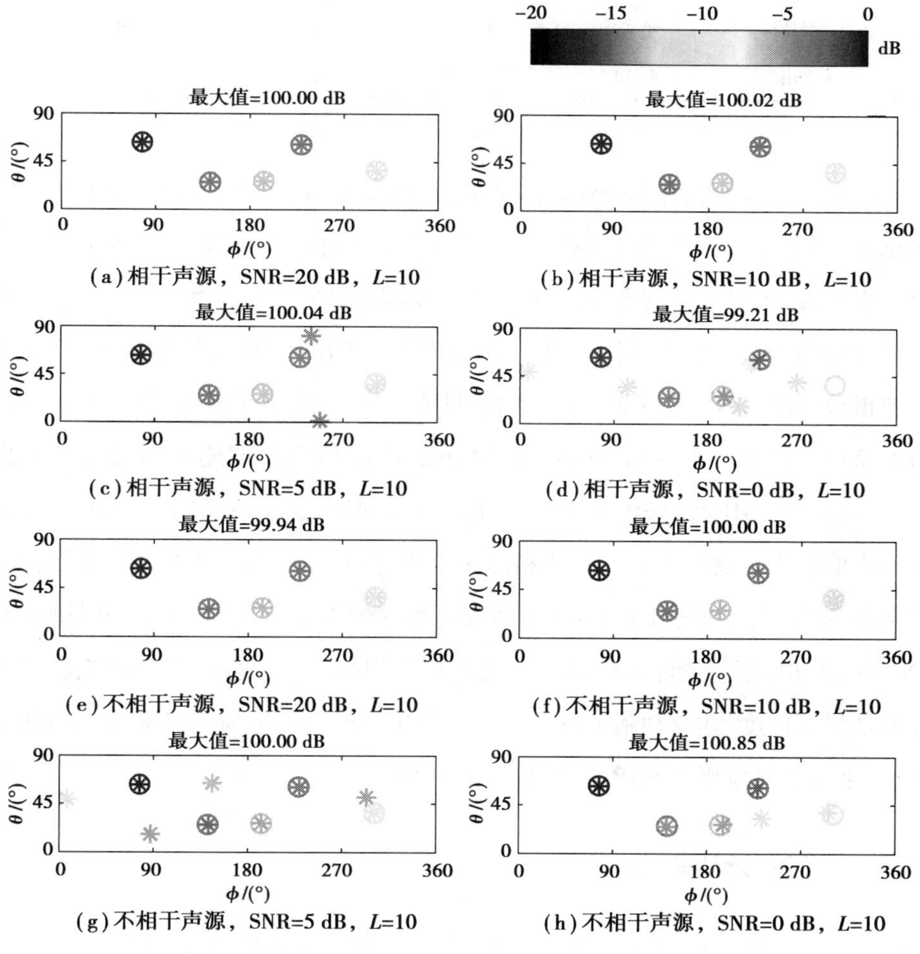

图 3.6 不同 SNR 及声源相干性下动网 IR-CB 方法的声源识别结果

注:○表示真实声源分布,* 表示估计声源分布,均参考真实声源强度最大值进行 dB 缩放。

表 3.3　图 3.6 中动网 IR-CB 方法的平均 DOA 估计误差及平均声源强度量化误差

SNR	相干声源		不相干声源	
	MAE_{DOA}/(°)	$MAE_{Strength}$/dB	MAE_{DOA}/(°)	$MAE_{Strength}$/dB
SNR=20 dB	0.01	0.07	0.07	0.09
SNR=10 dB	0.37	0.20	0.56	0.40
SNR=5 dB	0.61	0.59	0.52	0.54
SNR=0 dB	5.24	1.14	1.21	0.85

如图 3.7 所示为不同 SNR 和快拍数下动网 IR-CB 方法的 CDF(2°)，即 DOA 估计偏差不大于 2°的概率。如图 3.8 所示为不同 SNR 和快拍数下的平均 DOA 估计误差MAE_{DOA}及平均声源强度量化误差$MAE_{Strength}$。由图 3.7 可知，单快拍时动网 IR-CB 方法在低 SNR 下的 CDF(2°)极低，SNR 大于等于 20 dB 时才能获得较高的 CDF(2°)；而在多快拍时只要 SNR 不低于 5 dB 就能获得较高的 CDF(2°)。由图 3.8 可知，动网 IR-CB 方法声源识别精度随快拍数增加而提高，尤其是在 SNR 低于 20 dB 时多快拍声源识别精度远高于同 SNR 下单快拍时的声源识别精度。综合图 3.7 和图 3.8 还可知，动网 IR-CB 方法在单快拍时需要高 SNR(大于等于 20 dB)才能实现高概率的高精度识别，多快拍时则在低 SNR(约 5 dB)下就能够实现高概率的高精度识别。为获得高概率的成功识别并保证识别精度，建议动网 IR-CB 方法在单快拍时应用于 SNR 不低于 20 dB 的场景，多快拍时应用于 SNR 不低于 5 dB 的场景。

3.2.3　空间分辨能力

为分析动网 IR-CB 方法的空间分辨能力，用其识别图 2.11 所示案例中的小分离等强度同相位双声源。如图 3.9 所示为动网 IR-CB 方法的识别结果，箭头指示部分为局部放大图，两个声源被分离并准确定位。如图 3.10 所示为动网 IR-CB 方法在不同频率不同声源分离下蒙特卡罗仿真获得的 CDF(2°)。对

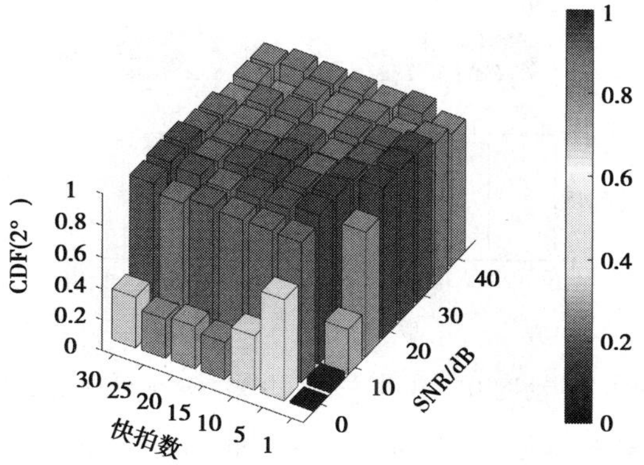

图 3.7 不同 SNR 不同快拍数下动网 IR-CB 方法的 CDF(2°)

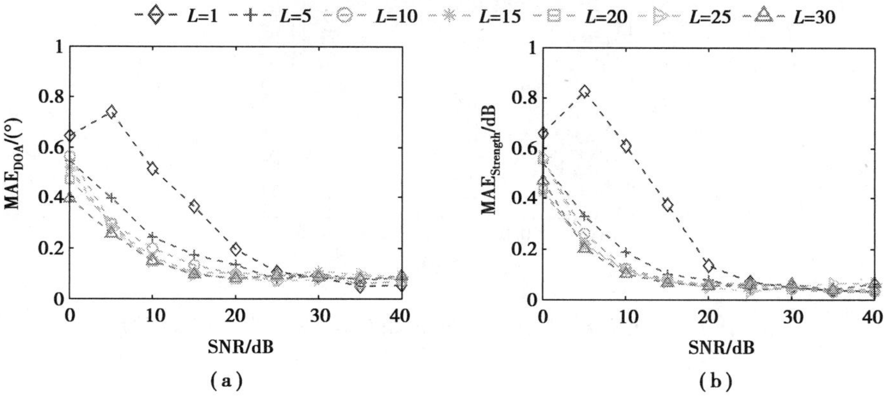

图 3.8 不同 SNR 不同快拍数下动网 IR-CB 方法的 MAE_{DOA} 和 $MAE_{Strength}$

比动网 IR-CB 方法(图 3.10)和离网 OMP-CB 方法(图 2.12)可知,离网 OMP-CB 方法仅在频率较高且声源分离较远时能够获得较高的 CDF(2°),在频率低或声源分离较小时获得的 CDF(2°)很低,且当声源间夹角为 5°时,其在 2 000 ~ 6 000 Hz 频率内获得的 CDF(2°)均接近 0;而动网 IR-CB 方法在声源间夹角为 5°时仍有约 0.4 的 CDF(2°),当声源间夹角大于 5°时,其在 2 000 ~ 6 000 Hz 频率内均可获得高 CDF(2°)。这表明,相比离网 OMP-CB 方法,动网 IR-CB 方法能够分离并准确识别夹角更小的声源,具有较强的空间分辨能力。

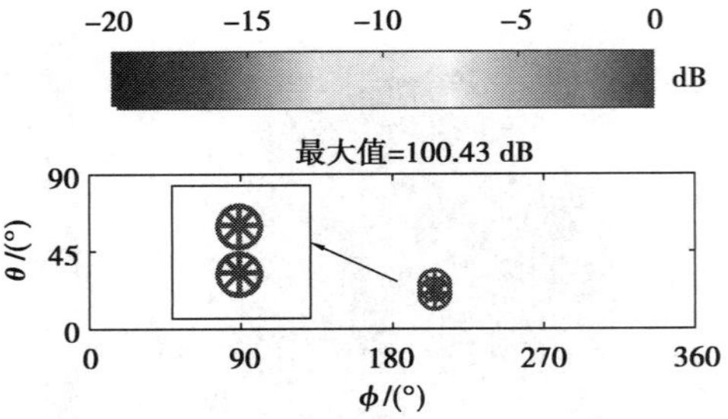

图 3.9　动网 IR-CB 方法对小分离双声源的识别结果

注：○表示真实声源分布，∗表示估计声源分布，均参考真实声源强度最大值进行 dB 缩放。

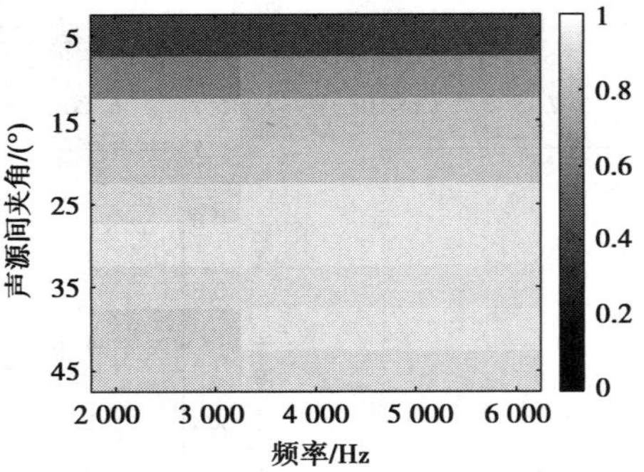

图 3.10　不同频率不同声源分离下动网 IR-CB 方法的 CDF(2°)

3.3　试验验证

为验证提出方法的有效性，利用动网 IR-CB 方法分别处理 2.3 节中半消声室扬声器识别试验和室外扬声器识别试验的数据，计算时 θ 和 ϕ 方向均以 15°间隔进行网格划分。如图 3.11 所示为动网 IR-CB 方法在两种试验情况下对扬声器声源的识别结果，其中图 3.11(a)为半消声室试验结果，图 3.11(b)为室外试验结果。表 3.4 列出了两种试验情况下各声源的 DOA 估计偏差∂和平均 DOA 估计误差$\mathrm{MAE}_{\mathrm{DOA}}$。

对比动网 IR-CB 方法(图 3.11 和表 3.4)与离网 OMP-CB 方法(图 2.14、表 2.5、图 2.17 和表 2.7)的试验结果可知:半消声室试验中,离网 OMP-CB 方法可获得较准确的声源 DOA 估计结果,平均 DOA 估计误差为 1.24°,动网 IR-CB 方法也可准确估计声源 DOA,平均 DOA 估计误差为 1.09°;室外试验中,离网 OMP-CB 方法获得的平均 DOA 估计误差为 0.64°,动网 IR-CB 方法获得的平均 DOA 估计误差为 0.45°。由此可知,两种试验情况下动网 IR-CB 方法获得的平均 DOA 估计误差均小于离网 OMP-CB 方法。这表明,动网 IR-CB 方法能有效克服基不匹配问题,获得相比离网 OMP-CB 方法更高的声源 DOA 估计精度。

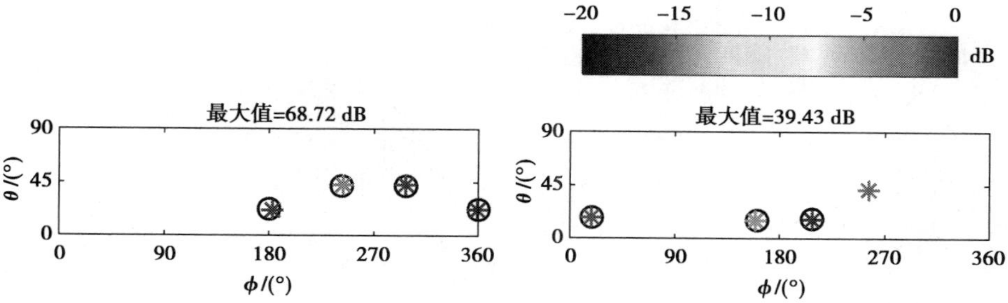

(a)半消声室试验结果

(b)室外试验结果

图 3.11 动网 IR-CB 方法的试验结果

注: ○表示真实声源 DOA,不包含强度信息,* 表示估计声源分布,参考输出的最大值进行 dB 缩放。

表 3.4 图 3.11 中动网 IR-CB 方法对各声源的 DOA 估计偏差及 MAE_{DOA}

方法	试验场地	S1	S2	S3	S4	MAE_{DOA}
动网 IR-CB	半消声室	0.40°	1.17°	1.27°	1.54°	1.09°
	室外	0.43°	0.77°	0.14°	—	0.45°

3.4 小结

动网 IR-CB 将网格坐标和源强视为待求解变量，构造以网格坐标为变量的感知矩阵函数和以源强重加权 l_2 范数为惩罚项的目标函数，并基于梯度下降法进行求解获得声源 DOA 及强度估计。该方法能够有效克服基不匹配问题，获得相比定网格在网和定网格离网压缩波束形成方法更高的声源识别精度，且具有强空间分辨能力，但计算效率较低。

4 平面传声器阵列的牛顿正交匹配追踪动网格压缩波束形成

动网 IR-CB 方法能够克服基不匹配问题,获得高于定网格离网 OMP-CB 方法的声源 DOA 估计精度和空间分辨能力,但其计算效率低。为兼顾声源识别精度、空间分辨能力和计算效率,本章提出牛顿正交匹配追踪压缩波束形成方法[18,19]。该方法将二维连续空间内声源识别问题构造为以声源坐标和源强为变量的极大似然估计问题,并通过结合 OMP、牛顿优化和反馈机制建立的二维牛顿正交匹配追踪算法进行求解。牛顿正交匹配追踪压缩波束形成方法亦可理解为一种“动网格”方法。

4.1 基本理论

牛顿正交匹配追踪压缩波束形成(Newtonized Orthogonal Matching Pursuit Compressive Beamforming, NOMP-CB)将连续空间内的声源识别问题构造为以声源坐标和声源强度为变量的极大似然估计问题,求解时首先基于匹配追踪算法初步估计声源附近的网格点坐标,然后通过二维牛顿优化和反馈机制在局部连续空间范围内进一步优化,使坐标估计收敛至真实声源位置,实现声源的准确定位。

根据式(1.3)和式(1.4),最小化传声器声压测量模型的剩余能量,得到声源位置和声源强度的极大似然估计:

$$\{\hat{\boldsymbol{\Omega}}_S,\hat{\boldsymbol{S}}\}=\underset{\boldsymbol{\Omega}_S,\boldsymbol{S}}{\operatorname{argmin}}\|\boldsymbol{P}^{\star}-\boldsymbol{A}(\boldsymbol{\Omega}_S)\boldsymbol{S}\|_F^2$$
$$=\underset{\boldsymbol{\Omega}_S,\boldsymbol{S}}{\operatorname{argmax}}\ \operatorname{tr}(2\operatorname{Re}((\boldsymbol{P}^{\star})^H\boldsymbol{A}(\boldsymbol{\Omega}_S)\boldsymbol{S})-(\boldsymbol{A}(\boldsymbol{\Omega}_S)\boldsymbol{S})^H\boldsymbol{A}(\boldsymbol{\Omega}_S)\boldsymbol{S}) \tag{4.1}$$

定义似然函数为

$$\mathcal{L}(\boldsymbol{\Omega}_S,\boldsymbol{S})=\operatorname{tr}(2\operatorname{Re}((\boldsymbol{P}^{\star})^H\boldsymbol{A}(\boldsymbol{\Omega}_S)\boldsymbol{S})-(\boldsymbol{A}(\boldsymbol{\Omega}_S)\boldsymbol{S})^H\boldsymbol{A}(\boldsymbol{\Omega}_S)\boldsymbol{S}) \tag{4.2}$$

其中，Re(·)表示取复数的实部。直接同时求解使似然函数$\mathcal{L}(\boldsymbol{\Omega}_S,\boldsymbol{S})$最大的两个变量$\boldsymbol{\Omega}_S$和$\boldsymbol{S}$难以实现，先以声源强度$\boldsymbol{S}$为待求变量进行求解。对任意给定$\boldsymbol{\Omega}_S$，最大化似然函数获得$\boldsymbol{S}$的估计为

$$\boldsymbol{S}=(\boldsymbol{A}(\boldsymbol{\Omega}_S)^H\boldsymbol{A}(\boldsymbol{\Omega}_S))^{-1}\boldsymbol{A}(\boldsymbol{\Omega}_S)^H\boldsymbol{P}^{\star} \tag{4.3}$$

相应地，第l个快拍下声源强度的最小二乘解为$\boldsymbol{S}_{:,l}=(\boldsymbol{A}(\boldsymbol{\Omega}_S)^H\boldsymbol{A}(\boldsymbol{\Omega}_S))^{-1}\boldsymbol{A}(\boldsymbol{\Omega}_S)^H\boldsymbol{P}^{\star}_{:,l}$。将式(4.3)代入式(4.2)中，得到最大似然比检验成本函数

$$\mathcal{G}(\boldsymbol{\Omega}_S)=\operatorname{tr}((\boldsymbol{P}^{\star})^H\boldsymbol{A}(\boldsymbol{\Omega}_S)(\boldsymbol{A}(\boldsymbol{\Omega}_S)^H\boldsymbol{A}(\boldsymbol{\Omega}_S))^{-1}\boldsymbol{A}(\boldsymbol{\Omega}_S)^H\boldsymbol{P}^{\star}) \tag{4.4}$$

声源 DOA 坐标$\boldsymbol{\Omega}_S$的最大似然比检验估计为

$$\hat{\boldsymbol{\Omega}}_S=\underset{\boldsymbol{\Omega}_S}{\operatorname{argmax}}\ \mathcal{G}(\boldsymbol{\Omega}_S) \tag{4.5}$$

将式(4.5)求得的声源 DOA 坐标估计$\hat{\boldsymbol{\Omega}}_S$代入式(4.3)即可得源强估计

$$\hat{\boldsymbol{S}}=(\boldsymbol{A}(\hat{\boldsymbol{\Omega}}_S)^H\boldsymbol{A}(\hat{\boldsymbol{\Omega}}_S))^{-1}\boldsymbol{A}(\hat{\boldsymbol{\Omega}}_S)^H\boldsymbol{P}^{\star} \tag{4.6}$$

在整个声源空间内同步寻找满足式(4.5)的所有声源位置难以实现，采用逐次对单个声源进行处理的方式来识别所有源。对每个声源的识别过程主要包括4步：①基于离散网格采用匹配追踪算法进行声源初步估计；②在初步估计位置附近的连续空间范围内进行局部牛顿优化；③结合反馈机制对所有已识别声源进行全局循环牛顿优化；④利用最小二乘正交求解所有已识别声源强度。

NOMP-CB 方法估计第γ个声源时，传声器测量声压信号的残差矩阵$\boldsymbol{\xi}$为

$$\boldsymbol{\xi}=\boldsymbol{P}^{\star}-\boldsymbol{A}(\hat{\boldsymbol{\Omega}}_S^{(\gamma-1)})\hat{\boldsymbol{S}}^{(\gamma-1)} \tag{4.7}$$

其中，$\boldsymbol{A}(\hat{\boldsymbol{\Omega}}_S^{(\gamma-1)})=[\boldsymbol{a}(\hat{\theta}_{S1}^{(\gamma-1)},\hat{\phi}_{S1}^{(\gamma-1)}),\boldsymbol{a}(\hat{\theta}_{S2}^{(\gamma-1)},\hat{\phi}_{S2}^{(\gamma-1)}),\cdots,\boldsymbol{a}(\hat{\theta}_{S(\gamma-1)}^{(\gamma-1)},\hat{\phi}_{S(\gamma-1)}^{(\gamma-1)})]\in\mathbb{C}^{Q\times(\gamma-1)}$为第$(\gamma-1)$次迭代后获得的识别结果对应的传递矩阵，$(\hat{\theta}_{Si}^{(\gamma-1)},\hat{\phi}_{Si}^{(\gamma-1)})$

和 $\boldsymbol{a}(\hat{\theta}_{Si}^{(\gamma-1)},\hat{\phi}_{Si}^{(\gamma-1)})$ 为第 $(\gamma-1)$ 次迭代后获得的第 i 个声源的 DOA 及其对应的传递向量，$\hat{\boldsymbol{S}}^{(\gamma-1)}=[(\hat{\boldsymbol{S}}_{1,:}^{(\gamma-1)})^{\mathrm{T}},(\hat{\boldsymbol{S}}_{2,:}^{(\gamma-1)})^{\mathrm{T}},\cdots,(\hat{\boldsymbol{S}}_{(\gamma-1),:}^{(\gamma-1)})^{\mathrm{T}}]^{\mathrm{T}}\in\mathbb{C}^{(\gamma-1)\times L}$，$\hat{\boldsymbol{S}}_{i,:}^{(\gamma-1)}=[\hat{S}_{i,1}^{(\gamma-1)},\hat{S}_{i,2}^{(\gamma-1)},\cdots,\hat{S}_{i,L}^{(\gamma-1)}]\in\mathbb{C}^{1\times L}$ 表示第 $(\gamma-1)$ 次迭代后第 i 个识别源在所有 L 个快拍下的强度估计向量。此时，对单个声源的识别，极大似然估计函数 $\mathcal{L}(\boldsymbol{\Omega}_{\mathrm{S}},\boldsymbol{S})$[式(4.2)]和最大似然比检验成本函数 $\mathcal{G}(\boldsymbol{\Omega}_{\mathrm{S}})$[式(4.4)]退化为

$$\mathcal{L}^{(\gamma)}(\theta_{\mathrm{S}},\phi_{\mathrm{S}},\boldsymbol{s})=\mathrm{tr}(2\mathrm{Re}(\boldsymbol{\xi}^{\mathrm{H}}\boldsymbol{a}(\theta_{\mathrm{S}},\phi_{\mathrm{S}})\boldsymbol{s})-(\boldsymbol{a}(\theta_{\mathrm{S}},\phi_{\mathrm{S}})\boldsymbol{s})^{\mathrm{H}}\boldsymbol{a}(\theta_{\mathrm{S}},\phi_{\mathrm{S}})\boldsymbol{s}) \tag{4.8}$$

$$\begin{aligned}\mathcal{G}^{(\gamma)}(\theta_{\mathrm{S}},\phi_{\mathrm{S}})&=\mathrm{tr}(\boldsymbol{\xi}^{\mathrm{H}}\boldsymbol{a}(\theta_{\mathrm{S}},\phi_{\mathrm{S}})(\boldsymbol{a}(\theta_{\mathrm{S}},\phi_{\mathrm{S}})^{\mathrm{H}}\boldsymbol{a}(\theta_{\mathrm{S}},\phi_{\mathrm{S}}))^{-1}\boldsymbol{a}(\theta_{\mathrm{S}},\phi_{\mathrm{S}})^{\mathrm{H}}\boldsymbol{\xi})\\&=\frac{\|\boldsymbol{a}(\theta_{\mathrm{S}},\phi_{\mathrm{S}})^{\mathrm{H}}\boldsymbol{\xi}\|_2^2}{\|\boldsymbol{a}(\theta_{\mathrm{S}},\phi_{\mathrm{S}})\|_2^2}\end{aligned} \tag{4.9}$$

(1)基于离散网格的声源初步估计

第 γ 个声源的初始估计就是从离散网格点中选择使 $\mathcal{G}^{(\gamma)}(\theta_{\mathrm{S}},\phi_{\mathrm{S}})$ 最大的网格点，即

$$(\hat{\theta}_{\mathrm{S}}^{(\gamma)},\hat{\phi}_{\mathrm{S}}^{(\gamma)})=\underset{(\theta_{\mathrm{S}},\phi_{\mathrm{S}})\in\boldsymbol{\Omega}_{\mathrm{G}}}{\mathrm{argmax}}\ \mathcal{G}^{(\gamma)}(\theta_{\mathrm{S}},\phi_{\mathrm{S}}) \tag{4.10}$$

$$\hat{\boldsymbol{s}}^{(\gamma)}=\frac{\boldsymbol{a}(\hat{\theta}_{\mathrm{S}}^{(\gamma)},\hat{\phi}_{\mathrm{S}}^{(\gamma)})^{\mathrm{H}}\boldsymbol{\xi}}{\|\boldsymbol{a}(\hat{\theta}_{\mathrm{S}}^{(\gamma)},\hat{\phi}_{\mathrm{S}}^{(\gamma)})\|_2^2} \tag{4.11}$$

(2)局部牛顿优化

获得 $(\hat{\theta}_{\mathrm{S}}^{(\gamma)},\hat{\phi}_{\mathrm{S}}^{(\gamma)})$ 和 $\hat{\boldsymbol{s}}^{(\gamma)}$ 后，利用二维牛顿法进行局部优化，使似然函数[式(4.8)]收敛至当前局部极大值，以期使该声源坐标及强度更加逼近真值。二维牛顿优化过程表示为

$$\begin{aligned}&[\hat{\theta}_{\mathrm{S}}^{(\gamma)},\hat{\phi}_{\mathrm{S}}^{(\gamma)}]\leftarrow[\hat{\theta}_{\mathrm{S}}^{(\gamma)},\hat{\phi}_{\mathrm{S}}^{(\gamma)}]-\\&\boldsymbol{J}(\mathcal{L}^{(\gamma)}(\theta_{\mathrm{S}},\phi_{\mathrm{S}},\boldsymbol{s}))(\boldsymbol{H}(\mathcal{L}^{(\gamma)}(\theta_{\mathrm{S}},\phi_{\mathrm{S}},\boldsymbol{s})))^{-1}\Big|_{\substack{\theta_{\mathrm{S}}=\hat{\theta}_{\mathrm{S}}^{(\gamma)},\phi_{\mathrm{S}}=\hat{\phi}_{\mathrm{S}}^{(\gamma)}\\ \boldsymbol{s}=\hat{\boldsymbol{s}}^{(\gamma)}}}\end{aligned} \tag{4.12}$$

$\boldsymbol{J}(\mathcal{L}^{(\gamma)}(\theta_{\mathrm{S}},\phi_{\mathrm{S}},\boldsymbol{s}))$是雅克比矩阵(Jacobian Matrix)

$$\boldsymbol{J}(\mathcal{L}^{(\gamma)}(\theta_{\mathrm{S}},\phi_{\mathrm{S}},\boldsymbol{s}))=\left[\frac{\partial\mathcal{L}^{(\gamma)}(\theta_{\mathrm{S}},\phi_{\mathrm{S}},\boldsymbol{s})}{\partial\theta_{\mathrm{S}}}\quad\frac{\partial\mathcal{L}^{(\gamma)}(\theta_{\mathrm{S}},\phi_{\mathrm{S}},\boldsymbol{s})}{\partial\phi_{\mathrm{S}}}\right]\tag{4.13}$$

$\boldsymbol{H}(\mathcal{L}^{(\gamma)}(\theta_{\mathrm{S}},\phi_{\mathrm{S}},\boldsymbol{s}))$是海森矩阵(Hessian Matrix)

$$\boldsymbol{H}(\mathcal{L}^{(\gamma)}(\theta_{\mathrm{S}},\phi_{\mathrm{S}},\boldsymbol{s}))=\begin{bmatrix}\dfrac{\partial^2\mathcal{L}^{(\gamma)}(\theta_{\mathrm{S}},\phi_{\mathrm{S}},\boldsymbol{s})}{\partial\theta_{\mathrm{S}}^2} & \dfrac{\partial^2\mathcal{L}^{(\gamma)}(\theta_{\mathrm{S}},\phi_{\mathrm{S}},\boldsymbol{s})}{\partial\theta_{\mathrm{S}}\partial\phi_{\mathrm{S}}}\\ \dfrac{\partial^2\mathcal{L}^{(\gamma)}(\theta_{\mathrm{S}},\phi_{\mathrm{S}},\boldsymbol{s})}{\partial\phi_{\mathrm{S}}\partial\theta_{\mathrm{S}}} & \dfrac{\partial^2\mathcal{L}^{(\gamma)}(\theta_{\mathrm{S}},\phi_{\mathrm{S}},\boldsymbol{s})}{\partial\phi_{\mathrm{S}}^2}\end{bmatrix}\tag{4.14}$$

其中

$$\frac{\partial\mathcal{L}(\theta_{\mathrm{S}},\phi_{\mathrm{S}},\boldsymbol{s})}{\partial\theta_{\mathrm{S}}}=\mathrm{tr}\left(2\mathrm{Re}\left((\boldsymbol{\xi}-\boldsymbol{a}(\theta_{\mathrm{S}},\phi_{\mathrm{S}})\boldsymbol{s})^{\mathrm{H}}\frac{\partial\boldsymbol{a}(\theta_{\mathrm{S}},\phi_{\mathrm{S}})}{\partial\theta_{\mathrm{S}}}\boldsymbol{s}\right)\right)\tag{4.15}$$

$$\frac{\partial\mathcal{L}(\theta_{\mathrm{S}},\phi_{\mathrm{S}},\boldsymbol{s})}{\partial\phi_{\mathrm{S}}}=\mathrm{tr}\left(2\mathrm{Re}\left((\boldsymbol{\xi}-\boldsymbol{a}(\theta_{\mathrm{S}},\phi_{\mathrm{S}})\boldsymbol{s})^{\mathrm{H}}\frac{\partial\boldsymbol{a}(\theta_{\mathrm{S}},\phi_{\mathrm{S}})}{\partial\phi_{\mathrm{S}}}\boldsymbol{s}\right)\right)\tag{4.16}$$

$$\frac{\partial^2\mathcal{L}(\theta_{\mathrm{S}},\phi_{\mathrm{S}},\boldsymbol{s})}{\partial\theta_{\mathrm{S}}^2}=\mathrm{tr}\left(2\mathrm{Re}\left((\boldsymbol{\xi}-\boldsymbol{a}(\theta_{\mathrm{S}},\phi_{\mathrm{S}})\boldsymbol{s})^{\mathrm{H}}\frac{\partial^2\boldsymbol{a}(\theta_{\mathrm{S}},\phi_{\mathrm{S}})}{\partial\theta_{\mathrm{S}}^2}\boldsymbol{s}\right)\right)-2\left\|\frac{\partial\boldsymbol{a}(\theta_{\mathrm{S}},\phi_{\mathrm{S}})}{\partial\theta_{\mathrm{S}}}\right\|_2^2\|\boldsymbol{s}\|_2^2\tag{4.17}$$

$$\frac{\partial^2\mathcal{L}(\theta_{\mathrm{S}},\phi_{\mathrm{S}},\boldsymbol{s})}{\partial\phi_{\mathrm{S}}^2}=\mathrm{tr}\left(2\mathrm{Re}\left((\boldsymbol{\xi}-\boldsymbol{a}(\theta_{\mathrm{S}},\phi_{\mathrm{S}})\boldsymbol{s})^{\mathrm{H}}\frac{\partial^2\boldsymbol{a}(\theta_{\mathrm{S}},\phi_{\mathrm{S}})}{\partial\phi_{\mathrm{S}}^2}\boldsymbol{s}\right)\right)-2\left\|\frac{\partial\boldsymbol{a}(\theta_{\mathrm{S}},\phi_{\mathrm{S}})}{\partial\phi_{\mathrm{S}}}\right\|_2^2\|\boldsymbol{s}\|_2^2\tag{4.18}$$

$$\begin{aligned}\frac{\partial^2\mathcal{L}(\theta_{\mathrm{S}},\phi_{\mathrm{S}},\boldsymbol{s})}{\partial\theta_{\mathrm{S}}\partial\phi_{\mathrm{S}}}=&\,\mathrm{tr}\left(2\mathrm{Re}\left((\boldsymbol{\xi}-\boldsymbol{a}(\theta_{\mathrm{S}},\phi_{\mathrm{S}})\boldsymbol{s})^{\mathrm{H}}\frac{\partial^2\boldsymbol{a}(\theta_{\mathrm{S}},\phi_{\mathrm{S}})}{\partial\theta_{\mathrm{S}}\partial\phi_{\mathrm{S}}}\boldsymbol{s}\right)\right)-\\&2\left(\frac{\partial\boldsymbol{a}(\theta_{\mathrm{S}},\phi_{\mathrm{S}})}{\partial\phi_{\mathrm{S}}}\right)^{\mathrm{H}}\frac{\partial\boldsymbol{a}(\theta_{\mathrm{S}},\phi_{\mathrm{S}})}{\partial\theta_{\mathrm{S}}}\|\boldsymbol{s}\|_2^2\end{aligned}\tag{4.19}$$

$$\frac{\partial^2\mathcal{L}(\theta_{\mathrm{S}},\phi_{\mathrm{S}},\boldsymbol{s})}{\partial\phi_{\mathrm{S}}\partial\theta_{\mathrm{S}}}=\frac{\partial^2\mathcal{L}(\theta_{\mathrm{S}},\phi_{\mathrm{S}},\boldsymbol{s})}{\partial\theta_{\mathrm{S}}\partial\phi_{\mathrm{S}}}\tag{4.20}$$

由式(4.12)—式(4.20)得到局部优化的声源位置估计$(\hat{\theta}_{\mathrm{S}}^{(\gamma)},\hat{\phi}_{\mathrm{S}}^{(\gamma)})$,进一步根据式(4.11)更新该声源的强度估计$\hat{\boldsymbol{s}}^{(\gamma)}$。基于已识别的声源组装声源

DOA 估计矩阵 $\hat{\boldsymbol{\Omega}}_{\mathrm{S}}^{(\gamma)}=[\hat{\boldsymbol{\Omega}}_{\mathrm{S}}^{(\gamma-1)},[\hat{\theta}_{\mathrm{S}}^{(\gamma)},\hat{\phi}_{\mathrm{S}}^{(\gamma)}]^{\mathrm{T}}]\in\mathbb{R}^{2\times\gamma}$、传递矩阵 $\boldsymbol{A}(\hat{\boldsymbol{\Omega}}_{\mathrm{S}}^{(\gamma)})=[\boldsymbol{A}(\hat{\boldsymbol{\Omega}}_{\mathrm{S}}^{(\gamma-1)}),\boldsymbol{a}(\hat{\theta}_{\mathrm{S}}^{(\gamma)},\hat{\phi}_{\mathrm{S}}^{(\gamma)})]\in\mathbb{C}^{Q\times\gamma}$、声源强度估计矩阵 $\hat{\boldsymbol{S}}^{(\gamma)}=[(\hat{\boldsymbol{S}}^{(\gamma-1)})^{\mathrm{T}},(\hat{\boldsymbol{s}}^{(\gamma)})^{\mathrm{T}}]^{\mathrm{T}}\in\mathbb{C}^{\gamma\times L}$、残差 $\boldsymbol{\xi}=\boldsymbol{P}^{\star}-\boldsymbol{A}(\hat{\boldsymbol{\Omega}}_{\mathrm{S}}^{(\gamma)})\hat{\boldsymbol{S}}^{(\gamma)}$。

(3)全局循环反馈牛顿优化

全局循环反馈牛顿优化在上述局部牛顿优化的基础上,进一步对所有已识别声源进行逐个循环牛顿优化。优化 $\hat{\boldsymbol{\Omega}}_{\mathrm{S}}^{(\gamma)}$ 中第 i 个已识别声源的坐标($\hat{\theta}_{\mathrm{S}i}^{(\gamma)}$,$\hat{\phi}_{\mathrm{S}i}^{(\gamma)}$)和强度 $\hat{\boldsymbol{s}}_i^{(\gamma)}$ 时,由于原有残差 $\boldsymbol{\xi}$ 中不包含该声源对应的分量,因此需将该声源的坐标及强度从 $\hat{\boldsymbol{\Omega}}_{\mathrm{S}}^{(\gamma)}$ 和 $\hat{\boldsymbol{S}}^{(\gamma)}$ 中移除并重新计算残差。令移除该声源后已识别声源的坐标及强度构成的矩阵分别为 $\hat{\boldsymbol{\Omega}}_{\mathrm{Sr}}^{(\gamma)}$ 和 $\hat{\boldsymbol{S}}_{\mathrm{r}}^{(\gamma)}$,相应的残差变为 $\boldsymbol{\xi}_{\mathrm{r}}=\boldsymbol{P}^{\star}-\boldsymbol{A}(\hat{\boldsymbol{\Omega}}_{\mathrm{Sr}}^{(\gamma)})\hat{\boldsymbol{S}}_{\mathrm{r}}^{(\gamma)}$,利用 $\boldsymbol{\xi}_{\mathrm{r}}$ 代替 $\boldsymbol{\xi}$,并联同($\hat{\theta}_{\mathrm{S}i}^{(\gamma)}$,$\hat{\phi}_{\mathrm{S}i}^{(\gamma)}$)一起代入式(4.11)中更新 $\hat{\boldsymbol{s}}_i^{(\gamma)}$。在此基础上,将($\hat{\theta}_{\mathrm{S}i}^{(\gamma)}$,$\hat{\phi}_{\mathrm{S}i}^{(\gamma)}$)、$\hat{\boldsymbol{s}}_i^{(\gamma)}$ 和 $\boldsymbol{\xi}_{\mathrm{r}}$ 代入式(4.12)对该声源坐标进行牛顿优化,并将优化结果再次代入式(4.11)中更新声源强度,最后用优化后的($\hat{\theta}_{\mathrm{S}i}^{(\gamma)}$,$\hat{\phi}_{\mathrm{S}i}^{(\gamma)}$)和 $\hat{\boldsymbol{s}}_i^{(\gamma)}$ 代替 $\hat{\boldsymbol{\Omega}}_{\mathrm{S}}^{(\gamma)}$ 和 $\hat{\boldsymbol{S}}^{(\gamma)}$ 中先前的($\hat{\theta}_{\mathrm{S}i}^{(\gamma)}$,$\hat{\phi}_{\mathrm{S}i}^{(\gamma)}$)和 $\hat{\boldsymbol{s}}_i^{(\gamma)}$。待所有声源均得到优化后,更新此次全局循环步的残差 $\boldsymbol{\xi}$。当循环次数达到设定的次数或者连续两次全局循环之间的残差能量($\|\boldsymbol{\xi}\|_{\mathrm{F}}^2$)变化小于设定的阈值(建议 $\leqslant10^{-4}$),全局循环优化终止。

(4)声源强度正交求解

利用式(4.6)更新所有已识别声源的强度,作为识别下一个声源时的初始值或当所有声源识别完成后的输出值,同时根据式(4.7)更新残差。

当识别出设定数目的声源或识别新声源前后的残差能量变化小于设置阈值时,即可终止识别。

NOMP-CB 方法的算法流程见表 4.1。

表 4.1 NOMP-CB 方法算法流程

初始化：$\gamma=0,\boldsymbol{\xi}=\boldsymbol{P}^{\star},\hat{\boldsymbol{\Omega}}_{\mathrm{S}}^{(0)}=[\ ],\boldsymbol{A}(\hat{\boldsymbol{\Omega}}_{\mathrm{S}}^{(0)})=[\ ],\hat{\boldsymbol{S}}^{(0)}=[\ ],t_{\max}$
当 $\gamma<I$ 时重复以下步骤 $\gamma\leftarrow\gamma+1$ (1)基于离散网格的初始估计 根据式(4.10)估计声源坐标$(\hat{\theta}_{\mathrm{S}}^{(\gamma)},\hat{\phi}_{\mathrm{S}}^{(\gamma)})$ 根据式(4.11)估计声源强度 $\hat{\boldsymbol{s}}^{(\gamma)}$ (2)局部牛顿优化 根据式(4.12)优化声源坐标估计$(\hat{\theta}_{\mathrm{S}}^{(\gamma)},\hat{\phi}_{\mathrm{S}}^{(\gamma)})$ 根据式(4.11)更新声源强度 $\hat{\boldsymbol{s}}^{(\gamma)}$ 基于估计结果组装矩阵 $\hat{\boldsymbol{\Omega}}_{\mathrm{S}}^{(\gamma)}\leftarrow[\hat{\boldsymbol{\Omega}}_{\mathrm{S}}^{(\gamma-1)},[\hat{\theta}_{\mathrm{S}}^{(\gamma)},\hat{\phi}_{\mathrm{S}}^{(\gamma)}]^{\mathrm{T}}],\boldsymbol{A}(\hat{\boldsymbol{\Omega}}_{\mathrm{S}}^{(\gamma)})\leftarrow[\boldsymbol{A}(\hat{\boldsymbol{\Omega}}_{\mathrm{S}}^{(\gamma-1)}),\boldsymbol{a}(\hat{\theta}_{\mathrm{S}}^{(\gamma)},\hat{\phi}_{\mathrm{S}}^{(\gamma)})],$ $\hat{\boldsymbol{S}}^{(\gamma)}\leftarrow[(\hat{\boldsymbol{S}}^{(\gamma-1)})^{\mathrm{T}},(\hat{\boldsymbol{s}}^{(\gamma)})^{\mathrm{T}}]^{\mathrm{T}}$ 根据式(4.7)更新残差 $\boldsymbol{\xi}=\boldsymbol{P}^{\star}-\boldsymbol{A}(\hat{\boldsymbol{\Omega}}_{\mathrm{S}}^{(\gamma)})\hat{\boldsymbol{S}}^{(\gamma)}$ (3)全局循环优化 $t=0,\boldsymbol{\xi}^{0}=\boldsymbol{\xi}$ 逐个对所有已识别声源$(i=1,2,\cdots,\gamma)$执行以下步骤： 根据式(4.7)更新残差 $\boldsymbol{\xi}_{\mathrm{r}}=\boldsymbol{P}^{\star}-\boldsymbol{A}(\hat{\boldsymbol{\Omega}}_{\mathrm{Sr}}^{(\gamma)})\hat{\boldsymbol{S}}_{\mathrm{r}}^{(\gamma)}$ 根据式(4.11)更新声源强度 $\hat{\boldsymbol{s}}_{i}^{(\gamma)}$ 根据式(4.12)优化声源坐标估计$(\hat{\theta}_{\mathrm{S}i}^{(\gamma)},\hat{\phi}_{\mathrm{S}i}^{(\gamma)})$ 根据式(4.11)更新声源强度 $\hat{\boldsymbol{s}}_{i}^{(\gamma)}$ 更新矩阵 $\hat{\boldsymbol{\Omega}}_{\mathrm{S}}^{(\gamma)},\boldsymbol{A}(\hat{\boldsymbol{\Omega}}_{\mathrm{S}}^{(\gamma)}),\hat{\boldsymbol{S}}^{(\gamma)}$ 完成所有已识别的 γ 个声源的优化后执行： $t\leftarrow t+1$ 根据式(4.7)更新残差 $\boldsymbol{\xi}^{t}=\boldsymbol{P}^{\star}-\boldsymbol{A}(\hat{\boldsymbol{\Omega}}_{\mathrm{S}}^{(\gamma)})\hat{\boldsymbol{S}}^{(\gamma)}$ 重复以上步骤直到 $\left\vert\Vert\boldsymbol{\xi}^{t}\Vert_{\mathrm{F}}^{2}-\Vert\boldsymbol{\xi}^{t-1}\Vert_{\mathrm{F}}^{2}\right\vert\leqslant10^{-4}$ 或 $t=t_{\max}$ (4)声源强度正交求解 根据式(4.6)更新所有声源强度 $\hat{\boldsymbol{S}}^{(\gamma)}$ 根据式(4.7)更新残差 $\boldsymbol{\xi}=\boldsymbol{P}^{\star}-\boldsymbol{A}(\hat{\boldsymbol{\Omega}}_{\mathrm{S}}^{(\gamma)})\hat{\boldsymbol{S}}^{(\gamma)}$
输出：$\hat{\boldsymbol{\Omega}}_{\mathrm{S}}^{(\gamma)},\hat{\boldsymbol{S}}^{(\gamma)}$

4.2　性能分析

4.2.1　声源识别精度分析

为展示 NOMP-CB 方法的性能，首先对图 1.3 所示案例进行计算，稀疏度设置为 5。如图 4.1 所示为网格间距分别为 10°和 5°时 NOMP-CB 方法的识别结果。表 4.2 展示了不同网格间距下各声源的 DOA 估计偏差∂、强度量化偏差β、平均 DOA 估计误差MAE_{DOA}及计算耗时。

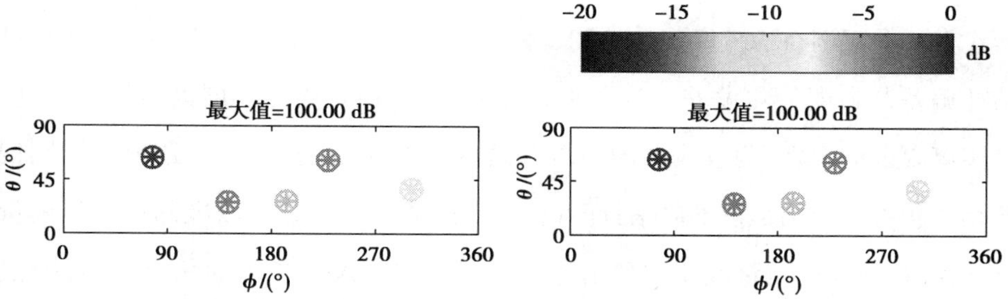

(a) 网格间距为10°　　(b) 网格间距为5°

图 4.1　NOMP-CB 方法在不同网格间距下的声源识别结果

注：○表示真实声源分布，* 表示估计声源分布，均参考真实声源强度最大值进行 dB 缩放。

表 4.2　图 4.1 中 NOMP-CB 方法的声源识别偏差及计算耗时

方法	网格	声源 1		声源 2		声源 3		声源 4		声源 5		MAE_{DOA}	计算
	间距	∂/(°)	β/dB	∂/(°)	β/dB	∂/(°)	β/dB	∂/(°)	β/dB	∂/(°)	β/dB	/(°)	耗时/s
NOMP-CB	5°	0.06	0.01	0.07	0.03	0.10	0.08	0.09	0.13	0.09	0.08	0.08	0.317
	10°	0.06	0.01	0.08	0.03	0.10	0.08	0.09	0.13	0.09	0.08	0.08	0.247

图 4.1 显示,NOMP-CB 方法能够精准估计声源 DOA 和强度。对比表 4.2、表 1.4、表 2.2 和表 3.2 可知,NOMP-CB 方法不仅能够克服定网格在网压缩波束形成的基不匹配问题,而且其声源识别精度相比定网格离网 OMP-CB 方法和动网 IR-CB 方法更优。比较网格间距为 10°和 5°时的结果可知,两种网格间距时 NOMP-CB 方法呈现出相当的声源识别精度,即网格间距对该方法声源识别精度影响小。另外,表 4.2 中的计算耗时显示,NOMP-CB 方法计算耗时少,计算效率明显高于动网 IR-CB 方法,仅略低于定网格离网 OMP-CB 方法,表明 NOMP-CB 方法与定网格离网 OMP-CB 一样继承了 OMP-CB 方法的优势,具有高计算效率。

为分析稀疏度估计对 NOMP-CB 方法声源识别性能的影响,图 4.2 展示了图 4.1 所示案例在稀疏度欠估计和过估计时的结果,表 4.3 列出了各声源 DOA 估计偏差及强度量化偏差。从图 4.2 和表 4.3 可知,当稀疏度欠估计时,一些真实声源未被识别,测量残差中包含着这些声源诱发的分量,导致声源识别偏差相对较大。当稀疏度准确估计时(图 4.1),估计的声源可以准确地解释测量声压信号,相应的测量残差主要由噪声干扰引起。进一步增加稀疏度估计(过估计稀疏度),此时仅引入低能量的虚假源以适应噪声干扰,真实声源的定位和强度量化则几乎不受影响,这是由于虚假源与真实源的相关性低,执行反馈优化时几乎不改变真实源的识别结果。综上所述,稀疏度正确估计时 NOMP-CB 方法能够获得真实源的准确估计,增加稀疏度估计对真实源的识别结果影响不大,声源识别性能稳定。实际应用中可适当过估计稀疏度以防止主声源被漏估计,同时保证识别结果的高精度。

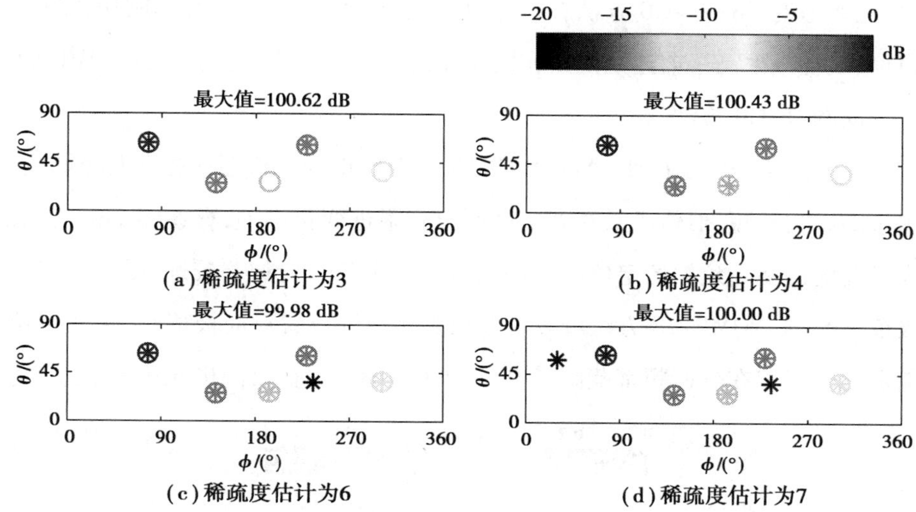

图 4.2　NOMP-CB 方法在稀疏度不准确估计时的声源识别结果

注：○表示真实声源分布，* 表示估计声源分布，均参考真实声源强度最大值进行 dB 缩放。

表 4.3　图 4.2 中 NOMP-CB 方法的声源 DOA 估计偏差及强度量化偏差

稀疏度估计		声源 1		声源 2		声源 3		声源 4		声源 5		MAE_{DOA}
		∂/(°)	β/dB	∂/(°)	β/dB	∂/(°)	β/dB	∂/(°)	β/dB	∂/(°)	β/dB	/(°)
欠估计	$\hat{I}=3$	0. 04	0. 62	0. 25	0. 60	—	—	0. 74	0. 44	—	—	0. 34
	$\hat{I}=4$	0. 16	0. 43	0. 61	0. 41	0. 77	0. 54	0. 35	0. 46	—	—	0. 47
准确	$\hat{I}=5$	0. 06	0. 01	0. 07	0. 03	0. 10	0. 08	0. 09	0. 13	0. 09	0. 08	0. 08
过估计	$\hat{I}=6$	0. 07	0. 01	0. 07	0. 08	0. 12	0. 09	0. 11	0. 14	0. 12	0. 12	0. 09
	$\hat{I}=7$	0. 05	0. 00	0. 07	0. 10	0. 11	0. 06	0. 05	0. 12	0. 14	0. 11	0. 08

为分析 NOMP-CB 方法 DOA 估计精度随网格间距和频率的变化关系，将该方法应用于图 2.2 中 200×9 组蒙特卡罗数据，分别设置网格间距为 2°、5°、10°和 15°，其他设置与图 4.1 相同。如图 4.3 所示为不同网格间距不同频率下 NOMP-CB 方法的声源识别成功概率 CDF(2°)，即 DOA 估计偏差不大于 2°的概率。网格间距为 2°和 5°时 NOMP-CB 方法在所有关心频率的 CDF(2°)均高于

0.94，也就是说，NOMP-CB 方法在网格间距为 5°和 2°时能高概率成功识别声源，且其成功概率高于前述定网格在网压缩波束形成方法、定网格离网 OMP-CB 方法及动网 IR-CB 方法。

网格间距为 10°和 15°时 NOMP-CB 方法的 CDF(2°)随频率提高而降低，这是由于高频波长短，似然函数在真实声源位置附近变化剧烈，存在多个极值点，且太稀疏的网格导致初始定位的网格点与真实声源位置相差较远，受二者间干扰极值点影响，NOMP-CB 方法难以收敛至真实声源位置对应极值点，导致定位性能弱化。建议在分析频率范围(2 000 ~ 6 000 Hz)内初始网格间距不超过 5°。

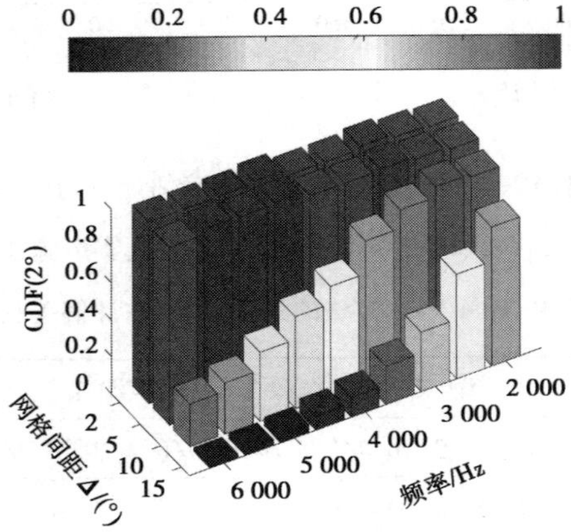

图 4.3　不同网格间距不同频率下 NOMP-CB 方法的 CDF(2°)

如图 4.4 所示为不同网格间距和频率下 NOMP-CB 的平均 DOA 估计误差MAE_{DOA} 和平均声源强度量化误差$MAE_{Strength}$。两种网格间距下 NOMP-CB 方法在各频率下平均 DOA 估计误差MAE_{DOA} 均低于 0.04°，平均声源强度量化误差$MAE_{Strength}$ 均低于 0.02 dB，远低于前述定网格在网压缩波束形成方法、定网格离网 OMP-CB 方法及动网 IR-CB 方法。

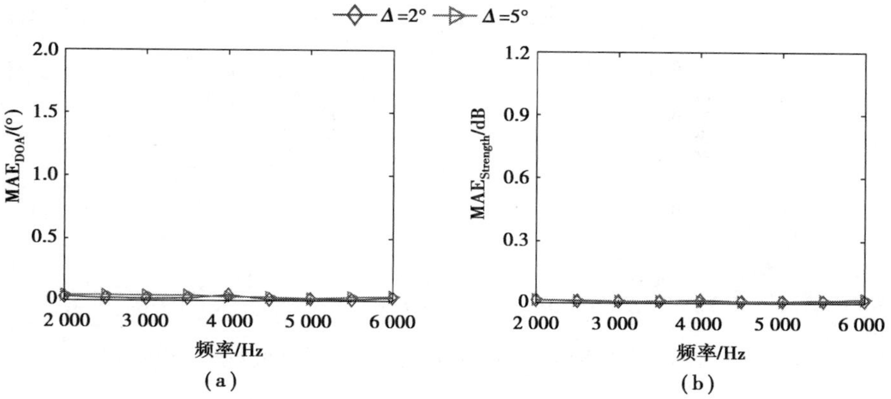

图 4.4　不同网格间距和频率下 NOMP-CB 的平均 DOA 估计误差和平均声源强度量化误差

图 4.5 展示了 NOMP-CB 方法 DOA 估计偏差的分布概率。网格间距为 2°和 5°时，NOMP-CB 方法 DOA 估计偏差小于 0.02°的概率超过 0.77，相比定网格离网 OMP-CB 方法（图 2.5，DOA 估计偏差分散分布于 0.28°附近）和动网 IR-CB 方法（图 3.4，DOA 估计偏差小于 0.02°的概率约 0.46），NOMP-CB 方法获得的 DOA 估计偏差更加高概率地分布在小于 0.02°的区间。从图 4.6 所示累积概率函数可知，DOA 估计偏差小于 0.08°的概率超过 0.95，也就是说，NOMP-CB 方法能够高概率地实现极高精度声源识别。

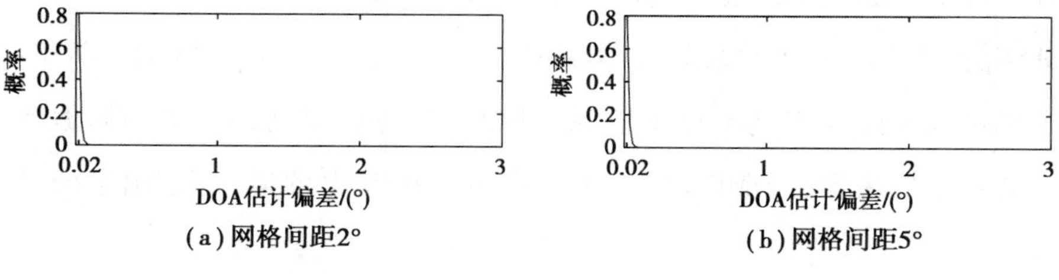

图 4.5　不同网格间距下 NOMP-CB 方法 DOA 估计偏差分布在各区间的概率

综合图 4.3—图 4.6 可知，网格间距为 2°和 5°时 NOMP-CB 方法呈现出几乎相同的声源识别成功概率 CDF(2°)、平均 DOA 估计误差 $\mathrm{MAE}_{\mathrm{DOA}}$、平均声源强度量化误差 $\mathrm{MAE}_{\mathrm{Strength}}$ 及 DOA 估计偏差分布，表明 NOMP-CB 方法受网格间距影响较小，声源识别性能稳健。

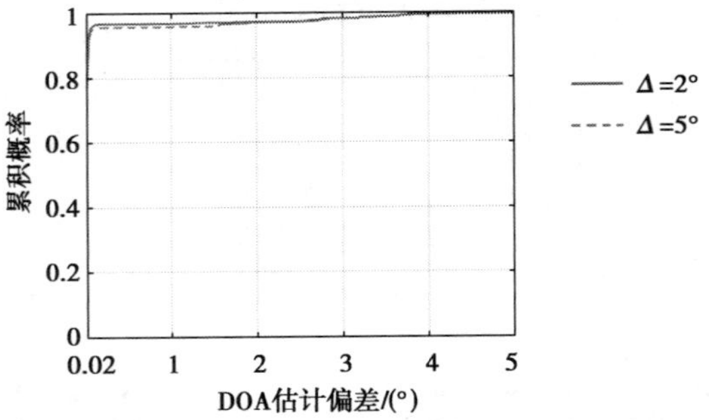

图 4.6　不同网格间距下 NOMP-CB 方法 DOA 估计偏差的累积概率

4.2.2　信噪比和快拍数的影响

为分析 SNR 和声源相干性对提出方法声源识别性能的影响，设置 SNR 分别为 20 dB、10 dB、5 dB 和 0 dB，利用 NOMP-CB 方法分别对相干声源和不相干声源进行声源识别仿真。如图 4.7 所示为不同 SNR 和声源相干性情况下 NOMP-CB 方法的声源识别结果，表 4.4 为对应各情况的平均 DOA 估计误差MAE_{DOA}及平均声源强度量化误差$MAE_{Strength}$。结合图表可知，SNR 为 20 dB 时 NOMP-CB 方法可高精度地识别相干或不相干声源，SNR 为 10 dB 时亦可获得较准确的识别结果，随着 SNR 降低，NOMP-CB 方法的平均 DOA 估计误差MAE_{DOA}及平均声源强度量化误差$MAE_{Strength}$增加，SNR 为 0 dB 时 NOMP-CB 方法仍可较准确地识别不相干声源，对相干声源的识别结果中弱源偏差较大。初步结果表明，NOMP-CB 方法抗噪声干扰能力较强，可适用于低 SNR 环境。

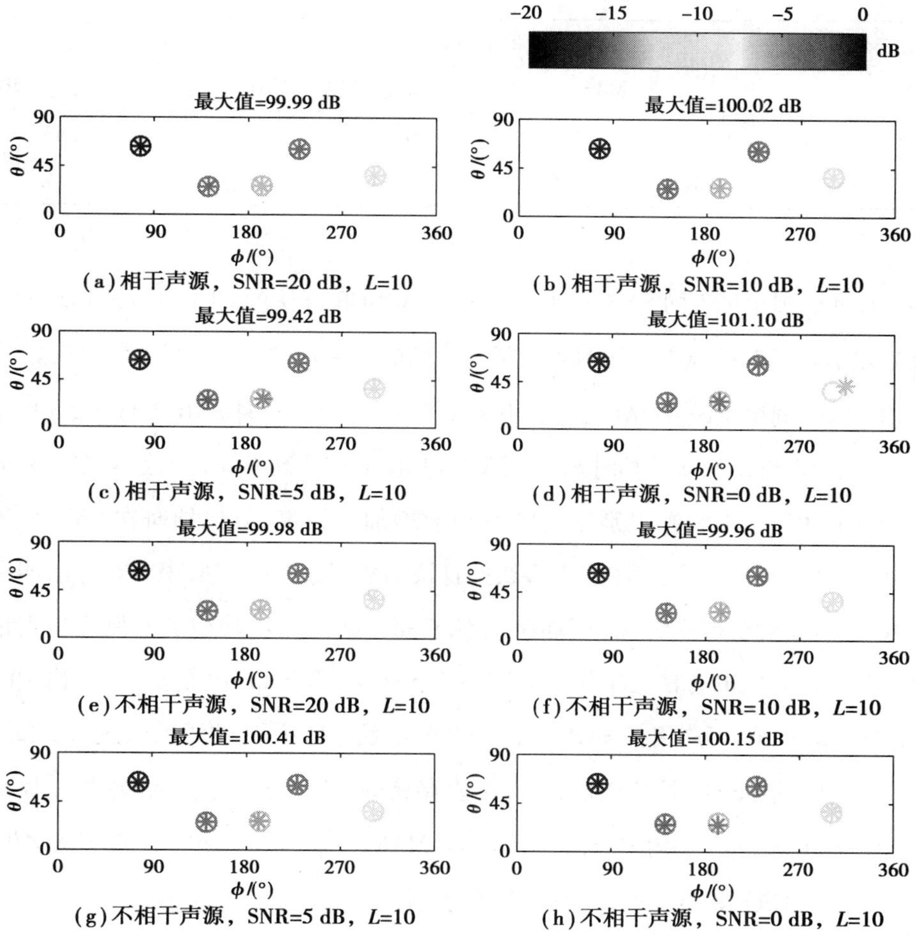

(a) 相干声源，SNR=20 dB，L=10　(b) 相干声源，SNR=10 dB，L=10

(c) 相干声源，SNR=5 dB，L=10　(d) 相干声源，SNR=0 dB，L=10

(e) 不相干声源，SNR=20 dB，L=10　(f) 不相干声源，SNR=10 dB，L=10

(g) 不相干声源，SNR=5 dB，L=10　(h) 不相干声源，SNR=0 dB，L=10

图 4.7　NOMP-CB 方法在不同 SNR 及声源相干性下的声源识别结果

注：○表示真实声源分布，* 表示估计声源分布，均参考真实声源强度最大值进行 dB 缩放。

表 4.4　图 4.7 中 NOMP-CB 方法的平均 DOA 估计误差及强度量化误差

SNR	快拍数	相干声源		不相干声源	
		MAE_{DOA}/(°)	$MAE_{Strength}$/dB	MAE_{DOA}/(°)	$MAE_{Strength}$/dB
SNR = 20 dB	$L = 10$	0.08	0.07	0.08	0.02
SNR = 10 dB	$L = 10$	0.15	0.23	0.24	0.25

续表

SNR	快拍数	相干声源		不相干声源	
		MAE_{DOA}/(°)	$MAE_{Strength}$/dB	MAE_{DOA}/(°)	$MAE_{Strength}$/dB
SNR=5 dB	$L=10$	0.36	0.70	0.72	0.43
SNR=0 dB	$L=10$	2.66	1.54	0.93	1.17

图4.8展示了不同SNR和快拍数下NOMP-CB方法的CDF(2°),即DOA估计偏差不大于2°的概率。如图4.9所示为相应的平均DOA估计误差MAE_{DOA}及平均声源强度量化误差$MAE_{Strength}$。由图4.8可知,单快拍时SNR不低于5 dB能获得较高CDF(2°),多快拍时SNR低至0 dB便能获得高CDF(2°)。从图4.9可知,NOMP-CB方法声源识别精度随快拍数增加而提高,单快拍时在SNR高于15 dB才可获得高声源识别精度,多快拍且快拍数超过20时NOMP-CB方法能在SNR为0 dB时获得高声源识别精度。为获得高概率的成功识别并保证识别精度,建议NOMP-CB方法在单快拍时应用于SNR不低于15 dB的场景,多快拍时(快拍数高于20)可应用于SNR低至0 dB的场景。另外,比较图4.9、图3.8和图2.10可知,相同SNR下NOMP-CB方法能够获得相比前述方法更低的平均DOA估计误差MAE_{DOA}及平均声源强度量化误差$MAE_{Strength}$,这表明相同SNR下NOMP-CB方法声源识别精度更高,声源识别性能最佳。

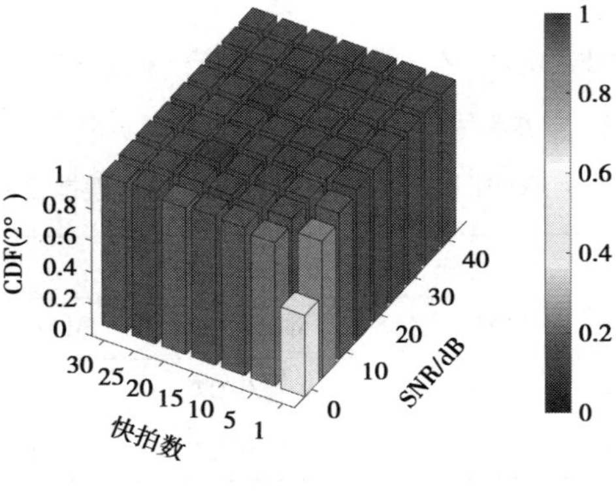

图4.8 不同SNR不同快拍数下NOMP-CB方法的CDF(2°)

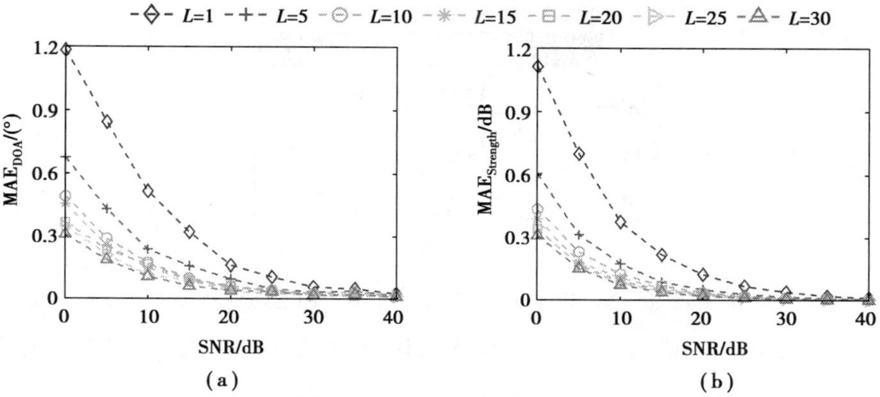

图 4.9　不同 SNR 不同快拍数下 NOMP-CB 方法的声源平均 DOA 估计误差及强度量化误差

4.2.3　空间分辨能力

为分析 NOMP-CB 方法的空间分辨能力,用其识别图 2.11 案例中的小分离等强度同相位双声源,图 4.10 为识别结果。NOMP-CB 方法能够成功分离并准确识别两个声源,获得相比动网 IR-CB 方法(图 3.9)更准确的声源强度估计。如图 4.11 所示为 NOMP-CB 方法在不同频率和不同声源分离下的 CDF(2°)。当声源分离较远时,NOMP-CB 方法可获得高 CDF(2°);随着声源间夹角及频率的减小,NOMP-CB 方法的 CDF(2°)不断降低;当声源间夹角仅为 5°时,NOMP-CB 方法可在频率高于 3 500 Hz 时获得较高的 CDF(2°),而在频率低于 3 500 Hz 时获得的 CDF(2°)较低。总体来看,NOMP-CB 方法具有与动网 IR-CB 方法相当且明显优于定网格离网 OMP-CB 方法的强空间分辨能力。

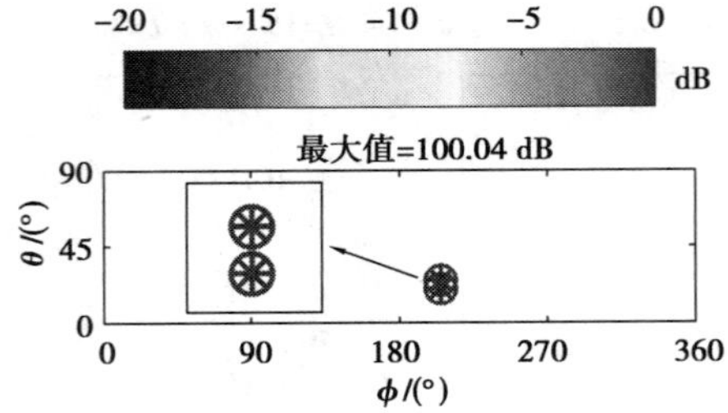

图 4.10　NOMP-CB 方法对小分离双声源的识别结果

注：○表示真实声源分布，* 表示估计声源分布，均参考真实声源强度最大值进行 dB 缩放。

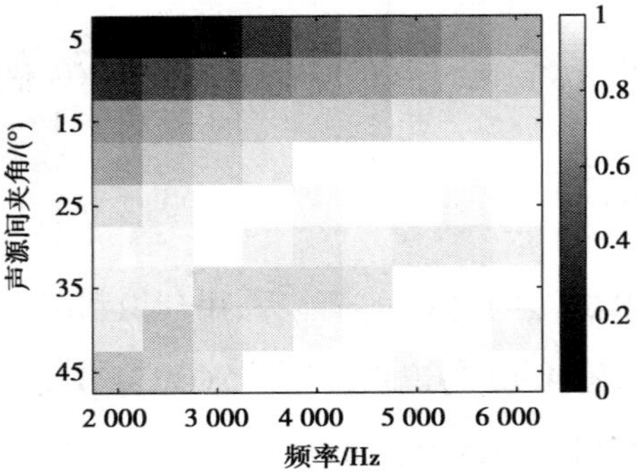

图 4.11　NOMP-CB 方法在不同频率和不同声源分离下 DOA 估计偏差不大于 2°的概率

4.3　试验验证

为验证提出方法的有效性，利用 NOMP-CB 方法分别处理 2.3 节中半消声室扬声器声源识别试验和室外扬声器声源识别试验的采集数据。如图 4.12 所示为 NOMP-CB 方法的识别结果，其中，图 4.12(a)为半消声室试验的识别结果，图 4.12(b)为室外试验的识别结果。表 4.5 列出了两种试验情况下各声源的 DOA 估计偏差∂和平均 DOA 估计误差MAE_{DOA}。

图 4.12 显示，NOMP-CB 方法在两种试验情况下均能准确定位扬声器声源。对比 NOMP-CB 方法(图 4.12 和表 4.5)和动网 IR-CB 方法(图 3.11 和表

3.4)及定网格离网 OMP-CB 方法(图 2.14、图 2.17 和表 2.5、表 2.7)试验结果可知:半消声室试验中,定网格离网 OMP-CB 方法、动网 IR-CB 方法和 NOMP-CB 方法识别 4 个声源的平均 DOA 估计误差分别为 1.24°,1.09°和 0.63°,且除声源 4 外 NOMP-CB 方法对其他声源的 DOA 估计偏差均低于 0.60°。室外试验中,定网格离网 OMP-CB 方法、动网 IR-CB 方法和 NOMP-CB 方法识别 3 个声源的平均 DOA 估计误差分别为 0.64°,0.45°和 0.34°,且 NOMP-CB 方法对 3 个声源的 DOA 估计误差均低于 0.50°。可见,两种试验情况下 NOMP-CB 方法均能以最高精度定位声源。

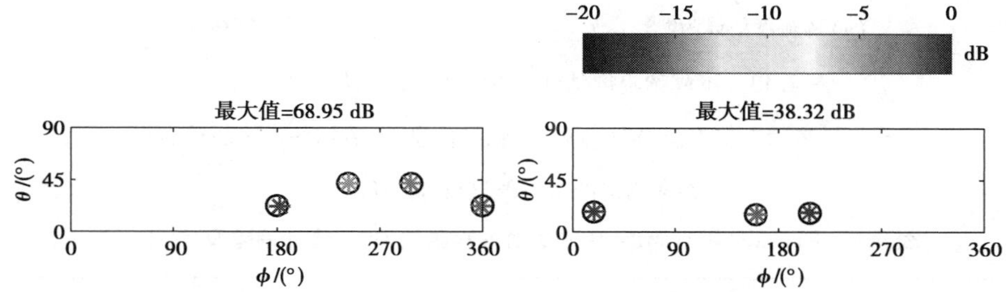

(a)半消声室试验结果　　(b)室外试验结果

图 4.12　NOMP-CB 方法的试验结果

注:○表示真实声源 DOA,不包含强度信息,* 表示估计声源分布,参考输出的最大值进行 dB 缩放。

表 4.5　图 4.12 中 NOMP-CB 方法对各声源的 DOA 估计偏差及 MAE_{DOA}

方法	试验场地	S1	S2	S3	S4	MAE_{DOA}
NOMP-CB	半消声室	0.54°	0.57°	0.26°	1.14°	0.63°
	室外	0.24°	0.48°	0.31°	—	0.34°

图 4.13 进一步展示了室外扬声器声源识别试验中稀疏度不准确估计时 NOMP-CB 方法的结果,表 4.6 为相应的声源 DOA 估计偏差和 MAE_{DOA}。欠估计稀疏度为 2 时 NOMP-CB 方法能较准确地识别强度最高的两个声源,丢失一个强度最弱的声源,相比稀疏度准确估计时声源识别精度略低;过估计稀疏度

时 NOMP-CB 方法仅在远离真实声源的方向引入虚假源，真实声源仍能被准确识别。综上所述，NOMP-CB 方法能够有效克服基不匹配问题，高精度地识别声源，且声源识别性能稳健。

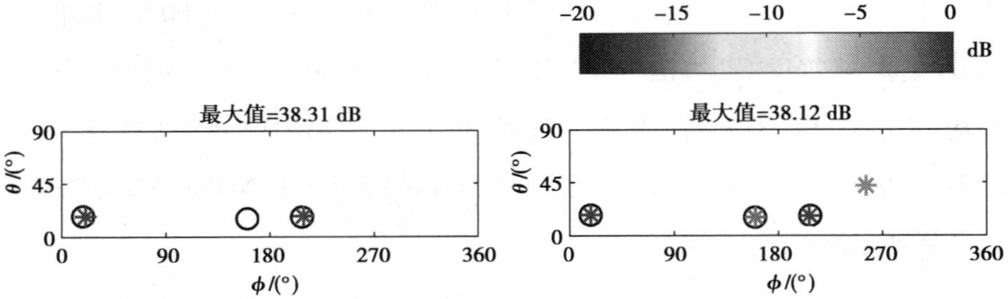

(a) 稀疏度估计为2　　(b) 稀疏度估计为4

图 4.13　不同稀疏度估计下 NOMP-CB 方法的试验结果

注：○表示真实声源 DOA，不包含强度信息，∗表示估计声源分布，参考输出的最大值进行 dB 缩放。

表 4.6　图 4.13 中 NOMP-CB 方法对各声源的 DOA 估计偏差及MAE_{DOA}

稀疏度估计	S1	S2	S3	MAE_{DOA}
欠估计 $\hat{I}=2$	—	0.55°	0.47°	0.51°
准确估计 $\hat{I}=3$	0.24°	0.48°	0.31°	0.34°
过估计 $\hat{I}=4$	0.13°	0.22°	0.22°	0.19°

4.4　多频同步牛顿正交匹配追踪压缩波束形成

NOMP-CB 方法的声源识别性能随数据快拍数增加而提升，即可通过增加数据快拍来提升对小分离声源的空间分辨能力和抗噪声干扰能力。然而，多数据快拍仅适用于稳态声源，当存在非稳态声源时则无法实施，此时只能采用单数据快拍。为提升非稳态单数据快拍下 NOMP-CB 的声源识别性能，本节提出多频同步牛顿正交匹配追踪压缩波束形成方法，即块稀疏牛顿正交匹配追踪压缩波束形成(Block-sparse NOMP-CB, BNOMP)。该方法将二维连续空间内声源识别问题规划为以声源坐标及各频率源强为变量的极大似然估计问题,再结合块稀疏思想和牛顿正交匹配追踪算法求解。

4.4.1　基本理论

(1)多频同步测量模型

为不失一般性,本节基于球面波近场测量模型进行阐述。用 L 表示关心的频率总数,记第 l 个频率 f_l 下第 i 个声源到所有传声器的传递函数构成的向量为 $\boldsymbol{a}_l(x_{Si}, y_{Si}, f_l) = [\mathrm{e}^{-j2\pi f_l d_{1,i}/c}/d_{1,i}, \mathrm{e}^{-j2\pi f_l d_{2,i}/c}/d_{2,i}, \cdots, \mathrm{e}^{-j2\pi f_l d_{Q,i}/c}/d_{Q,i}]^{\mathrm{T}} \in \mathbb{C}^{Q\times 1}$,其中 (x_{Si}, y_{Si}, h) 为第 i 个声源的坐标,$d_{q,i} = \sqrt{(x_{Si}-x_{Mq})^2+(y_{Si}-y_{Mq})^2+h^2}$ 表示第 i 个声源与 q 号传声器的距离,$(x_{Mq}, y_{Mq}, 0)$ 为 q 号传声器的坐标。进一步地,第 i 个声源与所有传声器在所有频率下的传递函数构成的传递矩阵可构造为

$$\boldsymbol{A}_{\mathrm{MF}}(x_{Si}, y_{Si}) = \begin{bmatrix} \boldsymbol{a}(x_{Si}, y_{Si}, f_1) & \boldsymbol{0} & \cdots & \boldsymbol{0} \\ \boldsymbol{0} & \boldsymbol{a}(x_{Si}, y_{Si}, f_2) & \cdots & \boldsymbol{0} \\ \vdots & \vdots & \ddots & \vdots \\ \boldsymbol{0} & \boldsymbol{0} & \cdots & \boldsymbol{a}(x_{Si}, y_{Si}, f_L) \end{bmatrix} \in \mathbb{C}^{QL\times L} \tag{4.21}$$

所有 I 个声源与所有 Q 个传声器在所有 L 个频率的传递矩阵可表示为

$$\boldsymbol{A}_{\mathrm{MF}}(\boldsymbol{\Omega}_{\mathrm{S}}) = [\boldsymbol{A}_{\mathrm{MF}}(x_{S1}, y_{S1}), \boldsymbol{A}_{\mathrm{MF}}(x_{S2}, y_{S2}), \cdots, \boldsymbol{A}_{\mathrm{MF}}(x_{SI}, y_{SI})] \in \mathbb{C}^{QL\times IL} \tag{4.22}$$

记 $\boldsymbol{P}^\star = [\underbrace{p^\star_{1,1}, p^\star_{2,1}, \cdots, p^\star_{Q,1}}_{\boldsymbol{p}^\star_1}, \cdots, \underbrace{p^\star_{1,L}, p^\star_{2,L}, \cdots, p^\star_{Q,L}}_{\boldsymbol{p}^\star_L}]^{\mathrm{T}} \in \mathbb{C}^{QL\times 1}$ 为 L 个频率下 Q 个传声器测量的声压信号构成的列向量,其中,$\boldsymbol{p}^\star_l \in \mathbb{C}^{Q\times 1}$ 为频率 f_l 下各传声器测量声压信号构成的列向量,$p^\star_{q,l}$ 表示第 q 个传声器在频率 f_l 的测量声压信号。$\boldsymbol{P}^\star$ 可表示为

$$\boldsymbol{P}^{\star}=\boldsymbol{A}_{\mathrm{MF}}(\boldsymbol{\Omega}_{\mathrm{S}})\boldsymbol{S}+\boldsymbol{N} \tag{4.23}$$

其中，$\boldsymbol{S}=[\underbrace{s_{1,1},s_{1,2},\cdots,s_{1,L}}_{\boldsymbol{s}_1},\cdots,\underbrace{s_{I,1},s_{I,2},\cdots,s_{I,L}}_{\boldsymbol{s}_I}]^{\mathrm{T}}\in\mathbb{C}^{IL\times1}$ 为所有 I 个声源在各个频率的源强构成的向量，$\boldsymbol{s}_i\in\mathbb{C}^{L\times1}$ 为第 i 个声源在所有频率下的源强构成的向量，$\boldsymbol{N}=[\underbrace{n_{1,1},n_{2,1},\cdots,n_{Q,1}}_{\boldsymbol{n}_1},\cdots,\underbrace{n_{1,L},n_{2,L},\cdots,n_{Q,L}}_{\boldsymbol{n}_L}]^{\mathrm{T}}\in\mathbb{C}^{QL\times1}$ 表示传声器测量噪声向量。定义频率为 f_l 时的 SNR 为 $\mathrm{SNR}_l=20\log_{10}(\|\boldsymbol{p}_l^{\star}-\boldsymbol{n}_l\|_2/\|\boldsymbol{n}_l\|_2)$。

（2）多频同步定网格在网压缩波束形成

多频同步定网格在网压缩波束形成假设声源来自离散化的 G 个固定网格点，所有网格点与所有 Q 个传声器在所有 L 个频率下的传递函数构成的感知矩阵为 $\boldsymbol{A}_{\mathrm{MF}}(\boldsymbol{\Omega}_{\mathrm{G}})=[\boldsymbol{A}_{\mathrm{MF}}(x_{\mathrm{G1}},y_{\mathrm{G1}}),\boldsymbol{A}_{\mathrm{MF}}(x_{\mathrm{G2}},y_{\mathrm{G2}}),\cdots,\boldsymbol{A}_{\mathrm{MF}}(x_{\mathrm{G}G},y_{\mathrm{G}G})]\in\mathbb{C}^{QL\times GL}$，$\boldsymbol{A}_{\mathrm{MF}}(x_{\mathrm{G}g},y_{\mathrm{G}g})\in\mathbb{C}^{QL\times L}$ 为所有 L 个频率下第 g 个网格点与所有 Q 个传声器之间的传递函数构成的传递矩阵。$\boldsymbol{P}^{\star}$ 可表示为

$$\boldsymbol{P}^{\star}=\boldsymbol{A}_{\mathrm{MF}}(\boldsymbol{\Omega}_{\mathrm{G}})\boldsymbol{S}+\boldsymbol{N} \tag{4.24}$$

此时，$\boldsymbol{S}=[\underbrace{s_{1,1},s_{1,2},\cdots,s_{1,L}}_{\boldsymbol{s}_1},\cdots,\underbrace{s_{G,1},s_{G,2},\cdots,s_{G,L}}_{\boldsymbol{s}_G}]^{\mathrm{T}}\in\mathbb{C}^{GL\times1}$ 为所有 L 个频率下所有 G 个网格点位置处的源强构成的向量，$\boldsymbol{s}_g\in\mathbb{C}^{L\times1}$ 为所有 L 个频率下第 g 个网格点处的源强构成的向量，$s_{g,l}$ 为第 g 个网格点处频率 f_l 时的源强，$\boldsymbol{N}$ 为对应的噪声向量。

多频同步定网格在网压缩波束形成模型[式(4.24)]相比于单频模型[式(1.5)(快拍数为1)]，其待求解源强向量由 G 维变成 GL 维，源强向量稀疏度(非零元素个数)由 I 增加为 IL，即 $\boldsymbol{S}$ 中存在 IL 个非零元素。$\boldsymbol{S}$ 中每 L 个源强分量构成的块对应同一个声源的所有频率，则 $\boldsymbol{S}$ 中非零元素呈现出 I 块、每块 L 个元素聚集的状态，此时源强向量 $\boldsymbol{S}$ 可视为 I 块稀疏。相应地，式(4.24)描述的多频同步定网格在网压缩波束形成模型可视为从包含先验的 G 个块 $\boldsymbol{A}_{\mathrm{MF}}(x_{\mathrm{G}g},y_{\mathrm{G}g})$，$g=1,\cdots,G$ 构成的感知矩阵 $\boldsymbol{A}_{\mathrm{MF}}(\boldsymbol{\Omega}_{\mathrm{G}})$ 中寻找最合适的 I 个块的块稀疏压缩感知问题。利用已有块稀疏算法，如凸松弛算法[20]、贪婪算法[如块匹配追踪

(Block-Matching Pursuit，BMP)和块正交匹配追踪(Block-Orthogonal Matching Pursuit，BOMP)][21]及稀疏贝叶斯算法[22]等即可直接求解。

(3)多频同步牛顿正交匹配追踪压缩波束形成

为提升 NOMP-CB 的性能,基于多频同步测量模型及多频同步定网格在网压缩波束形成提出多频同步牛顿正交匹配追踪压缩波束形成方法(简称“BNOMP-CB”)。以下对其数学模型和求解方法进行详细阐述。

1)数学模型建立

最小化多频同步测量模型的残差 $\|\boldsymbol{P}^{\star}-\boldsymbol{A}_{\mathrm{MF}}(\boldsymbol{\Omega}_{\mathrm{S}})\boldsymbol{S}\|_2^2$,得声源位置和声源强度的极大似然估计:

$$\begin{aligned}\{\hat{\boldsymbol{\Omega}}_{\mathrm{S}},\hat{\boldsymbol{S}}\}&=\underset{\boldsymbol{\Omega}_{\mathrm{S}},\boldsymbol{S}}{\operatorname{argmin}}\|\boldsymbol{P}^{\star}-\boldsymbol{A}_{\mathrm{MF}}(\boldsymbol{\Omega}_{\mathrm{S}})\boldsymbol{S}\|_2^2\\&=\underset{\boldsymbol{\Omega}_{\mathrm{S}},\boldsymbol{S}}{\operatorname{argmax}}\,2\mathrm{Re}((\boldsymbol{P}^{\star})^{\mathrm{H}}\boldsymbol{A}_{\mathrm{MF}}(\boldsymbol{\Omega}_{\mathrm{S}})\boldsymbol{S})-(\boldsymbol{A}_{\mathrm{MF}}(\boldsymbol{\Omega}_{\mathrm{S}})\boldsymbol{S})^{\mathrm{H}}\boldsymbol{A}_{\mathrm{MF}}(\boldsymbol{\Omega}_{\mathrm{S}})\boldsymbol{S}\end{aligned}\tag{4.25}$$

定义似然函数为

$$\mathcal{L}_{\mathrm{MF}}(\boldsymbol{\Omega}_{\mathrm{S}},\boldsymbol{S})\triangleq2\mathrm{Re}((\boldsymbol{P}^{\star})^{\mathrm{H}}\boldsymbol{A}_{\mathrm{MF}}(\boldsymbol{\Omega}_{\mathrm{S}})\boldsymbol{S})-(\boldsymbol{A}_{\mathrm{MF}}(\boldsymbol{\Omega}_{\mathrm{S}})\boldsymbol{S})^{\mathrm{H}}\boldsymbol{A}_{\mathrm{MF}}(\boldsymbol{\Omega}_{\mathrm{S}})\boldsymbol{S}\tag{4.26}$$

同步求解使 $\mathcal{L}_{\mathrm{MF}}(\boldsymbol{\Omega}_{\mathrm{S}},\boldsymbol{S})$ 最大的 $\boldsymbol{\Omega}_{\mathrm{S}}$ 和 $\boldsymbol{S}$ 难以实现,对任意给定 $\boldsymbol{\Omega}_{\mathrm{S}}$,仅以 $\boldsymbol{S}$ 为变量,可获得其最小二乘解

$$\boldsymbol{S}=((\boldsymbol{A}_{\mathrm{MF}}(\boldsymbol{\Omega}_{\mathrm{S}}))^{\mathrm{H}}\boldsymbol{A}_{\mathrm{MF}}(\boldsymbol{\Omega}_{\mathrm{S}}))^{-1}(\boldsymbol{A}_{\mathrm{MF}}(\boldsymbol{\Omega}_{\mathrm{S}}))^{\mathrm{H}}\boldsymbol{P}^{\star}\tag{4.27}$$

将式(4.27)代入式(4.26)可获得多频同步最大似然比检验成本函数为

$$\mathcal{G}_{\mathrm{MF}}(\boldsymbol{\Omega}_{\mathrm{S}})\triangleq(\boldsymbol{P}^{\star})^{\mathrm{H}}\boldsymbol{A}_{\mathrm{MF}}(\boldsymbol{\Omega}_{\mathrm{S}})((\boldsymbol{A}_{\mathrm{MF}}(\boldsymbol{\Omega}_{\mathrm{S}}))^{\mathrm{H}}\boldsymbol{A}_{\mathrm{MF}}(\boldsymbol{\Omega}_{\mathrm{S}}))^{-1}(\boldsymbol{A}_{\mathrm{MF}}(\boldsymbol{\Omega}_{\mathrm{S}}))^{\mathrm{H}}\boldsymbol{P}^{\star}\tag{4.28}$$

声源位置坐标的估计

$$\hat{\boldsymbol{\Omega}}_{\mathrm{S}}=\underset{\boldsymbol{\Omega}_{\mathrm{S}}}{\operatorname{argmax}}\,\mathcal{G}_{\mathrm{MF}}(\boldsymbol{\Omega}_{\mathrm{S}})\tag{4.29}$$

将坐标估计 $\hat{\boldsymbol{\Omega}}_{\mathrm{S}}$ 代入式(4.27)可获得相应的源强估计

$$\hat{\boldsymbol{S}}=((\boldsymbol{A}_{\mathrm{MF}}(\hat{\boldsymbol{\Omega}}_{\mathrm{S}}))^{\mathrm{H}}\boldsymbol{A}_{\mathrm{MF}}(\hat{\boldsymbol{\Omega}}_{\mathrm{S}}))^{-1}(\boldsymbol{A}_{\mathrm{MF}}(\hat{\boldsymbol{\Omega}}_{\mathrm{S}}))^{\mathrm{H}}\boldsymbol{P}^{\star}\tag{4.30}$$

2）求解方法

在整个二维连续平面内直接同步估计使成本函数最大的所有声源难以实现。所建立的BNOMP-CB方法求解时有两个方面的简化：一是将二维连续平面离散化，基于多频同步定网格在网压缩波束形成模型进行位置粗略估计；二是将所有声源逐一处理。该方法主要包含4个步骤：①基于多频同步定网格在网压缩波束形成模型进行初步粗略估计；②在局部连续二维平面内进行牛顿优化；③利用牛顿法对所有已识别声源进行循环反馈优化；④根据所有挑选并优化后的原子对已估计声源所有频率的源强进行正交求解。

①基于多频同步定网格在网压缩波束形成模型的声源初步估计

定义完成前 $\gamma-1$ 个声源估计后的残差为

$$\boldsymbol{\xi}=\boldsymbol{P}^{\star}-\boldsymbol{A}_{\mathrm{MF}}(\hat{\boldsymbol{\Omega}}_{\mathrm{S}}^{(\gamma-1)})\hat{\boldsymbol{S}}^{(\gamma-1)}=\boldsymbol{P}^{\star}-\sum_{i=1}^{\gamma-1}\boldsymbol{A}_{\mathrm{MF}}(\hat{x}_{\mathrm{S}i}^{(\gamma-1)},\hat{y}_{\mathrm{S}i}^{(\gamma-1)})\hat{\boldsymbol{s}}_{i}^{(\gamma-1)} \tag{4.31}$$

其中，$(\hat{x}_{\mathrm{S}i}^{(\gamma-1)},\hat{y}_{\mathrm{S}i}^{(\gamma-1)})$ 和 $\hat{\boldsymbol{s}}_{i}^{(\gamma-1)}$ 分别为第 i 个估计声源的坐标和所有频率下的源强构成的向量。针对第 γ 个声源的识别，似然函数、成本函数分别退化为

$$\mathcal{L}_{\mathrm{MF}}^{(\gamma)}(x_{\mathrm{S}},y_{\mathrm{S}},\boldsymbol{s})=2\mathrm{Re}(\boldsymbol{\xi}^{\mathrm{H}}\boldsymbol{A}_{\mathrm{MF}}(x_{\mathrm{S}},y_{\mathrm{S}})\boldsymbol{s})-(\boldsymbol{A}_{\mathrm{MF}}(x_{\mathrm{S}},y_{\mathrm{S}})\boldsymbol{s})^{\mathrm{H}}\boldsymbol{A}_{\mathrm{MF}}(x_{\mathrm{S}},y_{\mathrm{S}})\boldsymbol{s} \tag{4.32}$$

$$\mathcal{G}_{\mathrm{MF}}^{(\gamma)}(x_{\mathrm{S}},y_{\mathrm{S}})=\boldsymbol{\xi}^{\mathrm{H}}\boldsymbol{A}_{\mathrm{MF}}(x_{\mathrm{S}},y_{\mathrm{S}})((\boldsymbol{A}_{\mathrm{MF}}(x_{\mathrm{S}},y_{\mathrm{S}}))^{\mathrm{H}}\boldsymbol{A}_{\mathrm{MF}}(x_{\mathrm{S}},y_{\mathrm{S}}))^{-1}(\boldsymbol{A}_{\mathrm{MF}}(x_{\mathrm{S}},y_{\mathrm{S}}))^{\mathrm{H}}\boldsymbol{\xi} \tag{4.33}$$

从 G 个离散网格点实现对声源坐标和各频率下声源强度的初步估计：

$$(\hat{x}_{\mathrm{S}}^{(\gamma)},\hat{y}_{\mathrm{S}}^{(\gamma)})=\underset{(x_{\mathrm{S}},y_{\mathrm{S}})\in\boldsymbol{\Omega}_{\mathrm{G}}}{\operatorname{argmax}}\ \mathcal{G}_{\mathrm{MF}}^{(\gamma)}(x_{\mathrm{S}},y_{\mathrm{S}}) \tag{4.34}$$

$$\hat{\boldsymbol{s}}^{(\gamma)}=((\boldsymbol{A}_{\mathrm{MF}}(\hat{x}_{\mathrm{S}}^{(\gamma)},\hat{y}_{\mathrm{S}}^{(\gamma)}))^{\mathrm{H}}\boldsymbol{A}_{\mathrm{MF}}(\hat{x}_{\mathrm{S}}^{(\gamma)},\hat{y}_{\mathrm{S}}^{(\gamma)}))^{-1}(\boldsymbol{A}_{\mathrm{MF}}(\hat{x}_{\mathrm{S}}^{(\gamma)},\hat{y}_{\mathrm{S}}^{(\gamma)}))^{\mathrm{H}}\boldsymbol{\xi} \tag{4.35}$$

②局部牛顿优化

在局部连续二维平面内对上述初步估计进行牛顿优化，可使似然函数进一步向当前局部最大值逼近，进而获得更加准确的声源位置和强度估计。具体的二维牛顿优化表示为

$$[\hat{x}_S^{(\gamma)},\hat{y}_S^{(\gamma)}]\leftarrow[\hat{x}_S^{(\gamma)},\hat{y}_S^{(\gamma)}]-\boldsymbol{J}(\mathcal{L}_{MF}^{(\gamma)}(x_S,y_S,\boldsymbol{s}))(\boldsymbol{H}(\mathcal{L}_{MF}^{(\gamma)}(x_S,y_S,\boldsymbol{s})))^{-1}\Big|_{\substack{x_S=\hat{x}_S^{(\gamma)}\\ y_S=\hat{y}_S^{(\gamma)}\\ \boldsymbol{s}=\hat{\boldsymbol{s}}^{(\gamma)}}} \tag{4.36}$$

其中，$\boldsymbol{J}(\mathcal{L}_{MF}^{(\gamma)}(x_S,y_S,\boldsymbol{s}))$和$\boldsymbol{H}(\mathcal{L}_{MF}^{(\gamma)}(x_S,y_S,\boldsymbol{s}))$分别为雅可比矩阵和海森矩阵，有

$$\boldsymbol{J}(\mathcal{L}_{MF}^{(\gamma)}(x_S,y_S,\boldsymbol{s}))=\begin{bmatrix}\dfrac{\partial\mathcal{L}_{MF}^{(\gamma)}(x_S,y_S,\boldsymbol{s})}{\partial x_S} & \dfrac{\partial\mathcal{L}_{MF}^{(\gamma)}(x_S,y_S,\boldsymbol{s})}{\partial y_S}\end{bmatrix} \tag{4.37}$$

$$\boldsymbol{H}(\mathcal{L}_{MF}^{(\gamma)}(x_S,y_S,\boldsymbol{s}))=\begin{bmatrix}\dfrac{\partial^2\mathcal{L}_{MF}^{(\gamma)}(x_S,y_S,\boldsymbol{s})}{\partial x_S^2} & \dfrac{\partial^2\mathcal{L}_{MF}^{(\gamma)}(x_S,y_S,\boldsymbol{s})}{\partial x_S\partial y_S}\\ \dfrac{\partial^2\mathcal{L}_{MF}^{(\gamma)}(x_S,y_S,\boldsymbol{s})}{\partial y_S\partial x_S} & \dfrac{\partial^2\mathcal{L}_{MF}^{(\gamma)}(x_S,y_S,\boldsymbol{s})}{\partial y_S^2}\end{bmatrix} \tag{4.38}$$

其中

$$\frac{\partial\mathcal{L}_{MF}(x_S,y_S,\boldsymbol{s})}{\partial x_S}=2\mathrm{Re}\left((\boldsymbol{\xi}-\boldsymbol{A}_{MF}(x_S,y_S)\boldsymbol{s})^{H}\frac{\partial\boldsymbol{A}_{MF}(x_S,y_S)}{\partial x_S}\boldsymbol{s}\right) \tag{4.39}$$

$$\frac{\partial\mathcal{L}_{MF}(x_S,y_S,\boldsymbol{s})}{\partial y_S}=2\mathrm{Re}\left((\boldsymbol{\xi}-\boldsymbol{A}_{MF}(x_S,y_S)\boldsymbol{s})^{H}\frac{\partial\boldsymbol{A}_{MF}(x_S,y_S)}{\partial y_S}\boldsymbol{s}\right) \tag{4.40}$$

$$\begin{aligned}\frac{\partial^2\mathcal{L}_{MF}(x_S,y_S,\boldsymbol{s})}{\partial x_S^2}=&2\mathrm{Re}\left((\boldsymbol{\xi}-\boldsymbol{A}_{MF}(x_S,y_S)\boldsymbol{s})^{H}\frac{\partial^2\boldsymbol{A}_{MF}(x_S,y_S)}{\partial x_S^2}\boldsymbol{s}\right)\\&-2\left\|\frac{\partial\boldsymbol{A}_{MF}(x_S,y_S)}{\partial x_S}\boldsymbol{s}\right\|_2^2\end{aligned} \tag{4.41}$$

$$\begin{aligned}\frac{\partial^2\mathcal{L}_{MF}(x_S,y_S,\boldsymbol{s})}{\partial y_S^2}=&2\mathrm{Re}\left((\boldsymbol{\xi}-\boldsymbol{A}_{MF}(x_S,y_S)\boldsymbol{s})^{H}\frac{\partial^2\boldsymbol{A}_{MF}(x_S,y_S)}{\partial y_S^2}\boldsymbol{s}\right)\\&-2\left\|\frac{\partial\boldsymbol{A}_{MF}(x_S,y_S)}{\partial y_S}\boldsymbol{s}\right\|_2^2\end{aligned} \tag{4.42}$$

$$\begin{aligned}\frac{\partial^2 \mathcal{L}_{\mathrm{MF}}(x_{\mathrm{S}},y_{\mathrm{S}},\boldsymbol{s})}{\partial x_{\mathrm{S}}\partial y_{\mathrm{S}}}=&2\mathrm{Re}\left((\boldsymbol{\xi}-\boldsymbol{A}_{\mathrm{MF}}(x_{\mathrm{S}},y_{\mathrm{S}})\boldsymbol{s})^{\mathrm{H}}\frac{\partial^2\boldsymbol{A}_{\mathrm{MF}}(x_{\mathrm{S}},y_{\mathrm{S}})}{\partial x_{\mathrm{S}}\partial y_{\mathrm{S}}}\boldsymbol{s}\right)\\&-2\left(\frac{\partial\boldsymbol{A}_{\mathrm{MF}}(x_{\mathrm{S}},y_{\mathrm{S}})}{\partial x_{\mathrm{S}}}\boldsymbol{s}\right)^{\mathrm{H}}\frac{\partial\boldsymbol{A}_{\mathrm{MF}}(x_{\mathrm{S}},y_{\mathrm{S}})}{\partial y_{\mathrm{S}}}\boldsymbol{s}\end{aligned}\tag{4.43}$$

$$\frac{\partial^2 \mathcal{L}_{\mathrm{MF}}(x_{\mathrm{S}},y_{\mathrm{S}},\boldsymbol{s})}{\partial y_{\mathrm{S}}\partial x_{\mathrm{S}}}=\frac{\partial^2 \mathcal{L}_{\mathrm{MF}}(x_{\mathrm{S}},y_{\mathrm{S}},\boldsymbol{s})}{\partial x_{\mathrm{S}}\partial y_{\mathrm{S}}}\tag{4.44}$$

获得声源位置坐标的优化估计$(\hat{x}_{\mathrm{S}}^{(\gamma)},\hat{y}_{\mathrm{S}}^{(\gamma)})$后，根据式(4.35)更新源强$\hat{\boldsymbol{s}}^{(\gamma)}$。基于已识别的声源组装声源坐标估计矩阵$\hat{\boldsymbol{\Omega}}_{\mathrm{S}}^{(\gamma)}=[\hat{\boldsymbol{\Omega}}_{\mathrm{S}}^{(\gamma-1)},[\hat{x}_{\mathrm{S}}^{(\gamma)},\hat{y}_{\mathrm{S}}^{(\gamma)}]^{\mathrm{T}}]\in\mathbb{R}^{2\times\gamma}$、传递矩阵$\boldsymbol{A}_{\mathrm{MF}}(\hat{\boldsymbol{\Omega}}_{\mathrm{S}}^{(\gamma)})\in\mathbb{C}^{QL\times\gamma L}$、源强估计向量$\hat{\boldsymbol{S}}^{(\gamma)}=[(\hat{\boldsymbol{S}}^{(\gamma-1)})^{\mathrm{T}},(\hat{\boldsymbol{s}}^{(\gamma)})^{\mathrm{T}}]^{\mathrm{T}}\in\mathbb{C}^{\gamma L\times1}$，并更新残差$\boldsymbol{\xi}=\boldsymbol{P}^{\star}-\boldsymbol{A}_{\mathrm{MF}}(\hat{\boldsymbol{\Omega}}_{\mathrm{S}}^{(\gamma)})\hat{\boldsymbol{S}}^{(\gamma)}$。

③全局循环反馈牛顿优化

全局循环反馈牛顿优化是在完成上述局部牛顿优化的基础上，进一步对所有已识别声源进行逐个循环牛顿优化。优化$\hat{\boldsymbol{\Omega}}_{\mathrm{S}}^{(\gamma)}$中第$i$个已识别声源坐标$(\hat{x}_{\mathrm{S}i}^{(\gamma)},\hat{y}_{\mathrm{S}i}^{(\gamma)})$及对应的源强$\hat{\boldsymbol{s}}_i^{(\gamma)}$时，由于原有残差$\boldsymbol{\xi}$去除了该声源对应基上的投影，因此循环优化时首先需将该声源的坐标及源强从$\hat{\boldsymbol{\Omega}}_{\mathrm{S}}^{(\gamma)}$和$\hat{\boldsymbol{S}}^{(\gamma)}$中移除并重新计算残差。令移除该声源后已识别声源的坐标及源强构成的矩阵分别为$\hat{\boldsymbol{\Omega}}_{\mathrm{Sr}}^{(\gamma)}$和$\hat{\boldsymbol{S}}_{\mathrm{r}}^{(\gamma)}$，相应的残差变为$\boldsymbol{\xi}_{\mathrm{r}}=\boldsymbol{P}^{\star}-\boldsymbol{A}_{\mathrm{MF}}(\hat{\boldsymbol{\Omega}}_{\mathrm{Sr}}^{(\gamma)})\hat{\boldsymbol{S}}_{\mathrm{r}}^{(\gamma)}$，利用$\boldsymbol{\xi}_{\mathrm{r}}$代替$\boldsymbol{\xi}$并联同$(\hat{x}_{\mathrm{S}i}^{(\gamma)},\hat{y}_{\mathrm{S}i}^{(\gamma)})$一起代入式(4.35)中更新$\hat{\boldsymbol{s}}_i^{(\gamma)}$。在此基础上，将$(\hat{x}_{\mathrm{S}i}^{(\gamma)},\hat{y}_{\mathrm{S}i}^{(\gamma)})$，$\hat{\boldsymbol{s}}_i^{(\gamma)}$和$\boldsymbol{\xi}_{\mathrm{r}}$代入式(4.36)对该声源坐标进行牛顿优化，并将优化结果再次代入式(4.35)中更新源强，最后用优化后的$(\hat{x}_{\mathrm{S}i}^{(\gamma)},\hat{y}_{\mathrm{S}i}^{(\gamma)})$及对应源强$\hat{\boldsymbol{s}}_i^{(\gamma)}$代替$\hat{\boldsymbol{\Omega}}_{\mathrm{S}}^{(\gamma)}$和$\hat{\boldsymbol{S}}^{(\gamma)}$中先前的$(\hat{x}_{\mathrm{S}i}^{(\gamma)},\hat{y}_{\mathrm{S}i}^{(\gamma)})$及对应源强$\hat{\boldsymbol{s}}_i^{(\gamma)}$。待所有声源均得到优化后，更新此次全局循环步的残差$\boldsymbol{\xi}$。当循环次数达到设定的次数或者连续两次全局循环之间的残差能量($\|\boldsymbol{\xi}\|_2^2$)变化小于设定的阈值(建议$\leqslant10^{-4}$)，全局循环优化终止。

④源强正交求解

利用式(4.30)更新所有已识别声源的强度，作为识别下一个声源时的初始值或当所有声源识别完成后的输出值，同时根据式(4.31)更新残差向量。

当识别出设定数目的声源或识别新声源前后的残差能量变化小于设置阈值时，即可终止识别。相应算法流程见表4.7。

表4.7 BNOMP-CB 方法算法流程

初始化：$\gamma=0,\boldsymbol{\xi}=\boldsymbol{P}^{\star},\hat{\boldsymbol{\Omega}}_{\mathrm{S}}^{(0)}=[\ ],\boldsymbol{A}(\hat{\boldsymbol{\Omega}}_{\mathrm{S}}^{(0)})=[\ ],\hat{\boldsymbol{S}}^{(0)}=[\ ],\boldsymbol{t}_{\max}$
当 $\gamma<I$ 时重复以下步骤
$\gamma\leftarrow\gamma+1$
(1)基于离散网格的初始估计
根据式(4.34)估计声源位置$(\hat{x}_{\mathrm{S}}^{(\gamma)},\hat{y}_{\mathrm{S}}^{(\gamma)})$
根据式(4.35)估计源强 $\hat{\boldsymbol{s}}^{(\gamma)}$
(2)局部牛顿优化
根据式(4.36)优化声源位置估计$(\hat{x}_{\mathrm{S}}^{(\gamma)},\hat{y}_{\mathrm{S}}^{(\gamma)})$
根据式(4.35)更新源强 $\hat{\boldsymbol{s}}^{(\gamma)}$
基于估计结果组装矩阵
$\hat{\boldsymbol{\Omega}}_{\mathrm{S}}^{(\gamma)}\leftarrow[\hat{\boldsymbol{\Omega}}_{\mathrm{S}}^{(\gamma-1)},[\hat{x}_{\mathrm{S}}^{(\gamma)},\hat{y}_{\mathrm{S}}^{(\gamma)}]^{\mathrm{T}}],\boldsymbol{A}_{\mathrm{MF}}(\hat{\boldsymbol{\Omega}}_{\mathrm{S}}^{(\gamma)})\leftarrow[\boldsymbol{A}_{\mathrm{MF}}(\hat{\boldsymbol{\Omega}}_{\mathrm{S}}^{(\gamma-1)}),\boldsymbol{A}_{\mathrm{MF}}(\hat{x}_{\mathrm{S}}^{(\gamma)},\hat{y}_{\mathrm{S}}^{(\gamma)})]$，
$\hat{\boldsymbol{S}}^{(\gamma)}\leftarrow[(\hat{\boldsymbol{S}}^{(\gamma-1)})^{\mathrm{T}},(\hat{\boldsymbol{s}}^{(\gamma)})^{\mathrm{T}}]^{\mathrm{T}}$
根据式(4.31)更新残差 $\boldsymbol{\xi}=\boldsymbol{P}^{\star}-\boldsymbol{A}_{\mathrm{MF}}(\hat{\boldsymbol{\Omega}}_{\mathrm{S}}^{(\gamma)})\hat{\boldsymbol{S}}^{(\gamma)}$
(3)全局循环优化
$t=0,\boldsymbol{\xi}^{0}=\boldsymbol{\xi}$
逐个对所有已识别声源$(i=1,2,\cdots,\gamma)$执行以下步骤：
根据式(4.31)更新残差 $\boldsymbol{\xi}_{\mathrm{r}}=\boldsymbol{P}^{\star}-\boldsymbol{A}_{\mathrm{MF}}(\hat{\boldsymbol{\Omega}}_{\mathrm{Sr}}^{(\gamma)})\hat{\boldsymbol{S}}_{\mathrm{r}}^{(\gamma)}$
根据式(4.35)更新源强 $\hat{\boldsymbol{s}}_{i}^{(\gamma)}$
根据式(4.36)优化声源位置估计$(\hat{x}_{\mathrm{S}i}^{(\gamma)},\hat{y}_{\mathrm{S}i}^{(\gamma)})$
根据式(4.35)更新源强 $\hat{\boldsymbol{s}}_{i}^{(\gamma)}$

续表

更新矩阵 $\hat{\boldsymbol{\Omega}}_{\mathrm{S}}^{(\gamma)}$，$\boldsymbol{A}_{\mathrm{MF}}(\hat{\boldsymbol{\Omega}}_{\mathrm{S}}^{(\gamma)})$，$\hat{\boldsymbol{S}}^{(\gamma)}$
完成所有已识别的 γ 个声源的优化后执行
$t \leftarrow t+1$
根据式(4.31)更新残差 $\boldsymbol{\xi}^{t}=\boldsymbol{P}^{\star}-\boldsymbol{A}_{\mathrm{MF}}(\hat{\boldsymbol{\Omega}}_{\mathrm{S}}^{(\gamma)})\hat{\boldsymbol{S}}^{(\gamma)}$
重复以上步骤直到 $\left\| \|\boldsymbol{\xi}^{t}\|_{\mathrm{F}}^{2}-\|\boldsymbol{\xi}^{t-1}\|_{\mathrm{F}}^{2} \right\| \leqslant 10^{-4}$ 或 $t=t_{\max}$
(4)源强正交求解
根据式(4.30)更新所有声源源强 $\hat{\boldsymbol{S}}^{(\gamma)}$
根据式(4.31)更新残差 $\boldsymbol{\xi}=\boldsymbol{P}^{\star}-\boldsymbol{A}_{\mathrm{MF}}(\hat{\boldsymbol{\Omega}}_{\mathrm{S}}^{(\gamma)})\hat{\boldsymbol{S}}^{(\gamma)}$
输出：$\hat{\boldsymbol{\Omega}}_{\mathrm{S}}^{(\gamma)}$，$\hat{\boldsymbol{S}}^{(\gamma)}$

4.4.2 性能分析

本节分析讨论多频同步牛顿正交匹配追踪压缩波束形成(BNOMP-CB)和基于 BOMP 求解的多频同步定网格在网压缩波束形成(BOMP-CB)的声源识别性能，并与 OMP 求解的单频定网格在网压缩波束形成方法(OMP-CB)和 NOMP 求解的单频压缩波束形成方法(NOMP-CB)进行比较。

(1)多频纯音声源的识别

为展示各方法克服基不匹配的能力、空间分辨能力及抗噪声干扰能力，分别对不同情况下的"多频纯音声源"进行声源识别仿真。仿真时采用与直径 0.65 m、平均传声器间距 0.1 m 的 Brüel & Kjær 36 通道扇形轮阵列一致的阵列传声器分布。阵列平面与声源平面相距 1 m。成像声源平面尺寸为 1 m×1 m，采用离散网格时声源平面被离散为间距 0.05 m 的网格。仿真时分析频率构成的向量为[1 000,2 000,3 000,4 000,5 000]Hz(分析频率数 $L=5$)。

图 4.14 展示了上述方法对位于(−0.04,0) m，(0.05,0) m 和(0.30,0.36) m

的 3 个声源 S1,S2,S3 的识别结果,S2 落于网格点上(基匹配),而 S1 和 S3 偏离网格点(基不匹配)。声源 S1 和 S2 均含有 1 000,2 000,3 000 和 4 000 Hz 4 个频率成分且各频率下的源强均被设定为 1 Pa (93.98 dB),相应的源强幅值向量均为[1,1,1,1,0]Pa;声源 S3 只含有 3 000 Hz 频率成分且源强为 1 Pa,相应的源强幅值向量为[0,0,1,0,0]Pa。各频率传声器声压 SNR 均设为 20 dB。图 4.14 (a)、(b)给出了 OMP-CB 方法和 NOMP-CB 方法在频率 1 000,2 000,3 000 和 4 000 Hz 时的识别结果,图 4.14 (c)、(d)给出了 OMP-CB 方法和 NOMP-CB 方法对不同频率下估计得到的重叠声源进行能量叠加后的结果,图 4.14 (e)、(f)给出了 BOMP-CB 方法和 BNOMP-CB 方法的识别结果。

对多频声源 S1 和 S2,OMP-CB 方法[图 4.14 (a)、(c)]在所有分析频率均未实现正确定位,这是由于在最高频率 4 000 Hz,声源 S1 和 S2 之间的距离仍低于 OMP-CB 方法能分辨的最小距离[图 4.14 (a)所示,4 000 Hz 时声源 S1 和 S2 未能被有效分离]。相比 OMP-CB 方法,NOMP-CB 方法[图 4.14 (b)、(d)]空间分辨能力有所提升,能在高频 4 000 Hz 实现声源 S1 和 S2 的准确定位,其余各频率的声源定位误差有所减少,这归功于 NOMP-CB 方法的全局循环反馈牛顿优化,其抑制了声源间相互干扰,带来了一定程度的空间分辨能力提升。BOMP-CB 方法[图 4.14 (e)]未能成功分离声源 S1 和 S2,这是因为仅多频同步处理引入的联合稀疏约束对空间分辨能力的提升有限。BNOMP-CB 方法[图 4.14 (f)]则获得了声源 S1 和 S2 的准确定位。由此可知,全局循环反馈优化带来的对声源相互干扰的抑制和多频联合稀疏约束对稀疏度的促进使 BNOMP-CB 方法具有四种方法中最优的空间分辨能力。图 4.14 (c)—(f)显示,对单频声源 S3,上述四种方法均能实现正确定位,这表明多频同步处理方法对单频声源有效。对比定网格在网 OMP-CB 和 BOMP-CB 方法与 NOMP-CB 和 BNOMP-CB 方法对声源 S3 的识别结果可知,定网格在网方法受基不匹配问题影响,无法获得高精度的定位,而 NOMP-CB 和 BNOMP-CB 方法由于牛顿优化的引入,使得声源摆脱固定网格点限制而被更加准确地定位至真实位置附近,有效克服了基不匹配问题,获得了高精度的声源定位。图 4.14(g)—(j)展示了上述方法对各声源各频率成分的量化结果,显然 BNOMP-CB 方法[图 4.14 (j)]在所有频率下对所有声源均实现了准确量化,声源量化性能显著优于其他 3 种方法[图 4.14(g)—(i)]。综上所述,BNOMP-CB 方法由于多频同步处理和全局循环反馈牛顿优化的结合,在有效克服基不匹配的同时具有 4 种方法中最优的空间分辨能力。

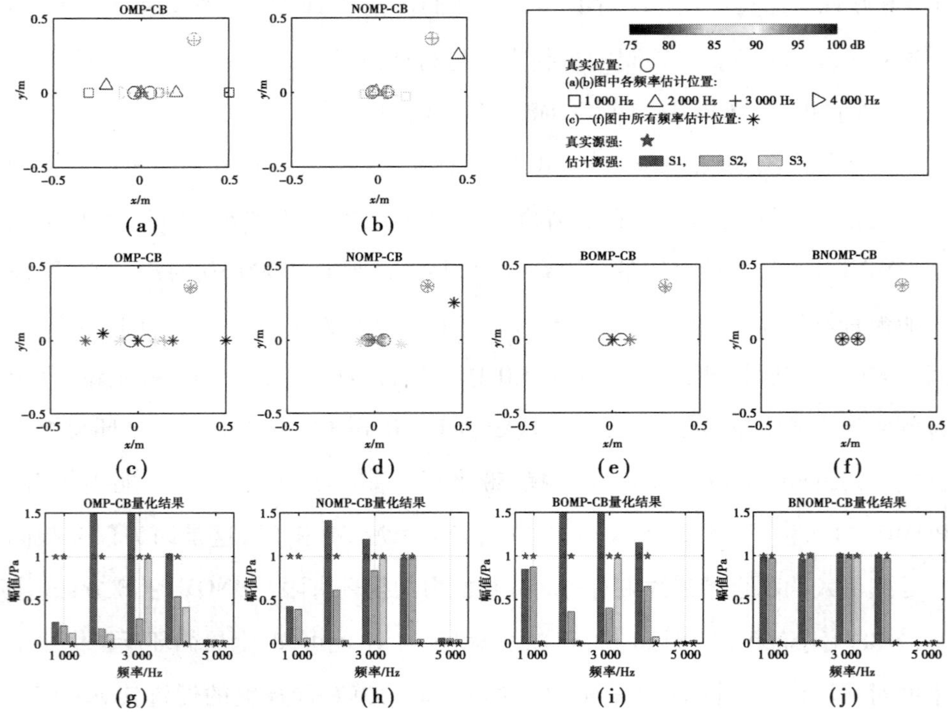

图 4.14　案例一多频纯音声源识别结果

为进一步说明多频同步处理方法的抗噪声干扰性能,设计了间距较远(空间分辨能力内)且基不匹配的 3 个多正弦声源的识别案例。3 个声源 S1,S2 和 S3 坐标分别为(-0.18,-0.2) m,(0.08,-0.2) m 和(0.3,0.36) m,其均含有 2 000,3 000 和 4 000 Hz 3 个频率成分,声源 S1 和 S2 的源强幅值向量均为[0,1,1,1,0]Pa,声源 S3 的源强幅值向量为[0,1,1,0.4,0]Pa。如图 4.15 所示为 SNR 为 20 dB 时各方法的声源识别结果，如图 4.16 所示为 SNR 为 5 dB 时各方法的声源识别结果。

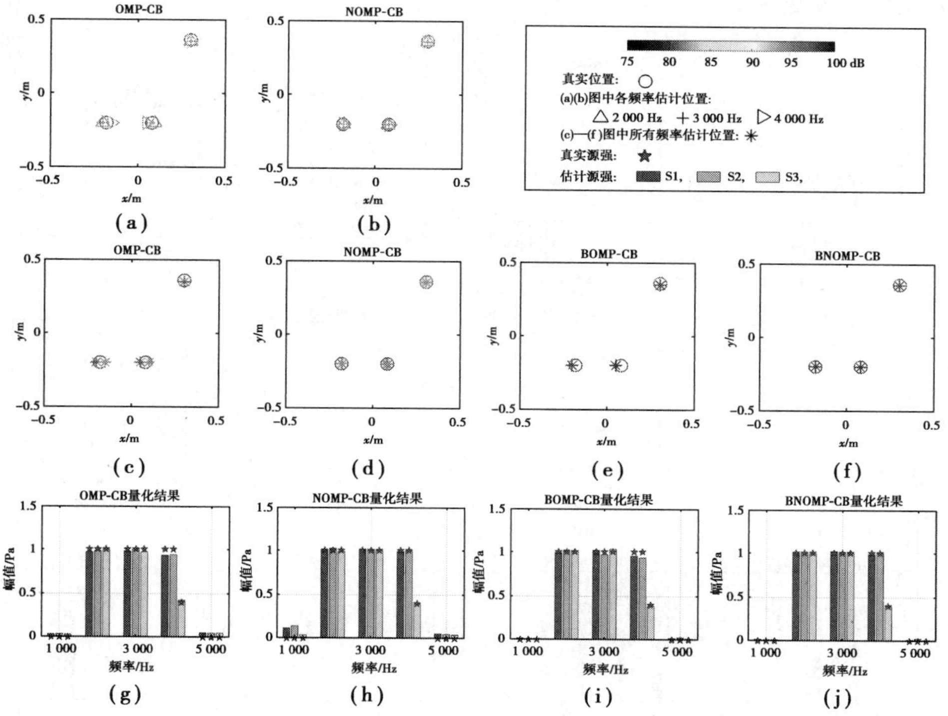

图 4.15　案例二 SNR 为 20 dB 时多频纯音声源识别结果

从图 4.15 可知，SNR 为 20 dB 时四种方法均能定位所有声源。定网格在网 OMP-CB 方法[图 4.15（a）、（c）]和 BOMP-CB 方法[图 4.15（e）]受基不匹配问题影响，声源被定位至真实声源附近的网格点；相比之下，NOMP-CB 和 BNOMP-CB 的声源定位及源强量化精度均得到显著提升。比较图 4.16 和图 4.15 可知，SNR 为 5 dB 时各频率独立处理的 OMP-CB 方法[图 4.16（a）、（c）]和 NOMP-CB 方法[图 4.16（b）、（d）]获得的各频率定位结果相比 SNR 为 20 dB 时更加分散。特别是对 4 000 Hz 时源强为 0.4 Pa 的弱源 S3，受噪声干扰两种单频处理方法的定位均产生了较大偏差。多频同步处理的 BOMP-CB 和 BNOMP-CB 方法在 SNR 为 5 dB 时获得的定位精度相比 SNR 为 20 dB 时仅略有下降。声源各频率成分的量化结果显示，无论 SNR 为 20 dB 还是 5 dB，BNOMP-CB 方法均具有最高的源强估计精度。综上所述，BNOMP-CB 方法相比其他三种方法具有更强的抗噪声干扰能力。

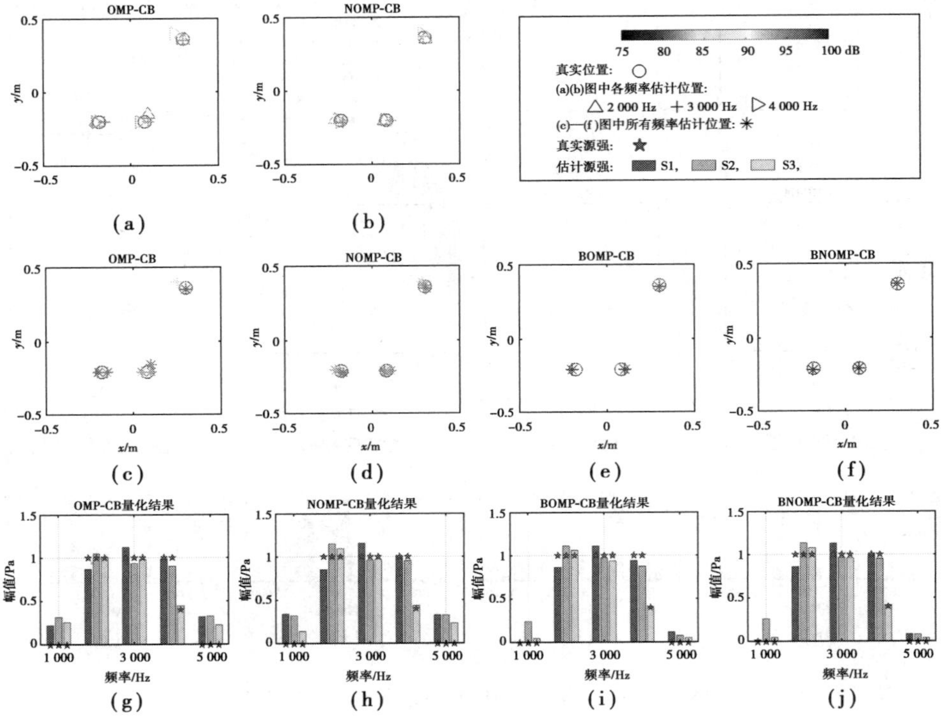

图 4.16　案例三 SNR 为 5 dB 时多频纯音声源识别结果

(2)高斯脉冲声源的识别

为进一步说明多频同步处理方法对瞬态声源识别的有效性，本小节以高斯脉冲声源作为待识别声源，对比分析四种方法的性能。假设有 3 个分别位于 (-0.04,-0.2) m，(0.08,-0.2) m 和 (-0.2,0.32) m 的高斯脉冲声源 S1、S2 和 S3，半峰带宽均为 0.000 1 s，各声源的峰值时间相隔 0.001 s。仿真时阵列、测量距离及网格划分等设置与图 4.14 所示案例一致。对阵列各传声器处的声压信号进行快速傅里叶变换获得信号的傅里叶谱，其中，采样频率为 102 400 Hz、频率分辨率(子频带宽度)为 50 Hz。图 4.17 展示了 SNR 为 20 dB 时用上述方法对 1 000 ~ 5 000 Hz 共 81 个子频带进行处理获得的声源识别结果。如图 4.18 所示为 SNR 为 5 dB 时的结果。图 4.17(a)—(d)和图 4.18(a)—(d)为声源定位结果,图 4.17(e)—(h)和图 4.18(e)—(h)为对所有声源各频率源强量化的结果。

对声源 S3,图 4.17(a)—(d)显示:OMP-CB 方法在各频率的定位相对分散,定位精度最差;NOMP-CB 方法各频率定位相对集中;BOMP-CB 方法声源被定位至附近的网格点,其定位精度受基不匹配问题限制;BNOMP-CB 方法精准定位声源。图 4.17(e)—(h)中的源强量化曲线显示:四种方法均能较准确地量化声源 S3 的各频率源强。对相距较近的两个声源 S1 和 S2,OMP-CB 方法仅在频率高于 4 500 Hz 时获得较正确的量化,这是由于其仅在频率高于 4 500 Hz 时正确分离了声源 S1 和 S2;NOMP-CB 方法在频率高于 2 500 Hz 时能将这两个声源准确分离并正确量化;BOMP-CB 方法在关心频带 1 000 ~ 5 000 Hz 内均未获得两个声源的准确量化;BNOMP-CB 方法实现了两个声源的准确分离定位,并获得了两个声源在关心频带 1 000 ~ 5 000 Hz 全频带的源强准确量化。综上所述,BNOMP-CB 方法具有显著优于其他三种方法的空间分辨能力,对瞬态声源识别具有良好的适用性,能够准确定位声源并获得声源各频率源强的准确量化。

对比图 4.17 SNR 为 20 dB 和图 4.18 SNR 为 5 dB 时各方法的识别结果可知,随着 SNR 的降低,OMP-CB 和 NOMP-CB 方法在各频率对声源的定位结果变得更加分散;BOMP-CB 和 BNOMP-CB 方法获得的定位结果则保持不变或变化不大。另外,强噪声的引入使四种方法对所有声源的源强量化准确度均下降。从声源 S1 和 S2 的定位及量化结果可知,SNR 为 5 dB 时 NOMP-CB 方法在频率高于 2 500 Hz 时仍未能将这两个声源准确分离,而是频率接近 4 500 Hz 时才获得了较准确的源强量化,量化曲线呈现出类似于 OMP-CB 方法的规律。这一现象表明,强噪声干扰降低了 NOMP-CB 方法的空间分辨能力。SNR 为 5 dB 时

BOMP-CB 和 BNOMP-CB 方法量化情况除波动增加外仍与各自在 SNR 为 20 dB 时相似，表明多频同步处理的引入使这两种方法的声源识别性能对噪声干扰相对鲁棒。综上，BNOMP-CB 方法在低 SNR 下享有良好的声源识别性能。

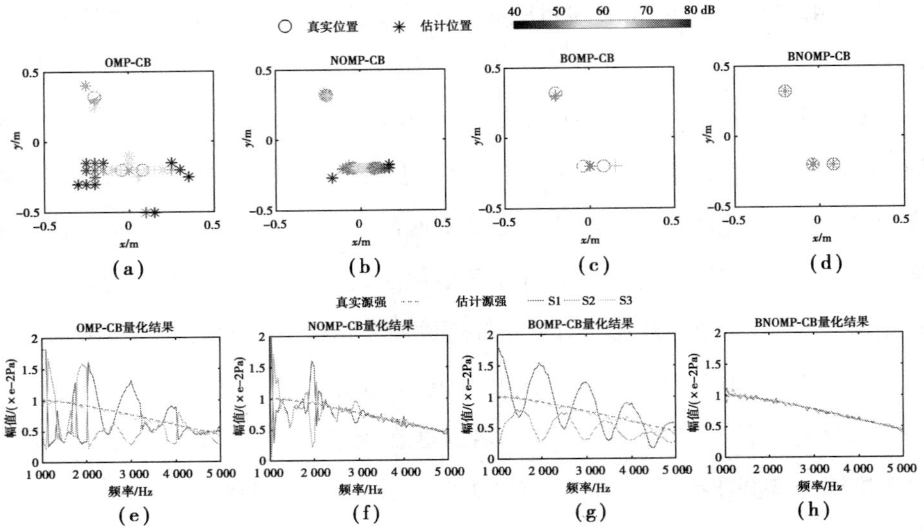

图 4.17　SNR 为 20 dB 时高斯脉冲声源识别结果

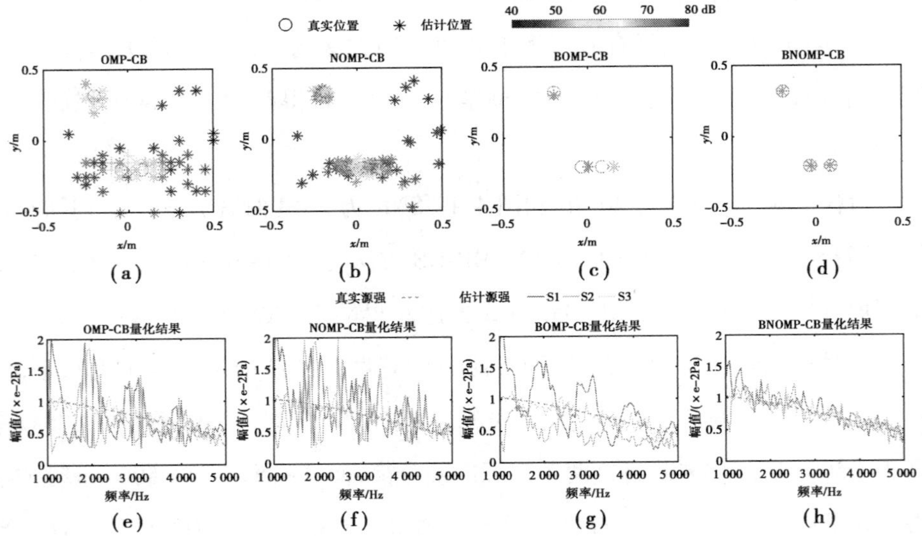

图 4.18　SNR 为 5 dB 时高斯脉冲声源识别结果

(3)基于蒙特卡罗的声源识别仿真分析

为进一步分析对比四种方法的声源识别性能,在不同 SNR 下进行蒙特卡罗仿真。假设有两个多正弦声源($I=2$),随机分布在 1 m×1 m 的声源平面内且间距不小于 0.1 m,声源频率构成的向量为[1 000,2 000,…,5 000] Hz($L=5$),设定各频率成分的源强为 0.5 ~ 1.5 Pa 内的随机值,各声源各频率相位随机。阵列、测量距离及网格划分等其他设置同图 4.14 所示案例。共进行 500 次蒙特卡罗计算,即 $K=500$,对应 500 组传声器声压信号。对上述传声器信号分别添加不同能量的噪声,使 SNR 从 0 dB 以 5 dB 步长增加至 30 dB(共计 7 个 SNR)。利用上述四种方法对 7×500 个案例进行识别处理。另外,为模拟窄带声源识别,调整声源频率向量为[2 900,2 920,…,3 100] Hz($L=11$),其他设置不变,再进行计算。

为直观展示声源定位及强度量化情况,用 $\left(\sum_{i=1}^{L_rIK}\|[\hat{x}_{Si,k}-x_{Si,k}],[\hat{y}_{Si,k}-y_{Si,k}]\|_2^2/(L_rIK)\right)^{0.5}$ 来衡量声源平均定位误差,其中,L_r 是方法系数,OMP-CB 和 NOMP-CB 取 L,BOMP-CB 和 BNOMP-CB 取 1,$(x_{Si,k},y_{Si,k})$ 是第 k 次蒙特卡罗运行中第 i 个声源的坐标,$(\hat{x}_{Si,k},\hat{y}_{Si,k})$ 为其估计值;用 $\sum_{i=1}^{IK}\sum_{l=1}^{L}\left|20\log_{10}|\hat{s}_{i,l,k}|/|s_{i,l,k}|\right|/(LIK)$ 来衡量声源平均量化误差,其中,$s_{i,l,k}$ 是第 k 次蒙特卡罗运行中第 i 个声源在第 l 个频率成分的源强,$\hat{s}_{i,l,k}$ 为相应估计值。如图 4.19(a)、(b) 所示为四种方法对多正弦声源在不同 SNR 下的平均定位误差及量化误差。如图 4.19(c)、(d) 所示为四种方法对窄带声源在不同 SNR 下的平均定位误差及量化误差。

从图 4.19(a)可知,SNR 大于 20 dB 时,OMP-CB 方法和 BOMP-CB 方法的平均定位误差分别约为 0.074 m 和 0.022 m,NOMP-CB 方法的平均定位误差约为 0.018 m,而 BNOMP-CB 方法的平均定位误差仅约 0.001 m。对比可知,高

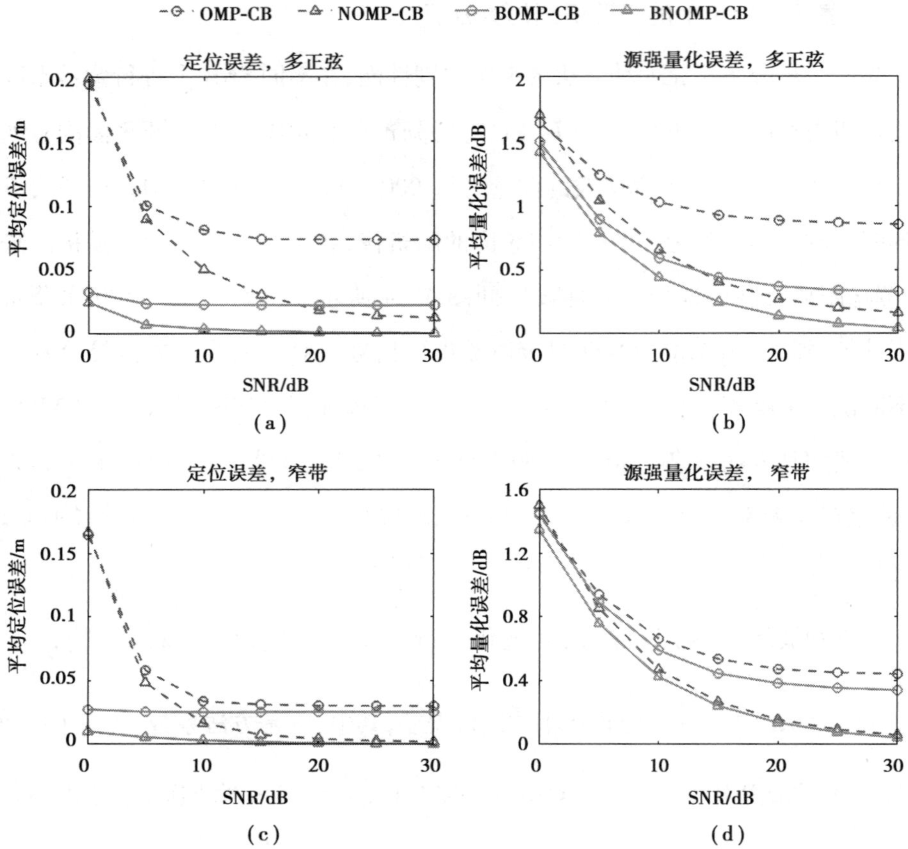

图 4.19　多正弦声源及窄带声源蒙特卡罗仿真误差统计结果

SNR 时,NOMP-CB 和 BNOMP-CB 方法获得相比 OMP-CB 和 BOMP-CB 方法更高的定位精度,其中 BNOMP-CB 方法定位精度最高。随着 SNR 降低,OMP-CB 和 NOMP-CB 方法的平均定位误差显著增加,而 BOMP-CB 和 BNOMP-CB 方法的平均定位误差则趋于平稳,仅在 0 dB 时略有增加。当 SNR 低于 15 dB 时,NOMP-CB 方法的平均定位误差大于 BOMP-CB 和 BNOMP-CB 方法,也就是说,低 SNR 时多频同步处理的方法表现出更优的声源识别性能。由此可知,单频方法声源识别性能受噪声干扰影响较大,而多频同步处理使抗噪声干扰能力得到显著增强。从图 4.19(b)所示的量化误差曲线可得出相同的结论。对窄带源的识别性能，从图 4.19(c)可知，其总体规律与多正弦声源一致，即高 SNR 时，NOMP-CB 和 BNOMP-CB 方法表现出更优的性能；低 SNR 时，多频同步处理的 BOMP-CB 方法和 BNOMP-CB 方法性能更佳。无论 SNR 高低，BNOMP-CB 方法始终保持最佳的声源识别性能。

对比多正弦声源和窄带声源的结果，单频方法 OMP-CB 和 NOMP-CB 对多正弦声源平均定位误差明显大于窄带声源，而多频同步处理方法 BOMP-CB 和 BNOMP-CB 对两种声源的平均定位误差相差很小。这是因为多正弦声源仿真中低频成分能量大，而窄带声源仿真中无低频成分，单频方法声源识别性能严格依赖于频率，呈现低频定位精度低、分辨率差的特点，而 BOMP-CB 和 BNOMP-CB 方法由于多频同步处理的引入带来了更严格的约束和不同频率之间的耦合影响，使性能得到了提升。

4.4.3　试验验证

在室外对 3 个发出随机噪声的扬声器声源进行识别试验。阵列及声源布置如图 4.20 所示，阵列为直径 0.65 m 传声器平均间距 0.1 m 的 Brüel & Kjær 36 通道平面传声器阵列，3 个扬声器布置在平行于阵列平面且距其 1 m 的平面内。

图 4.20　试验布置

为验证各方法的源强量化性能，执行3次测量，每次测量仅一个扬声器发声，3次测量传声器阵列位置固定。每次测量时，额外布置Brüel & Kjær 4958型传声器于发声扬声器正前方1 m处同步测量源强（距声源1 m处的声压），采用PULSE数据采集和分析系统同步采集36个阵列传声器声压信号及源强测量传声器声压信号，采样频率为16 384 Hz。截取0.02 s的阵列传声器声压信号和同一时段的源强测量传声器声压信号，利用Labshop对其进行快速傅里叶变换，获得阵列传声器的复声压向量和发声扬声器的复源强，频率分辨率为50 Hz。将3个复声压向量相加，得到3个扬声器同时发声时的等效声压向量，用于声源识别计算。利用上述四种方法分别对[1 000,1 050,…,5 000]Hz,[1 000,2 000,…,5 000]Hz,[3 000,3 050,…,3 200]Hz 3种不同频率组合的传声器信号进行处理。

图4.21展示了[1 000,1 050,…,5 000]Hz（$L=81$）宽频带下四种方法的声源识别结果。根据图4.21(a)、(b)可知，OMP-CB和NOMP-CB各频率定位结果分散，两种方法在许多频率下定位精度均较低。从图4.21（e）、(f)可知，低频时OMP-CB和NOMP-CB对声源S1和S2的源强量化偏差均较大，这是因为两种方法在低频均无法将两声源分开，定位失败[图4.21(a)、(b)]。另外，由于NOMP-CB具有相比OMP-CB更强的空间分辨能力，其能在更低的频率获得准确的源强量化。反观多频同步处理的BOMP-CB和BNOMP-CB方法[图4.21(c)、(d)]，两种方法均能成功分离声源S_1和S_2并正确定位各声源，且其源强量化偏差在所有频率均几乎恒定[图4.21(e)、(f)]。另外，BNOMP-CB的源强量化偏差略低于BOMP-CB，这是因为BNOMP-CB能有效克服基不匹配获得更高的定位精度[图4.21（c）、(d)]。综上所述，BNOMP-CB声源定位及量化性能最好，BOMP-CB次之，NOMP-CB再次，OMP-CB最差。

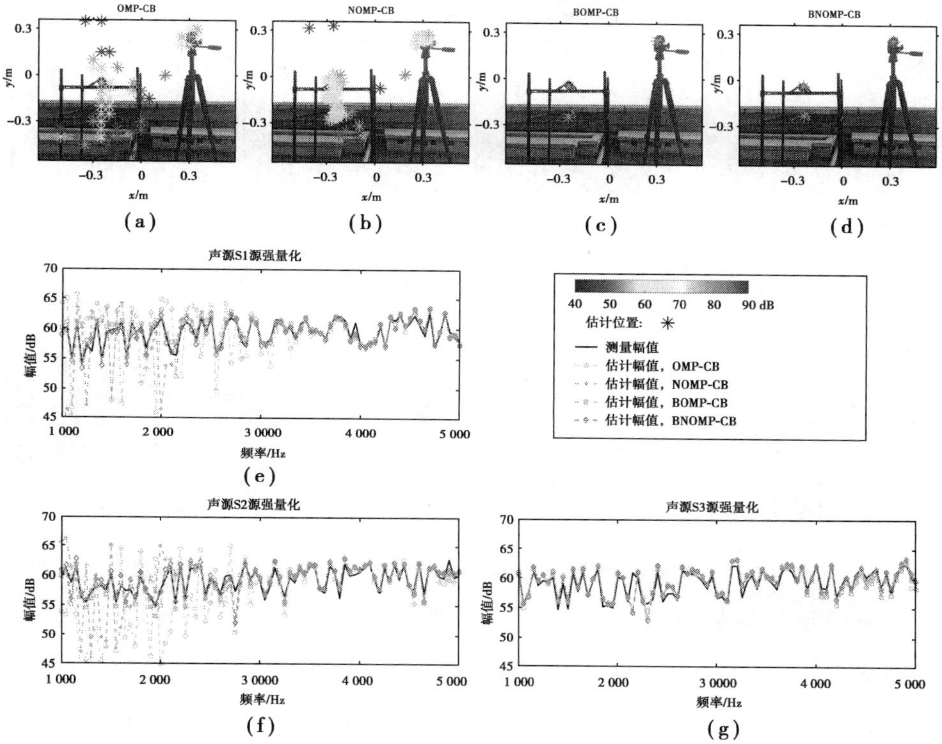

图 4.21　[1 000,1 050,…,5 000]Hz 宽带的声源识别结果

为展示各方法在多个间断频率下的声源识别性能，图 4.22 展示了频率组合为[1 000,2 000,…,5 000]Hz($L=5$)时的声源识别结果。结合定位及源强量化结果可知，OMP-CB 在 3 000 Hz 及以下无法正确分离源 S1 和 S2，源强量化不准确；NOMP-CB 在 2 000 Hz 及以下的频率下无法分离源 S1 和 S2。这再次证明 NOMP-CB 具有比 OMP-CB 更强的空间分辨能力。BOMP-CB 低频空间分辨能力差且受基不匹配影响，无法准确定位和量化源 S1 和 S2，BNOMP-CB 则成功定位了这两个源，并准确量化了其所有频率下的源强。此案例所得结论与[1 000,1 050,…,5 000]Hz 宽带处理时相同，表明即使处理频率很少，BNOMP-CB 方法仍具有良好的源识别性能。

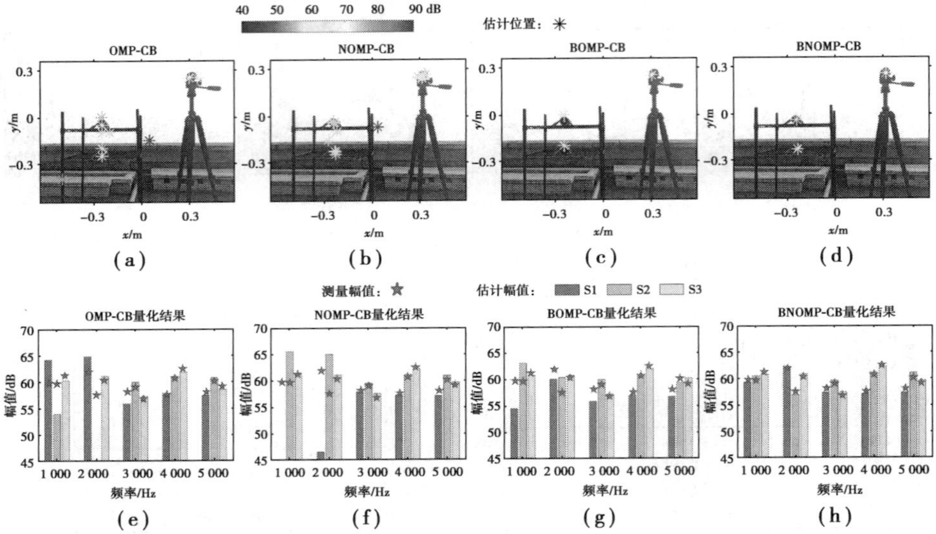

图 4.22 [1 000,2 000,…,5 000] Hz 频率组合时的声源识别结果

为展示窄频带下各方法的声源识别性能，图 4.23 给出了频率组合为[3 000,3 050,…,3 200]Hz($L=5$)时的声源识别结果。四种方法表现出与前两种情况相似的规律。由于强空间分辨能力和克服基不匹配能力，NOMP-CB 和 BNOMP-CB 实现了 3 个声源在所有频率下的准确定位和源强量化。其中，NOMP-CB 存在轻微的分散，而 BNOMP-CB 规避了这一问题，获了得更准确的识别结果。

为进一步探究各方法的抗噪声干扰性能，在测量传声器声压向量中加入了 SNR 为 5 dB 的附加高斯白噪声。图 4.24 展示了添加噪声后[1 000,1 050,…,5 000] Hz 宽带下的声源识别结果。对比图 4.21 可知，OMP-CB 和 NOMP-CB 的定位结果变得更加分散，且引入了更多干扰源，而 BOMP-CB 和 BNOMP-CB 几乎不受影响。比较图 4.24(e)—(g)与图 4.21(e)—(g)可知，强噪声的引入使四种方法的源强量化偏差均有所增加，但 BNOMP-CB 仍具有最好的源强量化性能，表明该方法具有较强的抗噪声干扰能力。

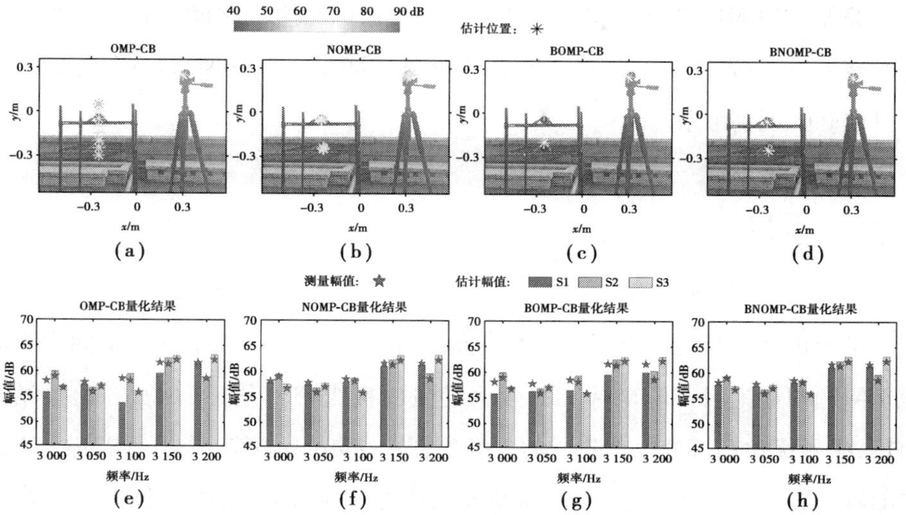

图 4.23 [3 000,3 050,…,3 200]Hz 频率组合时的窄带声源识别结果

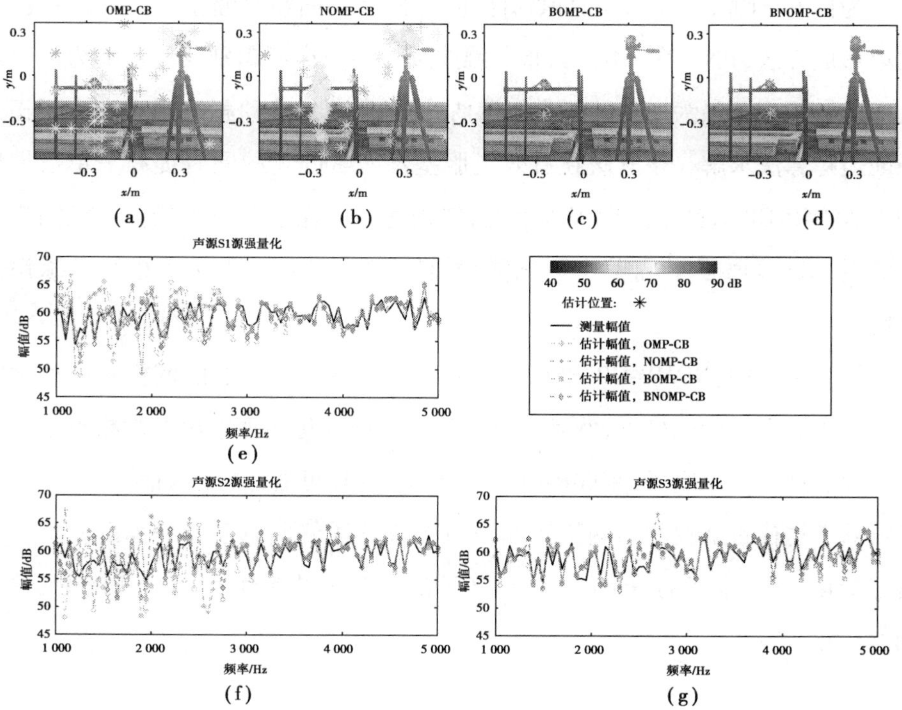

图 4.24 额外添加 SNR 为 5 dB 的噪声后[1 000,1 050,…,5 000] Hz 宽带的声源识别结果

综上,BNOMP-CB 具有强空间分辨能力、强抗噪声干扰能力和克服基不匹配的能力,声源识别性能最佳。此外,即使处理频率不多,BNOMP-CB 方法也能获得准确的识别结果。

4.5 小结

牛顿正交匹配追踪压缩波束形成方法(NOMP-CB)将二维连续空间内声源识别问题构造为以声源坐标和源强为变量的极大似然估计问题,并通过结合 OMP、牛顿优化和反馈机制建立的二维牛顿正交匹配追踪算法进行求解。该方法能够克服基不匹配问题,实现高精度的声源定位和强度量化,同时享有高计算效率。

为提升 NOMP-CB 的声源识别性能,提出多频同步牛顿正交匹配追踪压缩波束形成方法(BNOMP-CB),其将二维连续空间内声源识别问题规划为以声源坐标及各频率源强为变量的极大似然估计问题,再结合块稀疏思想和牛顿正交匹配追踪算法求解。该方法在有效克服基不匹配问题的同时提高了单数据快拍下 NOMP-CB 方法的声源识别性能,特别适合非稳态声源场景。多频同步处理的引入显著增强了抗噪声干扰能力,使在低 SNR 下具有良好的声源识别性能。

计算过程中,NOMP-CB 和 BNOMP-CB 首先在一组离散的网格点中搜索距离真实声源最近的网格点,然后通过局部和全局优化使搜索出的网格点动态逼近声源。从这个角度讲,NOMP-CB 和 BNOMP-CB 可看作“动网格”方法。与第三章基于迭代重加权的动网格压缩波束形成方法使所有参与计算的网格点均动态变化不同,本章的 NOMP-CB 和 BNOMP-CB 方法仅使搜索出的少量网格点动态变化。

5 平面传声器阵列的无网格压缩波束形成

无网格压缩波束形成[23-28]将目标声源区域作为连续体,引入在不失空间连续性的情况下能量度信号稀疏性的原子范数,从而规避离散化导致的基不匹配。无网格压缩波束形成最小化声源在传声器处产生声压的原子范数,可以有效消除测量声压中的噪声,从而重构声源在传声器处产生的声压。所涉及的原子范数最小化(Atomic Norm Minimization, ANM)为凸优化问题,可转化为等价的半正定规划进行求解,基于求解结果,通过矩阵束与配对(Matrix Pencil and Pairing, MaPP)方法来预测声源数目、估计声源 DOA 和量化声源强度。

5.1 基本理论

图 5.1 为基于平面波假设且使用传声器均匀分布的矩形阵列的测量模型,“●”表示传声器,A 和 B 分别为传声器阵列的行数和列数,$a=0,1,\cdots,A-1$ 和 $b=0,1,\cdots,B-1$ 分别为传声器在 x 轴和 y 轴方向的索引,Δx 和 Δy 分别为传声器在 x 轴和 y 轴方向的间距,A 和 B 的乘积 AB 为传声器总数,$\Omega_{\mathrm{S}i}=(\theta_{\mathrm{S}i},\phi_{\mathrm{S}i})$ 为第 i 号声源的 DOA。记 $l=1,2,\cdots,L$ 为数据快拍索引,$s_{i,l}\in\mathbb{C}$ 为第 l 快拍下 i 号声源的强度,$\boldsymbol{s}_i=[s_{i,1},s_{i,2},\cdots,s_{i,L}]\in\mathbb{C}^{1\times L}$ 为各快拍下 i 号声源的强度组成的行向量。这里的“声源强度”指声源在(0,0)号传声器处产生的声压。坐标原点位于(0,0)号传声器。在连续角度域下,声源分布可看作关于 $t_1\equiv\sin\theta\cos\phi\Delta x/\lambda$ 和 $t_2\equiv\sin\theta\sin\phi\Delta y/\lambda$ 的连续函数,稀疏声源方程 $\boldsymbol{x}(t_1,t_2)\in\mathbb{C}^{1\times L}$ 表达

式为

$$\boldsymbol{x}(t_1,t_2)=\sum_{i=1}^{I}\boldsymbol{s}_i\delta(t_1-t_{1i},t_2-t_{2i}) \tag{5.1}$$

其中,$\delta(\cdot)$表示二维狄拉克 δ 函数,$t_{1i}\equiv\sin\,\theta_{\mathrm{S}i}\cos\,\phi_{\mathrm{S}i}\Delta x/\lambda$,$t_{2i}\equiv\sin\,\theta_{\mathrm{S}i}\sin\,\phi_{\mathrm{S}i}\Delta y/\lambda$。记 $p_{a,b,l}\in\mathbb{C}$ 为第 l 快拍下声源在(a,b)号传声器处产生的声压,结合狄拉克 δ 函数的挑选性,声源在(a,b)号传声器处产生的声压 $\boldsymbol{p}_{a,b}=[p_{a,b,1},p_{a,b,2},\cdots,p_{a,b,L}]\in\mathbb{C}^{1\times L}$ 可写成声源方程的二维连续傅里叶逆变换形式:

$$\boldsymbol{p}_{a,b}=\sum_{i=1}^{I}\boldsymbol{s}_i\mathrm{e}^{\mathrm{j}2\pi(t_{1i}a+t_{2i}b)}=\iint_{\mathbb{T}}\boldsymbol{x}(t_1,t_2)\mathrm{e}^{\mathrm{j}2\pi(t_1a+t_2b)}\mathrm{d}t_1\mathrm{d}t_2 \tag{5.2}$$

其中,$\mathbb{T}=\{(t_1,t_2)\,|\,(t_1/\Delta x)^2+(t_2/\Delta y)^2\leqslant 1/\lambda^2\}$表示一个由所有满足$(t_1/\Delta x)^2+(t_2/\Delta y)^2\leqslant 1/\lambda^2$ 条件的(t_1,t_2)组成的封闭集合。构建矩阵 $\boldsymbol{P}=[\boldsymbol{p}_{0,0}^{\mathrm{T}},\boldsymbol{p}_{0,1}^{\mathrm{T}},\cdots,\boldsymbol{p}_{0,B-1}^{\mathrm{T}},\boldsymbol{p}_{1,0}^{\mathrm{T}},\boldsymbol{p}_{1,1}^{\mathrm{T}},\cdots,\boldsymbol{p}_{1,B-1}^{\mathrm{T}},\cdots,\boldsymbol{p}_{A-1,0}^{\mathrm{T}},\boldsymbol{p}_{A-1,1}^{\mathrm{T}},\cdots,\boldsymbol{p}_{A-1,B-1}]^{\mathrm{T}}\in\mathbb{C}^{AB\times L}$,$(\cdot)^{\mathrm{T}}$ 表示转置,列向量 $\boldsymbol{d}(t_{1i})=[1,\mathrm{e}^{\mathrm{j}2\pi t_{1i}},\cdots,\mathrm{e}^{\mathrm{j}2\pi t_{1i}(A-1)}]^{\mathrm{T}}\in\mathbb{C}^{A\times 1}$,$\boldsymbol{d}(t_{2i})=[1,\mathrm{e}^{\mathrm{j}2\pi t_{2i}},\cdots,\mathrm{e}^{\mathrm{j}2\pi t_{2i}(B-1)}]^{\mathrm{T}}\in\mathbb{C}^{B\times 1}$,$\boldsymbol{d}(t_{1i},t_{2i})=\boldsymbol{d}(t_{1i})\otimes\boldsymbol{d}(t_{2i})\in\mathbb{C}^{AB\times 1}$,符号“$\otimes$”表示克罗内克积,根据式(5.2)可得

$$\boldsymbol{P}=\sum_{i=1}^{I}\boldsymbol{d}(t_{1i},t_{2i})\boldsymbol{s}_i \tag{5.3}$$

当存在噪声干扰 $\boldsymbol{N}\in\mathbb{C}^{AB\times L}$ 时,测量声压 $\boldsymbol{P}^{\star}\in\mathbb{C}^{AB\times L}$ 可表示为

$$\boldsymbol{P}^{\star}=\boldsymbol{P}+\boldsymbol{N} \tag{5.4}$$

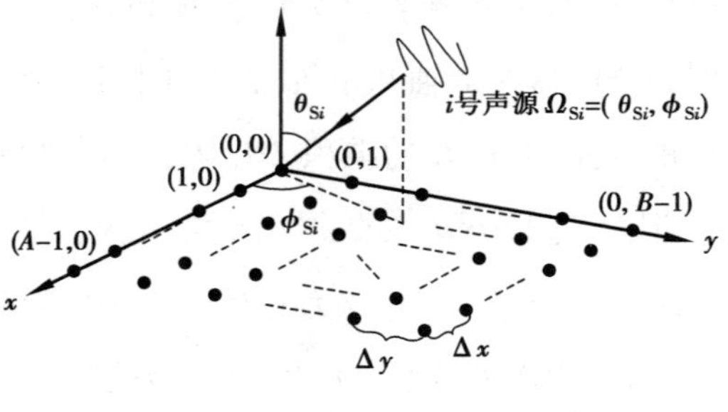

图 5.1　矩形传声器阵列测量模型

除图5.1所示的传声器均匀分布的矩形阵列外，本章涉及的方法还适用于传声器非均匀分布的稀疏矩形阵列，其通过随机保留矩形阵列中的部分传声器获得。记 Υ 为保留传声器的索引组成的集合，$\boldsymbol{C}\in\mathbb{R}^{|\Upsilon|\times AB}$ 为挑选矩阵（第 i 行的第 Υ_i 个元素为1，其余元素为0，$i=1,2,\cdots,|\Upsilon|$，$|\Upsilon|$ 为 Υ 的势），$\boldsymbol{P}_\Upsilon\in\mathbb{C}^{|\Upsilon|\times L}$ 为声源在保留传声器处产生的声压，$\boldsymbol{d}_\Upsilon(t_{1i},t_{2i})\in\mathbb{C}^{|\Upsilon|\times 1}$ 为 $\boldsymbol{d}(t_{1i},t_{2i})$ 中对应保留传声器的元素组成的列向量，$\boldsymbol{P}_\Upsilon^\star\in\mathbb{C}^{|\Upsilon|\times L}$ 为保留传声器的测量声压，$\boldsymbol{N}_\Upsilon\in\mathbb{C}^{|\Upsilon|\times L}$ 为保留传声器承受的噪声干扰。采用稀疏矩形阵列时，上述 $\boldsymbol{P}$，$\boldsymbol{d}(t_{1i},t_{2i})$，$\boldsymbol{P}^\star$ 和 $\boldsymbol{N}$ 变为 $\boldsymbol{P}_\Upsilon$，$\boldsymbol{d}_\Upsilon(t_{1i},t_{2i})$，$\boldsymbol{P}_\Upsilon^\star$ 和 $\boldsymbol{N}_\Upsilon$。图5.2给出了本章后续数值模拟和验证试验采用的传声器阵列布局，$A=B=8$，$\Delta x=\Delta y=0.035$ m，共包含64个传声器，稀疏矩形阵列包含40个传声器。值得说明的是，本节提出的无网格连续压缩波束形成不能直接用于传声器任意分布的平面阵列，阵列形式的扩展参考5.4节。

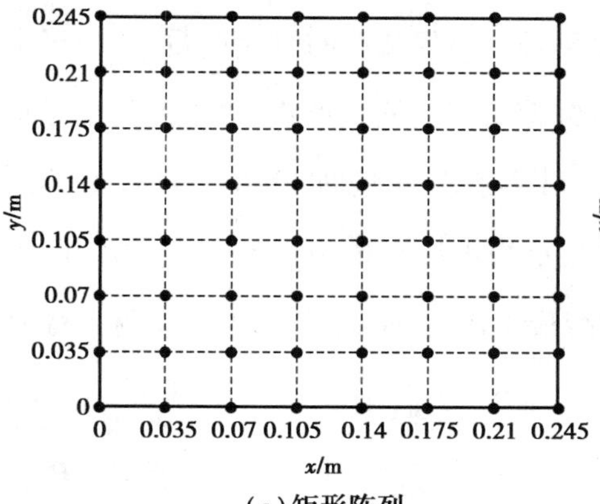

(a) 矩形阵列

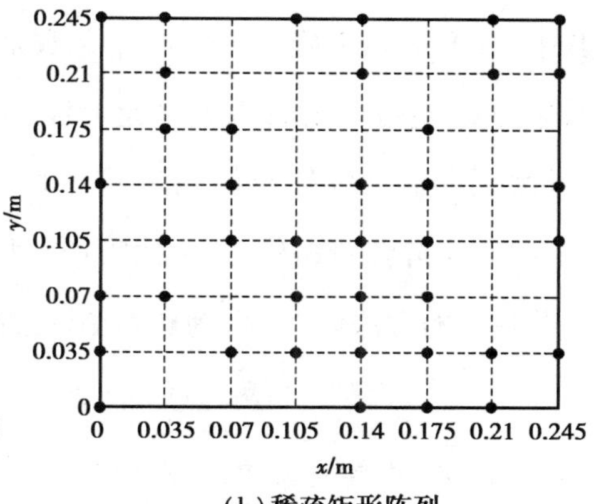

(b) 稀疏矩形阵列

图5.2 传声器阵列形式

5.1.1 原子范数最小化及等价半正定规划

令 $s_i=\|\boldsymbol{s}_i\|_2\in\mathbb{R}^+$，$\boldsymbol{\psi}_i=\boldsymbol{s}_i/s_i\in\mathbb{C}^{1\times L}$ 且 $\|\boldsymbol{\psi}_i\|_2=1$，其中 $\mathbb{R}^+$ 表示正实数集。式(5.3)可写为

$$\boldsymbol{P} = \sum_{i=1}^{I} s_i \boldsymbol{d}(t_{1i}, t_{2i}) \boldsymbol{\psi}_i \tag{5.5}$$

无网格设置下，$t_1 \equiv \sin\theta \cos\phi \Delta x/\lambda$，$t_2 \equiv \sin\theta \sin\phi \Delta y/\lambda$ 和 $\boldsymbol{\psi}$ 中的元素均可看作 θ 和 ϕ 的连续函数。根据文献[29]，$\boldsymbol{d}(t_{1i}, t_{2i})\boldsymbol{\psi}_i$ 为式(5.5)所示信号模型的原子，即构成 $\boldsymbol{P}$ 的基本单元。无限势的原子集合为

$$\mathcal{A} = \left\{ \boldsymbol{d}(t_1, t_2)\boldsymbol{\psi} \,\middle|\, \begin{array}{l} t_1 \equiv \sin\theta \cos\phi \Delta x/\lambda, t_2 \equiv \sin\theta \sin\phi \Delta y/\lambda, \\ \theta \in [0°, 90°], \phi \in [0°, 360°), \boldsymbol{\psi} \in \mathbb{C}^{1\times L}, \|\boldsymbol{\psi}\|_2 = 1 \end{array} \right\} \tag{5.6}$$

$\boldsymbol{P}$ 的原子 ℓ_0 范数和原子范数分别定义为

$$\|\boldsymbol{P}\|_{\mathcal{A},0} = \inf_{\substack{\boldsymbol{d}(t_{1i}, t_{2i})\boldsymbol{\psi}_i \in \mathcal{A} \\ s_i \in \mathbb{R}^+}} \left\{ \mathcal{I} \,\middle|\, \boldsymbol{P} = \sum_{i=1}^{\mathcal{I}} s_i \boldsymbol{d}(t_{1i}, t_{2i}) \boldsymbol{\psi}_i \right\} \tag{5.7}$$

$$\|\boldsymbol{P}\|_{\mathcal{A}} = \inf_{\substack{\boldsymbol{d}(t_{1i}, t_{2i})\boldsymbol{\psi}_i \in \mathcal{A} \\ s_i \in \mathbb{R}^+}} \left\{ \sum_i s_i \,\middle|\, \boldsymbol{P} = \sum_{i=1} s_i \boldsymbol{d}(t_{1i}, t_{2i}) \boldsymbol{\psi}_i \right\} \tag{5.8}$$

其中，“inf”表示下确界。原子 ℓ_0 范数是声源分布稀疏性的直接度量，对应于离散域的 ℓ_0 范数。正如 ℓ_1 范数是最接近 ℓ_0 范数的凸松弛形式，原子范数也是最接近原子 ℓ_0 范数的凸松弛形式。通过对声源分布施加稀疏约束来求解式(5.4)可去除测量声压 $\boldsymbol{P}^\star$ 中的噪声干扰、重构声源在传声器处产生的声压 $\boldsymbol{P}$，本节建立的方法以 $\|\boldsymbol{P}\|_{\mathcal{A}}$ 为成本函数进行最小化，相应地，$\boldsymbol{P}$ 的重构问题可写为

$$\hat{\boldsymbol{P}} = \underset{\boldsymbol{P} \in \mathbb{C}^{AB\times L}}{\operatorname{argmin}} \|\boldsymbol{P}\|_{\mathcal{A}} \text{ s. t. } \|\boldsymbol{P}^\star - \boldsymbol{P}\|_F \leqslant \varepsilon \tag{5.9}$$

其中，ε 为噪声控制参数，通常取为 $\|\boldsymbol{N}\|_F$，$\|\cdot\|_F$ 表示 Frobenius 范数。$\|\boldsymbol{P}\|_{\mathcal{A}}$ 为凸函数，式(5.9)为凸优化问题。式(5.9)所示 ANM 无法直接求解，可转化为以下半正定规划进行求解：

$$\{\hat{\boldsymbol{u}}, \hat{\boldsymbol{P}}, \hat{\boldsymbol{E}}\} = \underset{\boldsymbol{u} \in \mathbb{C}^{N_u\times 1}, \boldsymbol{P} \in \mathbb{C}^{AB\times L}, \boldsymbol{E} \in \mathbb{C}^{L\times L}}{\arg\min} \frac{1}{2\sqrt{AB}} (\operatorname{tr}(T_b(\boldsymbol{u})) + \operatorname{tr}(\boldsymbol{E}))$$

$$\text{s. t.} \begin{bmatrix} T_b(\boldsymbol{u}) & \boldsymbol{P} \\ \boldsymbol{P}^{\mathrm{H}} & \boldsymbol{E} \end{bmatrix} \succcurlyeq 0, \|\boldsymbol{P}^\star - \boldsymbol{P}\|_F \leqslant \varepsilon \tag{5.10}$$

其中，$\boldsymbol{u}$ 和 $\boldsymbol{E}$ 为辅助量，$N_u=(A-1)(2B-1)+B$ 表示 $\boldsymbol{u}$ 中元素的个数，$\mathrm{tr}(\cdot)$ 表示求矩阵的迹，$(\cdot)^{\mathrm{H}}$ 表示转置共轭，$T_b(\cdot)$ 为二重 Toeplitz 算子，$\geqslant 0$ 表示半正定。对一个给定的向量 $\boldsymbol{u}=[u_{\kappa_1,\kappa_2} \mid (\kappa_1,\kappa_2)\in\mathcal{H}]$，$\mathcal{H}=(\{0\}\times\{0,1,\cdots,B-1\})\cup(\{1,2,\cdots,A-1\}\times\{-(B-1),\cdots,0,\cdots,B-1\})$ 是 $(A-1,B-1)$ 的半空间[30,31]，$\cup$ 表示并集。$T_b(\boldsymbol{u})$ 将 $\boldsymbol{u}$ 映射为 $AB\times AB$ 维的块 Toeplitz 型 Hermitian 矩阵

$$T_b(\boldsymbol{u})=\begin{bmatrix}\boldsymbol{T}_0 & \boldsymbol{T}_1^{\mathrm{H}} & \cdots & \boldsymbol{T}_{A-1}^{\mathrm{H}} \\ \boldsymbol{T}_1 & \boldsymbol{T}_0 & \cdots & \boldsymbol{T}_{A-2}^{\mathrm{H}} \\ \vdots & \vdots & \ddots & \vdots \\ \boldsymbol{T}_{A-1} & \boldsymbol{T}_{A-2} & \cdots & \boldsymbol{T}_0\end{bmatrix} \tag{5.11}$$

每一个块 $\boldsymbol{T}_{\kappa_1}(0\leqslant\kappa_1\leqslant A-1)$ 是一个 $B\times B$ 维的 Toeplitz 矩阵：

$$\boldsymbol{T}_{\kappa_1}=\begin{bmatrix}u_{\kappa_1,0} & u_{\kappa_1,-1} & \cdots & u_{\kappa_1,-(B-1)} \\ u_{\kappa_1,1} & u_{\kappa_1,0} & \cdots & u_{\kappa_1,-(B-2)} \\ \vdots & \vdots & \ddots & \vdots \\ u_{\kappa_1,B-1} & u_{\kappa_1,B-2} & \cdots & u_{\kappa_1,0}\end{bmatrix} \tag{5.12}$$

容易证明 $\sum_i s_i\boldsymbol{d}(t_{1i},t_{2i})\boldsymbol{d}(t_{1i},t_{2i})^{\mathrm{H}}$ 或各声源单独诱发的阵列协方差矩阵的和就是上述二重 Toeplitz 矩阵。

要证明式(5.9)与式(5.10)等价，只需证明下列命题成立即可。

命题：记

$$\{\hat{\boldsymbol{u}},\hat{\boldsymbol{E}}\}=\underset{\boldsymbol{u}\in\mathbb{C}^{N_u\times 1},\boldsymbol{E}\in\mathbb{C}^{L\times L}}{\operatorname{argmin}}\frac{1}{2\sqrt{AB}}(\mathrm{tr}(T_b(\boldsymbol{u}))+\mathrm{tr}(\boldsymbol{E}))\ \mathrm{s.\,t.}\begin{bmatrix}T_b(\boldsymbol{u}) & \boldsymbol{P} \\ \boldsymbol{P}^{\mathrm{H}} & \boldsymbol{E}\end{bmatrix}\geqslant 0 \tag{5.13}$$

$$\|\boldsymbol{P}\|_{\mathcal{T}}=\frac{1}{2\sqrt{AB}}(\mathrm{tr}(T_b(\hat{\boldsymbol{u}}))+\mathrm{tr}(\hat{\boldsymbol{E}})) \tag{5.14}$$

如果 $T_b(\hat{\boldsymbol{u}})$ 具有 Vandermonde 分解[32,33]，即

$$T_b(\hat{\boldsymbol{u}}) = \boldsymbol{V\Sigma V}^{\mathrm{H}} = \sum_{i=1}^{r} \sigma_i \boldsymbol{d}(t_{1i}, t_{2i}) \boldsymbol{d}(t_{1i}, t_{2i})^{\mathrm{H}} \tag{5.15}$$

其中，$\boldsymbol{V}=[\boldsymbol{d}(t_{11}, t_{21}), \boldsymbol{d}(t_{12}, t_{22}), \cdots, \boldsymbol{d}(t_{1r}, t_{2r})]$表示 Vandermonde 矩阵，$\boldsymbol{\Sigma}=\mathrm{diag}([\sigma_1, \sigma_2, \cdots, \sigma_r])$为对角矩阵，$\sigma_i(i=1,2,\cdots,r) \in \mathbb{R}^+$，$r$ 表示矩阵 $T_b(\hat{\boldsymbol{u}})$的秩，则$\|\boldsymbol{P}\|_{\mathcal{T}}=\|\boldsymbol{P}\|_{\mathcal{A}}$。

证明方法一：令 $\boldsymbol{P}=\sum_i s_i \boldsymbol{d}(t_{1i}, t_{2i})\boldsymbol{\psi}_i$，$T_b(\boldsymbol{u})=(1/\sqrt{AB})\sum_i s_i \boldsymbol{d}(t_{1i}, t_{2i})\boldsymbol{d}(t_{1i}, t_{2i})^{\mathrm{H}}$，$\boldsymbol{E}=\sqrt{AB}\sum_i s_i \boldsymbol{\psi}_i^{\mathrm{H}}\boldsymbol{\psi}_i$，则

$$\begin{bmatrix} T_b(\boldsymbol{u}) & \boldsymbol{P} \\ \boldsymbol{P}^{\mathrm{H}} & \boldsymbol{E} \end{bmatrix} = \sum_i s_i \begin{bmatrix} \dfrac{\boldsymbol{d}(t_{1i}, t_{2i})}{\sqrt[4]{AB}} \\ \sqrt[4]{AB}\,\boldsymbol{\psi}_i^{\mathrm{H}} \end{bmatrix} \begin{bmatrix} \dfrac{\boldsymbol{d}(t_{1i}, t_{2i})}{\sqrt[4]{AB}} \\ \sqrt[4]{AB}\,\boldsymbol{\psi}_i^{\mathrm{H}} \end{bmatrix}^{\mathrm{H}} \geqslant 0 \tag{5.16}$$

这说明 $T_b(\boldsymbol{u})=(1/\sqrt{AB})\sum_i s_i \boldsymbol{d}(t_{1i}, t_{2i})\boldsymbol{d}(t_{1i}, t_{2i})^{\mathrm{H}}$ 和 $\boldsymbol{E}=\sqrt{AB}\sum_i s_i \boldsymbol{\psi}_i^{\mathrm{H}}\boldsymbol{\psi}_i$ 是式(5.13)所示问题的可行解，因此，

$$\|\boldsymbol{P}\|_{\mathcal{T}} \leqslant \frac{1}{2\sqrt{AB}}\left(\mathrm{tr}\left(\frac{1}{\sqrt{AB}}\sum_i s_i \boldsymbol{d}(t_{1i}, t_{2i})\boldsymbol{d}(t_{1i}, t_{2i})^{\mathrm{H}}\right) + \mathrm{tr}\left(\sqrt{AB}\sum_i s_i \boldsymbol{\psi}_i^{\mathrm{H}}\boldsymbol{\psi}_i\right)\right) = \sum_i s_i \tag{5.17}$$

对 $\boldsymbol{P}$ 的任意分解形式，式(5.17)均成立，因此，

$$\|\boldsymbol{P}\|_{\mathcal{T}} \leqslant \|\boldsymbol{P}\|_{\mathcal{A}} \tag{5.18}$$

另外，式(5.15)成立，则 $\boldsymbol{P}$ 落在 $T_b(\hat{\boldsymbol{u}})$的列空间，即 $\boldsymbol{P}=\boldsymbol{V}\tilde{\boldsymbol{S}}$，其中，$\tilde{\boldsymbol{S}}=[s_1^{\mathrm{T}}, s_2^{\mathrm{T}}, \cdots, s_r^{\mathrm{T}}]^{\mathrm{T}} \in \mathbb{C}^{r\times L}$。引入半正定矩阵 $\boldsymbol{F} \in \mathbb{C}^{r\times r}$ 满足 $\hat{\boldsymbol{E}}=\tilde{\boldsymbol{S}}^{\mathrm{H}}\boldsymbol{F}\tilde{\boldsymbol{S}}$，则

$$\begin{bmatrix} T_b(\hat{\boldsymbol{u}}) & \boldsymbol{P} \\ \boldsymbol{P}^{\mathrm{H}} & \hat{\boldsymbol{E}} \end{bmatrix} = \begin{bmatrix} \boldsymbol{V} & \boldsymbol{0} \\ \boldsymbol{0} & \tilde{\boldsymbol{S}}^{\mathrm{H}} \end{bmatrix} \begin{bmatrix} \boldsymbol{\Sigma} & \boldsymbol{I} \\ \boldsymbol{I} & \boldsymbol{F} \end{bmatrix} \begin{bmatrix} \boldsymbol{V}^{\mathrm{H}} & \boldsymbol{0} \\ \boldsymbol{0} & \tilde{\boldsymbol{S}} \end{bmatrix} \geqslant 0 \tag{5.19}$$

其中，$\boldsymbol{I}$ 为 $r\times r$ 维单位矩阵。由式(5.19)可得$\begin{bmatrix} \boldsymbol{\Sigma} & \boldsymbol{I} \\ \boldsymbol{I} & \boldsymbol{F} \end{bmatrix} \geqslant 0$，联合 Schur 补条件[31]可得 $\boldsymbol{F} \geqslant \boldsymbol{\Sigma}^{-1}$，则

$$\mathrm{tr}(\hat{\boldsymbol{E}}) = \mathrm{tr}(\tilde{\boldsymbol{S}}^{\mathrm{H}}\boldsymbol{F}\tilde{\boldsymbol{S}}) \geqslant \mathrm{tr}(\tilde{\boldsymbol{S}}^{\mathrm{H}}\boldsymbol{\Sigma}^{-1}\tilde{\boldsymbol{S}}) = \sum_i \sigma_i^{-1} s_i^2 \tag{5.20}$$

这意味着

$$\|\boldsymbol{P}\|_{\mathcal{T}} = \frac{1}{2\sqrt{AB}}(\mathrm{tr}(T_b(\hat{\boldsymbol{u}})) + \mathrm{tr}(\hat{\boldsymbol{E}})) \geqslant \frac{1}{2\sqrt{AB}}(AB\sum_i \sigma_i + \sum_i \sigma_i^{-1}s_i^2) \geqslant \sum_i s_i \geqslant \|\boldsymbol{P}\|_{\mathcal{A}} \tag{5.21}$$

其中,第二个“$\geqslant$”成立的依据是算术几何平均不等式,第三个“$\geqslant$”成立的依据是式(5.8)所示的原子范数定义。最终,$\|\boldsymbol{P}\|_{\mathcal{T}} = \|\boldsymbol{P}\|_{\mathcal{A}}$。

证明方法二:若 $T_b(\boldsymbol{u})$ 具有 Vandermonde 分解,则 $\boldsymbol{P}$ 落在 $T_b(\boldsymbol{u})$ 的列空间,即 $\boldsymbol{P}=\boldsymbol{V}\tilde{\boldsymbol{S}}$,$\tilde{\boldsymbol{S}} = [\boldsymbol{s}_1^{\mathrm{T}}, \boldsymbol{s}_2^{\mathrm{T}}, \cdots, \boldsymbol{s}_r^{\mathrm{T}}]^{\mathrm{T}} \in \mathbb{C}^{r\times L}$。由于

$$\begin{bmatrix} T_b(\boldsymbol{u}) & \boldsymbol{P} \\ \boldsymbol{P}^{\mathrm{H}} & \tilde{\boldsymbol{S}}^{\mathrm{H}}\boldsymbol{\Sigma}^{-1}\tilde{\boldsymbol{S}} \end{bmatrix} = \begin{bmatrix} \boldsymbol{V}\boldsymbol{\Sigma}^{1/2} \\ (\boldsymbol{\Sigma}^{-1/2}\tilde{\boldsymbol{S}})^{\mathrm{H}} \end{bmatrix} \begin{bmatrix} \boldsymbol{V}\boldsymbol{\Sigma}^{1/2} \\ (\boldsymbol{\Sigma}^{-1/2}\tilde{\boldsymbol{S}})^{\mathrm{H}} \end{bmatrix}^{\mathrm{H}} \geqslant 0 \tag{5.22}$$

联合 Schur 补条件可得 $\tilde{\boldsymbol{S}}^{\mathrm{H}}\boldsymbol{\Sigma}^{-1}\tilde{\boldsymbol{S}} \geqslant \boldsymbol{P}^{\mathrm{H}}T_b(\boldsymbol{u})^{-1}\boldsymbol{P}$,进一步,

$$\begin{aligned} \mathrm{tr}(\boldsymbol{P}^{\mathrm{H}}T_b(\boldsymbol{u})^{-1}\boldsymbol{P}) &= \min_{\tilde{\boldsymbol{S}} \in \mathbb{C}^{r\times L}} \mathrm{tr}(\tilde{\boldsymbol{S}}^{\mathrm{H}}\boldsymbol{\Sigma}^{-1}\tilde{\boldsymbol{S}}) \quad \text{s. t. } \boldsymbol{P} = \boldsymbol{V}\tilde{\boldsymbol{S}} \\ &= \min_{s_i\in\mathbb{R}^+, \boldsymbol{\psi}_i \in \mathbb{C}^{1\times L}, \|\boldsymbol{\psi}_i\|_2 = 1} \sum_i \sigma_i^{-1}s_i^2 \quad \text{s. t. } \boldsymbol{P} = \sum_i s_i \boldsymbol{d}(t_{1i}, t_{2i})\boldsymbol{\psi}_i \end{aligned} \tag{5.23}$$

因此,

$$\begin{aligned} \|\boldsymbol{P}\|_{\mathcal{T}} &= \min_{\boldsymbol{u}\in\mathbb{C}^{N_u\times 1}, \boldsymbol{E}\in\mathbb{C}^{L\times L}} \frac{1}{2\sqrt{AB}}(\mathrm{tr}(T_b(\boldsymbol{u})) + \mathrm{tr}(\boldsymbol{E})) \quad \text{s. t. } \begin{bmatrix} T_b(\boldsymbol{u}) & \boldsymbol{P} \\ \boldsymbol{P}^{\mathrm{H}} & \boldsymbol{E} \end{bmatrix} \geqslant 0 \\ &= \min_{\boldsymbol{u}\in\mathbb{C}^{N_u\times 1}} \frac{1}{2\sqrt{AB}}(\mathrm{tr}(T_b(\boldsymbol{u})) + \mathrm{tr}(\boldsymbol{P}^{\mathrm{H}}T_b(\boldsymbol{u})^{-1}\boldsymbol{P})) \quad \text{s. t. } T_b(\boldsymbol{u}) \geqslant 0 \\ &= \min_{\boldsymbol{u}\in\mathbb{C}^{N_u\times 1}} \frac{1}{2\sqrt{AB}}(\mathrm{tr}(T_b(\boldsymbol{u})) + \mathrm{tr}(\boldsymbol{P}^{\mathrm{H}}T_b(\boldsymbol{u})^{-1}\boldsymbol{P})) \quad \text{s. t. } T_b(\boldsymbol{u}) = \boldsymbol{V}\boldsymbol{\Sigma}\boldsymbol{V}^{\mathrm{H}} \\ &= \min_{\substack{\boldsymbol{d}(t_{1i},t_{2i})\boldsymbol{\psi}_i\in\mathcal{A} \\ s_i\in\mathbb{R}^+, \sigma_i\in\mathbb{R}^+}} \frac{1}{2\sqrt{AB}}(AB\sum_i \sigma_i + \sum_i \sigma_i^{-1}s_i^2) \quad \text{s. t. } \boldsymbol{P} = \sum_i s_i\boldsymbol{d}(t_{1i}, t_{2i})\boldsymbol{\psi}_i \end{aligned}$$

$$= \min_{\substack{\boldsymbol{d}(t_{1i},t_{2i})\boldsymbol{\psi}_i \in \mathcal{A} \\ s_i \in \mathbb{R}^+}} \sum_i s_i \qquad \text{s.t.}\ \boldsymbol{P} = \sum_i s_i \boldsymbol{d}(t_{1i},t_{2i})\boldsymbol{\psi}_i$$

$$= \| \boldsymbol{P} \|_{\mathcal{A}} \tag{5.24}$$

其中,六个"="成立的依据依次为式(5.13)和式(5.14)、Schur 补条件、式(5.15)、式(5.23)、算术几何平均不等式、式(5.8)。

值得注意的是,$T_b(\hat{\boldsymbol{u}})$具有式(5.15)所示的 Vandermonde 分解是式(5.9)与式(5.10)严格等价的前提。文献[32]和[33]证明:$r \leqslant \min\{A,B\}$时,式(5.15)严格成立。

5.1.2 求解算法

式(5.10)为凸优化问题,可采用 3 种算法求解:CVX 工具箱中的 SDPT3 求解器、交替方向乘子法(Alternating Direction Method of Multipliers, ADMM)[34]、迭代 Vandermonde 分解和收缩阈值法(Iterative Vandermonde Decomposition and Shrinkage Thresholding, IVDST)。SDPT3 求解器采用内点方法(Interior Point Method, IPM)[31],仅适用于小维度矩阵问题,对大维度矩阵问题则比较耗时甚至失效,ADMM 计算效率最高。IPM 和 ADMM 可用于多快拍测量情形,但计算过程中需估计先验噪声,其计算精度取决于噪声估计的准确度。IVDST 方法规避了先验噪声参数的估计,但目前只适用于单快拍测量情形。

采用矩形阵列时,式(5.10)中的约束条件为$\| \boldsymbol{P}^\star - \boldsymbol{P} \|_{\mathrm{F}} \leqslant \varepsilon$;采用稀疏矩形阵列时,式(5.10)中的约束条件为$\| \boldsymbol{P}_\Upsilon^\star - \boldsymbol{P}_\Upsilon \|_{\mathrm{F}} \leqslant \varepsilon$。$\boldsymbol{P}^\star - \boldsymbol{P}$ 是 $\boldsymbol{P}_\Upsilon^\star - \boldsymbol{P}_\Upsilon$ 在 Υ 包含所有传声器索引时的特例,即矩形阵列可看作稀疏矩形阵列的特例。下面的推导在稀疏矩形阵列的基础上进行。

(1)ADMM

为应用 ADMM,将式(5.10)重写为

$$\{\hat{\boldsymbol{u}},\hat{\boldsymbol{P}},\hat{\boldsymbol{E}},\hat{\boldsymbol{Z}}\} = \underset{\substack{\boldsymbol{u} \in \mathbb{C}^{N_u \times 1}, \boldsymbol{P} \in \mathbb{C}^{AB \times L}, \boldsymbol{E} \in \mathbb{C}^{L \times L} \\ \boldsymbol{Z} \in \mathbb{C}^{(AB+L)\times(AB+L)}}}{\operatorname{argmin}} \frac{1}{2} \| \boldsymbol{P}_\Upsilon^\star - \boldsymbol{P}_\Upsilon \|_{\mathrm{F}}^2 + \frac{\mu}{2\sqrt{AB}} (\operatorname{tr}(T_b(\boldsymbol{u})) + \operatorname{tr}(\boldsymbol{E}))$$

$$\text{s. t. } \boldsymbol{Z}=\begin{bmatrix} T_b(\boldsymbol{u}) & \boldsymbol{P} \\ \boldsymbol{P}^{\mathrm{H}} & \boldsymbol{E} \end{bmatrix} \geqslant 0 \tag{5.25}$$

其中，$\boldsymbol{Z}$ 为辅助矩阵，μ 为规则化参数，μ 的取值控制残差 $\|\boldsymbol{P}_{\mathrm{Y}}^{\star}-\boldsymbol{P}_{\mathrm{Y}}\|_{\mathrm{F}}^{2}$ 的大小和对声源分布施加稀疏约束的强弱。μ 取零时，残差最小，对声源分布不施加稀疏约束；μ 趋于无穷大时，残差变大，对声源分布施加最强稀疏约束。根据文献[35]，推荐 μ 的取值方案为

$$\mu=\varepsilon\left(1+\frac{1}{\ln(AB)}\right)^{\frac{1}{2}}\left(1+\frac{\ln(8\pi ABL\ \ln(AB))+1}{L}+\sqrt{\frac{2\ln(8\pi ABL\ \ln(AB))}{L}}+\sqrt{\frac{\pi}{2L}}\right)^{\frac{1}{2}} \tag{5.26}$$

式(5.25)的增广拉格朗日函数为

$$\mathcal{L}_{\rho}(\boldsymbol{E},\boldsymbol{u},\boldsymbol{P},\boldsymbol{Z},\boldsymbol{\Lambda})=\frac{1}{2}\|\boldsymbol{P}_{\mathrm{Y}}^{\star}-\boldsymbol{P}_{\mathrm{Y}}\|_{\mathrm{F}}^{2}+\frac{\mu}{2\sqrt{AB}}(\operatorname{tr}(T_b(\boldsymbol{u}))+\operatorname{tr}(\boldsymbol{E}))$$
$$+\left\langle\boldsymbol{\Lambda},\boldsymbol{Z}-\begin{bmatrix} T_b(\boldsymbol{u}) & \boldsymbol{P} \\ \boldsymbol{P}^{\mathrm{H}} & \boldsymbol{E} \end{bmatrix}\right\rangle+\frac{\rho}{2}\left\|\boldsymbol{Z}-\begin{bmatrix} T_b(\boldsymbol{u}) & \boldsymbol{P} \\ \boldsymbol{P}^{\mathrm{H}} & \boldsymbol{E} \end{bmatrix}\right\|_{\mathrm{F}}^{2} \tag{5.27}$$

其中，$\boldsymbol{\Lambda}\in\mathbb{C}^{(AB+L)\times(AB+L)}$ 为 Hermitian 拉格朗日乘子矩阵，$\rho>0$ 为惩罚参数，$\langle\cdot,\cdot\rangle$表示内积。ADMM 迭代求解式(5.25)，初始化 $\boldsymbol{Z}^{(0)}=\boldsymbol{\Lambda}^{(0)}=\boldsymbol{0}$，进行第 γ 次迭代时具有以下变量更新：

$$\{\boldsymbol{E}^{(\gamma)},\boldsymbol{u}^{(\gamma)},\boldsymbol{P}^{(\gamma)}\}=\underset{\boldsymbol{E}\in\mathbb{C}^{L\times L},\boldsymbol{u}\in\mathbb{C}^{Nu\times1},\boldsymbol{P}\in\mathbb{C}^{AB\times L}}{\operatorname{argmin}}\mathcal{L}_{\rho}(\boldsymbol{E},\boldsymbol{u},\boldsymbol{P},\boldsymbol{Z}^{(\gamma-1)},\boldsymbol{\Lambda}^{(\gamma-1)}) \tag{5.28}$$

$$\boldsymbol{Z}^{(\gamma)}=\underset{Z\geqslant0}{\operatorname{argmin}}\ \mathcal{L}_{\rho}(\boldsymbol{E}^{(\gamma)},\boldsymbol{u}^{(\gamma)},\boldsymbol{P}^{(\gamma)},\boldsymbol{Z},\boldsymbol{\Lambda}^{(\gamma-1)}) \tag{5.29}$$

$$\boldsymbol{\Lambda}^{(\gamma)}=\boldsymbol{\Lambda}^{(\gamma-1)}+\rho\left(Z^{(\gamma)}-\begin{bmatrix} T_b(\boldsymbol{u}^{(\gamma)}) & \boldsymbol{P}^{(\gamma)} \\ (\boldsymbol{P}^{(\gamma)})^{\mathrm{H}} & \boldsymbol{E}^{(\gamma)} \end{bmatrix}\right) \tag{5.30}$$

引入以下矩阵划分：

$$\boldsymbol{\Lambda}^{(\gamma-1)}=\begin{bmatrix} \boldsymbol{\Lambda}_0^{(\gamma-1)}\in\mathbb{C}^{AB\times AB} & \boldsymbol{\Lambda}_1^{(\gamma-1)}\in\mathbb{C}^{AB\times L} \\ (\boldsymbol{\Lambda}_1^{(\gamma-1)})^{\mathrm{H}}\in\mathbb{C}^{L\times AB} & \boldsymbol{\Lambda}_2^{(\gamma-1)}\in\mathbb{C}^{L\times L} \end{bmatrix},$$

$$\boldsymbol{Z}^{(\gamma-1)}=\begin{bmatrix}\boldsymbol{Z}_0^{(\gamma-1)}\in\mathbb{C}^{AB\times AB} & \boldsymbol{Z}_1^{(\gamma-1)}\in\mathbb{C}^{AB\times L}\\ (\boldsymbol{Z}_1^{(\gamma-1)})^{\mathrm{H}}\in\mathbb{C}^{L\times AB} & \boldsymbol{Z}_2^{(\gamma-1)}\in\mathbb{C}^{L\times L}\end{bmatrix}\tag{5.31}$$

和以下量：$\boldsymbol{\Lambda}_{1\Upsilon}^{(\gamma-1)}\in\mathbb{C}^{|\Upsilon|\times L}$ 和 $\boldsymbol{Z}_{1\Upsilon}^{(\gamma-1)}\in\mathbb{C}^{|\Upsilon|\times L}$ 分别为 $\boldsymbol{\Lambda}_1^{(\gamma-1)}$ 和 $\boldsymbol{Z}_1^{(\gamma-1)}$ 中对应保留传声器的行组成的矩阵，Υ_c 为未保留传声器的索引组成的集合，$|\Upsilon_c|$为 Υ_c 的势，$\boldsymbol{P}_{\Upsilon_c}\in\mathbb{C}^{|\Upsilon_c|\times L}$ 为声源在未保留传声器处产生的声压，$\boldsymbol{\Lambda}_{1\Upsilon_c}^{(\gamma-1)}\in\mathbb{C}^{|\Upsilon_c|\times L}$ 和 $\boldsymbol{Z}_{1\Upsilon_c}^{(\gamma-1)}\in\mathbb{C}^{|\Upsilon_c|\times L}$ 分别为 $\boldsymbol{\Lambda}_1^{(\gamma-1)}$ 和 $\boldsymbol{Z}_1^{(\gamma-1)}$ 中对应未保留传声器的行组成的矩阵，$\boldsymbol{I}_1$ 和 $\boldsymbol{I}_2$ 分别为 $L\times L$ 维和 $AB\times AB$ 维的单位矩阵。可推导得式(5.28)中变量 $\boldsymbol{E}$，$\boldsymbol{u}$ 和 $\boldsymbol{P}$ 的更新具有以下闭合形式：

$$\boldsymbol{E}^{(\gamma)}=\boldsymbol{Z}_2^{(\gamma-1)}+\frac{1}{\rho}\left(\boldsymbol{\Lambda}_2^{(\gamma-1)}-\frac{\mu}{2\sqrt{AB}}\boldsymbol{I}_1\right)\tag{5.32}$$

$$\boldsymbol{u}^{(\gamma)}=\boldsymbol{M}^{-1}T_b^*\left(\boldsymbol{Z}_0^{(\gamma-1)}+\frac{1}{\rho}\left(\boldsymbol{\Lambda}_0^{(\gamma-1)}-\frac{\mu}{2\sqrt{AB}}\boldsymbol{I}_2\right)\right)\tag{5.33}$$

$$\boldsymbol{P}_{\Upsilon}^{(\gamma)}=\frac{1}{1+2\rho}(\boldsymbol{P}_{\Upsilon}^{\star}+2\boldsymbol{\Lambda}_{1\Upsilon}^{(\gamma-1)}+2\rho\boldsymbol{Z}_{1\Upsilon}^{(\gamma-1)})\tag{5.34}$$

$$\boldsymbol{P}_{\Upsilon_c}^{(\gamma)}=\boldsymbol{Z}_{1\Upsilon_c}^{(\gamma-1)}+\frac{1}{\rho}\boldsymbol{\Lambda}_{1\Upsilon_c}^{(\gamma-1)}\tag{5.35}$$

其中，$\boldsymbol{M}=\mathrm{diag}([A\times[B,B-1,\cdots,1],[A-1,A-2,\cdots,1]\otimes[1,2,\cdots,B,B-1,B-2,\cdots,1]])\in\mathbb{R}^{N_u\times N_u}$，$T_b^*(\cdot)$表示 $T_b(\cdot)$的伴随算子，对于任意给定矩阵 $\boldsymbol{A}\in\mathbb{C}^{AB\times AB}$，$T_b^*(\boldsymbol{A})=[\mathrm{tr}((\boldsymbol{\Theta}_{\kappa_1}\otimes\boldsymbol{\Theta}_{\kappa_2})\boldsymbol{A})|(\kappa_1,\kappa_2)\in\mathcal{H})]\in\mathbb{C}^{N_u\times 1}$，$\mathcal{H}$是$(\kappa_1,\kappa_2)$的半空间，$\boldsymbol{\Theta}_{\kappa_1}\in\mathbb{R}^{A\times A}$($\boldsymbol{\Theta}_{\kappa_2}\in\mathbb{R}^{B\times B}$)表示第 κ_1(κ_2)个对角线元素全为 1 而其余元素均为 0 的基本 Toeplitz 矩阵。式(5.29)变量 $\boldsymbol{Z}$ 的更新可写为

$$\boldsymbol{Z}^{(\gamma)}=\underset{Z\geqslant 0}{\mathrm{argmin}}\left\|\boldsymbol{Z}-\left(\begin{bmatrix}T_b(\boldsymbol{u}^{(\gamma)}) & \boldsymbol{P}^{(\gamma)}\\ (\boldsymbol{P}^{(\gamma)})^{\mathrm{H}} & \boldsymbol{E}^{(\gamma)}\end{bmatrix}-\frac{\boldsymbol{\Lambda}^{(\gamma-1)}}{\rho}\right)\right\|_{\mathrm{F}}^2\tag{5.36}$$

即将括号内的 Hermitian 矩阵投影到半正定锥上，可通过特征值分解该矩阵并令所有负特征值为零来实现。

当连续两次迭代的 $T_b(\boldsymbol{u})$间的相对变化量($\|T_b(\boldsymbol{u}^{(\gamma)})-T_b(\boldsymbol{u}^{(\gamma-1)})\|_{\mathrm{F}}/\|T_b(\boldsymbol{u}^{(\gamma-1)})\|_{\mathrm{F}}$)小于 10^{-4} 或最大迭代次数被完成时，迭代终止。

式(5.32)—式(5.35)的推导如下:对任意给定矩阵 $\boldsymbol{A}$, $\|\boldsymbol{A}\|_{\mathrm{F}}^2=\mathrm{tr}(\boldsymbol{A}^{\mathrm{H}}\boldsymbol{A})$ 成立,若 $\boldsymbol{A}$ 为 Hermitian 矩阵, $\|\boldsymbol{A}\|_{\mathrm{F}}^2=\mathrm{tr}(\boldsymbol{A}^2)$ 成立;对任意同维度矩阵 $\boldsymbol{A}$ 和 $\boldsymbol{B}$, $\langle\boldsymbol{A},\boldsymbol{B}\rangle=\mathrm{tr}(\boldsymbol{B}^{\mathrm{H}}\boldsymbol{A})$ 成立,若 $\boldsymbol{B}$ 为 Hermitian 矩阵,$\langle\boldsymbol{A},\boldsymbol{B}\rangle=\mathrm{tr}(\boldsymbol{B}\boldsymbol{A})$ 成立;对任意矩阵 $\boldsymbol{A}$ 和 $\boldsymbol{B}$,若 $\boldsymbol{A}$ 的行数和列数分别等于 $\boldsymbol{B}$ 的列数和行数,$\mathrm{tr}(\boldsymbol{A}\boldsymbol{B})=\mathrm{tr}(\boldsymbol{B}\boldsymbol{A})$。根据这些性质,

$$\begin{aligned}\|\boldsymbol{P}_{\mathrm{Y}}^{\star}-\boldsymbol{P}_{\mathrm{Y}}\|_{\mathrm{F}}^2&=\mathrm{tr}(((\boldsymbol{P}_{\mathrm{Y}}^{\star})^{\mathrm{H}}-\boldsymbol{P}_{\mathrm{Y}}^{\mathrm{H}})(\boldsymbol{P}_{\mathrm{Y}}^{\star}-\boldsymbol{P}_{\mathrm{Y}}))\\&=\mathrm{tr}((\boldsymbol{P}_{\mathrm{Y}}^{\star})^{\mathrm{H}}\boldsymbol{P}_{\mathrm{Y}}^{\star})-\mathrm{tr}(\boldsymbol{P}_{\mathrm{Y}}^{\mathrm{H}}\boldsymbol{P}_{\mathrm{Y}}^{\star})-\mathrm{tr}((\boldsymbol{P}_{\mathrm{Y}}^{\star})^{\mathrm{H}}\boldsymbol{P}_{\mathrm{Y}})+\mathrm{tr}(\boldsymbol{P}_{\mathrm{Y}}^{\mathrm{H}}\boldsymbol{P}_{\mathrm{Y}})\end{aligned}\tag{5.37}$$

$$\begin{aligned}&\left\langle\boldsymbol{\Lambda}^{(\gamma-1)},\boldsymbol{Z}^{(\gamma-1)}-\begin{bmatrix}T_b(\boldsymbol{u})&\boldsymbol{P}\\\boldsymbol{P}^{\mathrm{H}}&\boldsymbol{E}\end{bmatrix}\right\rangle=\mathrm{tr}\left(\boldsymbol{Z}^{(\gamma-1)}\boldsymbol{\Lambda}^{(\gamma-1)}-\begin{bmatrix}T_b(\boldsymbol{u})&\boldsymbol{P}\\\boldsymbol{P}^{\mathrm{H}}&\boldsymbol{E}\end{bmatrix}\begin{bmatrix}\boldsymbol{\Lambda}_0^{(\gamma-1)}&\boldsymbol{\Lambda}_1^{(\gamma-1)}\\(\boldsymbol{\Lambda}_1^{(\gamma-1)})^{\mathrm{H}}&\boldsymbol{\Lambda}_2^{(\gamma-1)}\end{bmatrix}\right)\\&=\mathrm{tr}(\boldsymbol{Z}^{(\gamma-1)}\boldsymbol{\Lambda}^{(\gamma-1)})-\mathrm{tr}(T_b(\boldsymbol{u})\boldsymbol{\Lambda}_0^{(\gamma-1)})-\mathrm{tr}(\boldsymbol{P}(\boldsymbol{\Lambda}_1^{(\gamma-1)})^{\mathrm{H}})-\mathrm{tr}(\boldsymbol{P}^{\mathrm{H}}\boldsymbol{\Lambda}_1^{(\gamma-1)})-\mathrm{tr}(\boldsymbol{E}\boldsymbol{\Lambda}_2^{(\gamma-1)})\\&=\mathrm{tr}(\boldsymbol{Z}^{(\gamma-1)}\boldsymbol{\Lambda}^{(\gamma-1)})-\mathrm{tr}(T_b(\boldsymbol{u})\boldsymbol{\Lambda}_0^{(\gamma-1)})-\mathrm{tr}(\boldsymbol{P}_{\mathrm{Y}}(\boldsymbol{\Lambda}_{1\mathrm{Y}}^{(\gamma-1)})^{\mathrm{H}})-\mathrm{tr}(\boldsymbol{P}_{\mathrm{Y}_c}(\boldsymbol{\Lambda}_{1\mathrm{Y}_c}^{(\gamma-1)})^{\mathrm{H}})-\\&\quad\mathrm{tr}(\boldsymbol{P}_{\mathrm{Y}}^{\mathrm{H}}\boldsymbol{\Lambda}_{1\mathrm{Y}}^{(\gamma-1)})-\mathrm{tr}(\boldsymbol{P}_{\mathrm{Y}_c}^{\mathrm{H}}\boldsymbol{\Lambda}_{1\mathrm{Y}_c}^{(\gamma-1)})-\mathrm{tr}(\boldsymbol{E}\boldsymbol{\Lambda}_2^{(\gamma-1)})\end{aligned}\tag{5.38}$$

$$\begin{aligned}&\left\|\boldsymbol{Z}^{(\gamma-1)}-\begin{bmatrix}T_b(\boldsymbol{u})&\boldsymbol{P}\\\boldsymbol{P}^{\mathrm{H}}&\boldsymbol{E}\end{bmatrix}\right\|_{\mathrm{F}}^2=\mathrm{tr}\left(\left(\boldsymbol{Z}^{(\gamma-1)}-\begin{bmatrix}T_b(\boldsymbol{u})&\boldsymbol{P}\\\boldsymbol{P}^{\mathrm{H}}&\boldsymbol{E}\end{bmatrix}\right)^2\right)\\&=\mathrm{tr}((\boldsymbol{Z}^{(\gamma-1)})^2)-2\mathrm{tr}\left(\begin{bmatrix}\boldsymbol{Z}_0^{(\gamma-1)}&\boldsymbol{Z}_1^{(\gamma-1)}\\(\boldsymbol{Z}_1^{(\gamma-1)})^{\mathrm{H}}&\boldsymbol{Z}_2^{(\gamma-1)}\end{bmatrix}\begin{bmatrix}T_b(\boldsymbol{u})&\boldsymbol{P}\\\boldsymbol{P}^{\mathrm{H}}&\boldsymbol{E}\end{bmatrix}\right)+\mathrm{tr}\left(\begin{bmatrix}T_b(\boldsymbol{u})&\boldsymbol{P}\\\boldsymbol{P}^{\mathrm{H}}&\boldsymbol{E}\end{bmatrix}^2\right)\\&=\mathrm{tr}((\boldsymbol{Z}^{(\gamma-1)})^2)-2\mathrm{tr}(\boldsymbol{Z}_0^{(\gamma-1)}T_b(\boldsymbol{u}))-2\mathrm{tr}(\boldsymbol{Z}_1^{(\gamma-1)}\boldsymbol{P}^{\mathrm{H}})-2\mathrm{tr}((\boldsymbol{Z}_1^{(\gamma-1)})^{\mathrm{H}}\boldsymbol{P})-\\&\quad2\mathrm{tr}(\boldsymbol{Z}_2^{(\gamma-1)}\boldsymbol{E})+\mathrm{tr}((T_b(\boldsymbol{u}))^2)+2\mathrm{tr}(\boldsymbol{P}\boldsymbol{P}^{\mathrm{H}})+\mathrm{tr}(\boldsymbol{E}^2)\\&=\mathrm{tr}((\boldsymbol{Z}^{(\gamma-1)})^2)-2\mathrm{tr}(\boldsymbol{Z}_0^{(\gamma-1)}T_b(\boldsymbol{u}))-2\mathrm{tr}(\boldsymbol{Z}_{1\mathrm{Y}}^{(\gamma-1)}\boldsymbol{P}_{\mathrm{Y}}^{\mathrm{H}})-2\mathrm{tr}(\boldsymbol{Z}_{1\mathrm{Y}_c}^{(\gamma-1)}\boldsymbol{P}_{\mathrm{Y}_c}^{\mathrm{H}})-\\&\quad2\mathrm{tr}((\boldsymbol{Z}_{1\mathrm{Y}}^{(\gamma-1)})^{\mathrm{H}}\boldsymbol{P}_{\mathrm{Y}})-2\mathrm{tr}((\boldsymbol{Z}_{1\mathrm{Y}_c}^{(\gamma-1)})^{\mathrm{H}}\boldsymbol{P}_{\mathrm{Y}_c})-2\mathrm{tr}(\boldsymbol{Z}_2^{(\gamma-1)}\boldsymbol{E})+\mathrm{tr}((T_b(\boldsymbol{u}))^2)+\\&\quad2\mathrm{tr}(\boldsymbol{P}_{\mathrm{Y}}\boldsymbol{P}_{\mathrm{Y}}^{\mathrm{H}})+2\mathrm{tr}(\boldsymbol{P}_{\mathrm{Y}_c}\boldsymbol{P}_{\mathrm{Y}_c}^{\mathrm{H}})+\mathrm{tr}(\boldsymbol{E}^2)\end{aligned}\tag{5.39}$$

将式(5.37)—式(5.39)代入式(5.27)可得

$$\begin{aligned}&\mathcal{L}_\rho(\boldsymbol{E},\boldsymbol{u},\boldsymbol{P},\boldsymbol{Z}^{(\gamma-1)},\boldsymbol{\Lambda}^{(\gamma-1)})\\&=\underbrace{\frac{1}{2}\mathrm{tr}((\boldsymbol{P}_{\mathrm{Y}}^{\star})^{\mathrm{H}}\boldsymbol{P}_{\mathrm{Y}}^{\star})-\frac{1}{2}\mathrm{tr}(\boldsymbol{P}_{\mathrm{Y}}^{\mathrm{H}}\boldsymbol{P}_{\mathrm{Y}}^{\star})-\frac{1}{2}\mathrm{tr}((\boldsymbol{P}_{\mathrm{Y}}^{\star})^{\mathrm{H}}\boldsymbol{P}_{\mathrm{Y}})+\frac{1}{2}\mathrm{tr}(\boldsymbol{P}_{\mathrm{Y}}^{\mathrm{H}}\boldsymbol{P}_{\mathrm{Y}})}_{\text{第一项}}\end{aligned}$$

$$
\begin{aligned}
&+\underbrace{\frac{\mu}{2\sqrt{AB}}(\mathrm{tr}(T_b(\boldsymbol{u}))+\mathrm{tr}(\boldsymbol{E}))}_{\text{第二项}}\\
&+\underbrace{\begin{matrix}\mathrm{tr}(\boldsymbol{Z}^{(\gamma-1)}\boldsymbol{\Lambda}^{(\gamma-1)})-\mathrm{tr}(T_b(\boldsymbol{u})\boldsymbol{\Lambda}_0^{(\gamma-1)})-\mathrm{tr}(\boldsymbol{P}_{\mathrm{Y}}(\boldsymbol{\Lambda}_{1\mathrm{Y}}^{(\gamma-1)})^{\mathrm{H}})-\mathrm{tr}(\boldsymbol{P}_{\mathrm{Y_c}}(\boldsymbol{\Lambda}_{1\mathrm{Y_c}}^{(\gamma-1)})^{\mathrm{H}})-\mathrm{tr}(\boldsymbol{P}_{\mathrm{Y}}^{\mathrm{H}}\boldsymbol{\Lambda}_{1\mathrm{Y}}^{(\gamma-1)})\\-\mathrm{tr}(\boldsymbol{P}_{\mathrm{Y_c}}^{\mathrm{H}}\boldsymbol{\Lambda}_{1\mathrm{Y_c}}^{(\gamma-1)})-\mathrm{tr}(\boldsymbol{E}\boldsymbol{\Lambda}_2^{(\gamma-1)})\end{matrix}}_{\text{第三项}}\\
&+\underbrace{\begin{matrix}\frac{\rho}{2}\mathrm{tr}((\boldsymbol{Z}^{(\gamma-1)})^2)-\rho\mathrm{tr}(\boldsymbol{Z}_0^{(\gamma-1)}T_b(\boldsymbol{u}))-\rho\mathrm{tr}(\boldsymbol{Z}_{1\mathrm{Y}}^{(\gamma-1)}\boldsymbol{P}_{\mathrm{Y}}^{\mathrm{H}})-\rho\mathrm{tr}(\boldsymbol{Z}_{1\mathrm{Y_c}}^{(\gamma-1)}\boldsymbol{P}_{\mathrm{Y_c}}^{\mathrm{H}})-\rho\mathrm{tr}((\boldsymbol{Z}_{1\mathrm{Y}}^{(\gamma-1)})^{\mathrm{H}}\boldsymbol{P}_{\mathrm{Y}})\\-\rho\mathrm{tr}((\boldsymbol{Z}_{1\mathrm{Y_c}}^{(\gamma-1)})^{\mathrm{H}}\boldsymbol{P}_{\mathrm{Y_c}})-\rho\mathrm{tr}(\boldsymbol{Z}_2^{(\gamma-1)}\boldsymbol{E})+\frac{\rho}{2}\mathrm{tr}(T_b(\boldsymbol{u})^2)+\rho\mathrm{tr}(\boldsymbol{P}_{\mathrm{Y}}\boldsymbol{P}_{\mathrm{Y}}^{\mathrm{H}})+\rho\mathrm{tr}(\boldsymbol{P}_{\mathrm{Y_c}}\boldsymbol{P}_{\mathrm{Y_c}}^{\mathrm{H}})+\frac{\rho}{2}\mathrm{tr}(\boldsymbol{E}^2)\end{matrix}}_{\text{第四项}}
\end{aligned}
\tag{5.40}
$$

复矩阵求导具有以下性质[36]：

$$
\begin{aligned}
&\frac{\partial\mathrm{tr}(\boldsymbol{A})}{\partial\boldsymbol{A}}=\boldsymbol{I},\frac{\partial\mathrm{tr}(\boldsymbol{AB})}{\partial\boldsymbol{A}}=\frac{\partial\mathrm{tr}(\boldsymbol{BA})}{\partial\boldsymbol{A}}=\boldsymbol{B}^{\mathrm{T}},\frac{\partial\mathrm{tr}(\boldsymbol{A}^p)}{\partial\boldsymbol{A}}=p(\boldsymbol{A}^{\mathrm{T}})^{p-1}\\
&\frac{\partial\mathrm{tr}(\boldsymbol{A}^{\mathrm{H}}\boldsymbol{B})}{\partial\boldsymbol{A}}=\frac{\partial\mathrm{tr}(\boldsymbol{BA}^{\mathrm{H}})}{\partial\boldsymbol{A}}=\boldsymbol{0},\frac{\partial\mathrm{tr}(\boldsymbol{A}^{\mathrm{H}}\boldsymbol{BA})}{\partial\boldsymbol{A}}=\frac{\partial\mathrm{tr}(\boldsymbol{AA}^{\mathrm{H}}\boldsymbol{B})}{\partial\boldsymbol{A}}=\boldsymbol{B}^{\mathrm{T}}\boldsymbol{A}^{*}
\end{aligned}
\tag{5.41}
$$

其中，$\boldsymbol{I}$ 为与 $\boldsymbol{A}$ 同维度的单位矩阵，p 为指数，上标“ * ”表示共轭。根据这些性质，

$$
\frac{\partial\mathcal{L}_\rho(\boldsymbol{E},\boldsymbol{u},\boldsymbol{P},\boldsymbol{Z}^{(\gamma-1)},\boldsymbol{\Lambda}^{(\gamma-1)})}{\partial\boldsymbol{E}}=\frac{\mu}{2\sqrt{AB}}\boldsymbol{I}_1-(\boldsymbol{\Lambda}_2^{(\gamma-1)})^{\mathrm{T}}-\rho(\boldsymbol{Z}_2^{(\gamma-1)})^{\mathrm{T}}+\rho\boldsymbol{E}^{\mathrm{T}}
\tag{5.42}
$$

$$
\frac{\partial\mathcal{L}_\rho(\boldsymbol{E},\boldsymbol{u},\boldsymbol{P},\boldsymbol{Z}^{(\gamma-1)},\boldsymbol{\Lambda}^{(\gamma-1)})}{\partial T_b(\boldsymbol{u})}=\frac{\mu}{2\sqrt{AB}}\boldsymbol{I}_2-(\boldsymbol{\Lambda}_0^{(\gamma-1)})^{\mathrm{T}}-\rho(\boldsymbol{Z}_0^{(\gamma-1)})^{\mathrm{T}}+\rho(T_b(\boldsymbol{u}))^{\mathrm{T}}
\tag{5.43}
$$

$$
\frac{\partial\mathcal{L}_\rho(\boldsymbol{E},\boldsymbol{u},\boldsymbol{P},\boldsymbol{Z}^{(\gamma-1)},\boldsymbol{\Lambda}^{(\gamma-1)})}{\partial\boldsymbol{P}_{\mathrm{Y}}}=-\frac{1}{2}(\boldsymbol{P}_{\mathrm{Y}}^{\star})^{*}+\frac{1+2\rho}{2}\boldsymbol{P}_{\mathrm{Y}}^{*}-(\boldsymbol{\Lambda}_{1\mathrm{Y}}^{(\gamma-1)})^{*}-\rho(\boldsymbol{Z}_{1\mathrm{Y}}^{(\gamma-1)})^{*}
\tag{5.44}
$$

$$
\frac{\partial\mathcal{L}_\rho(\boldsymbol{E},\boldsymbol{u},\boldsymbol{P},\boldsymbol{Z}^{(\gamma-1)},\boldsymbol{\Lambda}^{(\gamma-1)})}{\partial\boldsymbol{P}_{\mathrm{Y_c}}}=-(\boldsymbol{\Lambda}_{1\mathrm{Y_c}}^{(\gamma-1)})^{*}-\rho(\boldsymbol{Z}_{1\mathrm{Y_c}}^{(\gamma-1)})^{*}+\rho\boldsymbol{P}_{\mathrm{Y_c}}^{*}
\tag{5.45}
$$

式(5.28)中的$\mathcal{L}_\rho(\boldsymbol{E},\boldsymbol{u},\boldsymbol{P},\boldsymbol{Z}^{(\gamma-1)},\boldsymbol{\Lambda}^{(\gamma-1)})$取最小值时，式(5.42)—式(5.45)均

等于零，相应地，式(5.32)—式(5.35)成立。

表5.1为ADMM算法伪代码。

表5.1 ADMM算法伪代码

初始化：$\gamma=0, \boldsymbol{Z}^{(0)}=\boldsymbol{\Lambda}^{(0)}=\boldsymbol{0}, \rho=1$
当 $\Vert T_b(\boldsymbol{u}^{(\gamma)})-T_b(\boldsymbol{u}^{(\gamma-1)})\Vert_{\mathrm{F}}/\Vert T_b(\boldsymbol{u}^{(\gamma-1)})\Vert_{\mathrm{F}} \geqslant 10^{-4}$ 和 $\gamma<100$ 时，执行
(1) $\gamma \leftarrow \gamma+1$
(2)由式(5.32)更新 $\boldsymbol{E}^{(\gamma)}$
(3)由式(5.33)更新 $\boldsymbol{u}^{(\gamma)}$
(4)由式(5.34)—式(5.35)更新 $\boldsymbol{P}^{(\gamma)}$
(5)由式(5.36)更新 $\boldsymbol{Z}^{(\gamma)}$
①特征值分解 $\boldsymbol{Z}=\begin{bmatrix} T_b(\boldsymbol{u}^{(\gamma)}) & \boldsymbol{P}^{(\gamma)} \\ (\boldsymbol{P}^{(\gamma)})^{\mathrm{H}} & \boldsymbol{E}^{(\gamma)} \end{bmatrix}+\dfrac{\boldsymbol{\Lambda}^{(\gamma-1)}}{\rho}$，并令所有负特征值为零，再重构 $\boldsymbol{Z}$
② $\boldsymbol{Z}^{(\gamma)}=(\boldsymbol{Z}+\boldsymbol{Z}^{\mathrm{H}})/2$
(6)由式(5.30)更新 $\boldsymbol{\Lambda}^{(\gamma)}$
循环

(2) IVDST

IVDST基于加速近端梯度架构迭代执行光滑、梯度下降和近端映射，以直接增强ANM最优解 $T_b(\hat{\boldsymbol{u}})$ 的3个特性：Toeplitz结构、低秩性和半正定。目前，IVDST尚只适用于单数据快拍情形($L=1$)，此时前述的 $\boldsymbol{P}\in\mathbb{C}^{AB\times L}$，$\boldsymbol{P}^{\star}\in\mathbb{C}^{AB\times L}$，$\boldsymbol{P}_{\Upsilon}\in\mathbb{C}^{|\Upsilon|\times L}$，$\boldsymbol{P}_{\Upsilon}^{\star}\in\mathbb{C}^{|\Upsilon|\times L}$ 退化为 $\boldsymbol{p}\in\mathbb{C}^{AB\times 1}$，$\boldsymbol{p}^{\star}\in\mathbb{C}^{AB\times 1}$，$\boldsymbol{p}_{\Upsilon}\in\mathbb{C}^{|\Upsilon|\times 1}$，$\boldsymbol{p}_{\Upsilon}^{\star}\in\mathbb{C}^{|\Upsilon|\times 1}$，且 $\boldsymbol{p}_{\Upsilon}=\boldsymbol{C}\boldsymbol{p}$，$\boldsymbol{C}$ 为阵列挑选矩阵。为了应用加速近端梯度，令 $\boldsymbol{\Phi}\equiv(\boldsymbol{p}, v, T_b(\boldsymbol{u}))$。对应单快拍测量情形，将式(5.10)重写成等价的无约束优化问题：

$$\{\hat{\boldsymbol{p}}, \hat{v}, \hat{\boldsymbol{u}}\}=\underset{\boldsymbol{\Phi}}{\arg\min}\ \mathcal{F}(\boldsymbol{\Phi})=\underbrace{\frac{\mu}{2}\Vert \boldsymbol{p}_{\Upsilon}^{\star}-\boldsymbol{C}\boldsymbol{p}\Vert_2^2}_{f(\boldsymbol{\Phi})}+\underbrace{\mathrm{tr}(\boldsymbol{Z}(\boldsymbol{\Phi}))+\mathrm{C}(\boldsymbol{Z}(\boldsymbol{\Phi}))}_{g(\boldsymbol{\Phi})},$$

$$\boldsymbol{Z}(\boldsymbol{\Phi})=\begin{bmatrix} T_b(\boldsymbol{u}) & \boldsymbol{p} \\ \boldsymbol{p}^{\mathrm{H}} & v \end{bmatrix} \tag{5.46}$$

其中，$v \in \mathbb{R}$ 为辅助量，对应式(5.10)中 $L=1$ 时的矩阵 $\boldsymbol{E}$，μ 为反映噪声边界 ε 的加权系数，$\operatorname{tr}(\boldsymbol{Z}(\boldsymbol{\Phi}))=v+\operatorname{tr}(T_b(\boldsymbol{u}))$，通过成本函数 $\mathrm{C}(\cdot)$ 给 $\boldsymbol{Z}(\boldsymbol{\Phi})$ 施加半正定结构，如果 $\boldsymbol{Z}(\boldsymbol{\Phi})$ 是半正定 Hermitian 矩阵，$\mathrm{C}(\boldsymbol{Z}(\boldsymbol{\Phi}))=0$，否则 $\mathrm{C}(\boldsymbol{Z}(\boldsymbol{\Phi}))=\infty$。在 $\mathcal{F}(\boldsymbol{\Phi})$ 中，$f(\boldsymbol{\Phi})$ 可微，ANM 项 $g(\boldsymbol{\Phi})$ 非光滑。采用 IVDST 的求解步骤如下：

①初始化。初始化迭代索引 $\gamma=0$，$\boldsymbol{p}^{(0)}=\boldsymbol{C}^{\mathrm{H}}\boldsymbol{p}_{\mathrm{Y}}^{\star}$，$\boldsymbol{u}^{(0)}=\boldsymbol{M}^{-1}T_b^{*}(\boldsymbol{p}^{(0)}(\boldsymbol{p}^{(0)})^{\mathrm{H}})$，$v^{(0)}=\operatorname{tr}(T_b(\boldsymbol{u}^{(0)}))$，令 $\boldsymbol{\Phi}^{(1)}=\boldsymbol{\Phi}^{(0)}=(\boldsymbol{p}^{(0)},v^{(0)},T_b(\boldsymbol{u}^{(0)}))$。

②光滑。为了加速梯度向量的收敛，在每一步中首先应用动量项，在第 γ 次迭代时更新量为

$$\overline{\boldsymbol{\Phi}}^{(\gamma)}=\boldsymbol{\Phi}^{(\gamma)}+\frac{t^{(\gamma-1)}-1}{t^{(\gamma)}}(\boldsymbol{\Phi}^{(\gamma)}-\boldsymbol{\Phi}^{(\gamma-1)}) \tag{5.47}$$

其中，$t^{(\gamma)}=\dfrac{1+\sqrt{4(t^{(\gamma-1)})^2+1}}{2}$，$t^{(0)}=1$。

③梯度下降。$\overline{\boldsymbol{\Phi}}^{(\gamma)}$ 以步长 $\delta \in (0,1)$ 沿着 $f(\boldsymbol{\Phi})$ 的梯度 $\nabla f(\boldsymbol{\Phi})$ 下降得到 $\boldsymbol{\Phi}_g=(\boldsymbol{p}_g,v_g,T_b(\boldsymbol{u}_g))$。$f(\boldsymbol{\Phi})$ 只与 $\boldsymbol{p}$ 有关，梯度 $\nabla f(\boldsymbol{\Phi})=\boldsymbol{C}^{\mathrm{H}}(\boldsymbol{C}\boldsymbol{p}-\boldsymbol{p}_{\mathrm{Y}}^{\star})$，则 $\boldsymbol{\Phi}_g$ 的元素变为

$$\boldsymbol{p}_g=\overline{\boldsymbol{p}}^{(\gamma)}-\delta\boldsymbol{C}^{\mathrm{H}}(\boldsymbol{C}\,\overline{\boldsymbol{p}}^{(\gamma)}-\boldsymbol{p}_{\mathrm{Y}}^{\star}),v_g=\overline{v}^{(\gamma)},T_b(\boldsymbol{u}_g)=T_b(\overline{\boldsymbol{u}}^{(\gamma)}) \tag{5.48}$$

④近端映射。$\boldsymbol{\Phi}_g$ 的近端算子为

$$\boldsymbol{\Phi}^{(\gamma+1)}=\operatorname{prox}_{\delta g}(\boldsymbol{\Phi}_g)=\underset{\boldsymbol{\Phi}}{\operatorname{argmin}}\left\{\frac{1}{2\delta}\|\boldsymbol{\Phi}-\boldsymbol{\Phi}_g\|_{\mathrm{F}}^2+g(\boldsymbol{\Phi})\right\} \tag{5.49}$$

上式虽然没有理论解，但可用交替投影方法近似，该方法利用矩阵 $T_b(\boldsymbol{u})$ 的 Toeplitz 结构特性对 $T_b(\boldsymbol{u})$ 进行 Vandermonde 分解，然后通过一个简单的收缩阈值算子增强其低秩性。通过以下 3 个步骤依次求解 Toeplitz 矩阵 $T_b(\boldsymbol{u})$ 和半正定矩阵 $\boldsymbol{Z}(\boldsymbol{\Phi})$：

a. Vandermonde 分解 $T_b(\boldsymbol{u}_g)$：

$$T_b(\boldsymbol{u}_g)=\boldsymbol{V}\boldsymbol{\Sigma}\boldsymbol{V}^{\mathrm{H}} \tag{5.50}$$

其中，$\boldsymbol{V}=[\boldsymbol{d}(t_{11},t_{21}),\boldsymbol{d}(t_{12},t_{22}),\cdots,\boldsymbol{d}(t_{1r},t_{2r})]$ 表示 Vandermonde 矩阵，$\boldsymbol{\Sigma}=\operatorname{diag}$

$([\boldsymbol{\sigma}_1,\boldsymbol{\sigma}_2,\cdots,\boldsymbol{\sigma}_r])$为对角矩阵,$\sigma_i(i=1,2,\cdots,r)\in\mathbb{R}^+$,$r$ 表示矩阵 $T_b(\boldsymbol{u}_g)$的秩。MaPP 方法[33]可有效地计算这种双重 Toeplitz 矩阵的 Vandermonde 分解,细节见章节 5.1.3。

b. 阈值收缩$\boldsymbol{\Sigma}$:为了加强 $T_b(\boldsymbol{u})$的低秩性,对式(5.50)中矩阵$\boldsymbol{\Sigma}$的对角元素进行阈值收缩,通过下式将$\boldsymbol{\Sigma}$的小对角元素收缩为0:

$$\tilde{\boldsymbol{\Sigma}}=\mathrm{diag}(\tilde{\sigma}_1,\tilde{\sigma}_2,\cdots,\tilde{\sigma}_r),\ \tilde{\sigma}_i=\begin{cases}\sigma_i-\|\boldsymbol{\Sigma}\|_\infty/200, & \sigma_i>\|\boldsymbol{\Sigma}\|_\infty/200\\ 0, & \sigma_i\leqslant\|\boldsymbol{\Sigma}\|_\infty/200\end{cases}\tag{5.51}$$

其中,$\|\boldsymbol{\Sigma}\|_\infty$表示$\boldsymbol{\Sigma}$的无穷范数,式(5.50)相应变为 $T_b(\tilde{\boldsymbol{u}}_g)=\boldsymbol{V}\tilde{\boldsymbol{\Sigma}}\boldsymbol{V}^{\mathrm{H}}$。

c. 半正定条件:构造对应式(5.46)中$\boldsymbol{Z}(\boldsymbol{\Phi})$的$\boldsymbol{Z}(\boldsymbol{\Phi}_g)$为

$$\boldsymbol{Z}(\boldsymbol{\Phi}_g)=\begin{bmatrix}T_b(\tilde{\boldsymbol{u}}_g) & \boldsymbol{p}_g\\ \boldsymbol{p}_{\mathrm{g}}^{\mathrm{H}} & v_g\end{bmatrix}\tag{5.52}$$

其中,$v_g=AB\times\sum_{i=1}^{r}\tilde{\sigma}_i$。为了使矩阵$\boldsymbol{Z}(\boldsymbol{\Phi}_g)$满足半正定约束条件,需保留$\boldsymbol{Z}(\boldsymbol{\Phi}_g)$的正特征值和对应的特征向量。$T_b(\tilde{\boldsymbol{u}}_g)$的秩为 $\mathrm{rank}(\tilde{\boldsymbol{\Sigma}})$。对矩阵$\boldsymbol{Z}(\boldsymbol{\Phi}_g)$进行部分特征值分解,即只求从大到小排列的前 $S=\mathrm{rank}(\tilde{\boldsymbol{\Sigma}})+1$ 个特征值 $e_i\in\mathbb{R}^+$ 和对应的特征向量 $\boldsymbol{v}_i\in\mathbb{C}^{AB\times1}$,$i=1,2,\cdots,S$,构造 $\boldsymbol{E}_S=\mathrm{diag}([e_1,e_2,\cdots,e_S])$ 和 $\boldsymbol{U}_S=[\boldsymbol{v}_1,\boldsymbol{v}_2,\cdots,\boldsymbol{v}_S]$,则得到半正定矩阵

$$\boldsymbol{Z}(\tilde{\boldsymbol{\Phi}})=\boldsymbol{U}_S\boldsymbol{E}_S\boldsymbol{U}_S^{\mathrm{H}}\tag{5.53}$$

将$\boldsymbol{Z}(\tilde{\boldsymbol{\Phi}})$的前 $AB\times AB$ 维子块 $\boldsymbol{Z}(\tilde{\boldsymbol{\Phi}})_{1:AB,1:AB}$ 重新构造为二重 Toeplitz 矩阵后,$\boldsymbol{Z}(\tilde{\boldsymbol{\Phi}})$为式(5.49)中近端算子的输出 $\boldsymbol{\Phi}^{(\gamma+1)}=(\boldsymbol{p}^{(\gamma+1)},v^{(\gamma+1)},T_b(\boldsymbol{u}^{(\gamma+1)}))$,即

$$\boldsymbol{p}^{(\gamma+1)}=\boldsymbol{Z}(\tilde{\boldsymbol{\Phi}})_{1:AB,AB+1},\ v^{(\gamma+1)}=\boldsymbol{Z}(\tilde{\boldsymbol{\Phi}})_{AB+1,AB+1},$$

$$T_b(\boldsymbol{u}^{(\gamma+1)})=T_b(\boldsymbol{M}^{-1}T_b^*(\boldsymbol{Z}(\tilde{\boldsymbol{\Phi}})_{1:AB,1:AB}))\tag{5.54}$$

⑤迭代终止。当 $\| T_b(\boldsymbol{u}^{(\gamma+1)})-T_b(\boldsymbol{u}^{(\gamma)}) \|_F / \| T_b(\boldsymbol{u}^{(\gamma)}) \|_F<10^{-4}$ 或迭代次数到达 2 000 时终止迭代。

表 5.2 为 IVDST 算法伪代码。

表 5.2　IVDST 算法伪代码

初始化：$\gamma=0, \boldsymbol{p}^{(0)}=\boldsymbol{C}^{\mathrm{H}}\boldsymbol{p}_{\mathrm{Y}}^{\star}, \boldsymbol{u}^{(0)}=\boldsymbol{M}^{-1}T_b^{*}(\boldsymbol{p}^{(0)}(\boldsymbol{p}^{(0)})^{\mathrm{H}}), v^{(0)}=\mathrm{tr}(T_b(\boldsymbol{u}^{(0)})), \boldsymbol{\Phi}^{(1)}=\boldsymbol{\Phi}^{(0)}=(\boldsymbol{p}^{(0)}, v^{(0)}, T_b(\boldsymbol{u}^{(0)})), t^{(0)}=1, \delta=0.5$
当 $\| T_b(\boldsymbol{u}^{(\gamma+1)})-T_b(\boldsymbol{u}^{(\gamma)}) \|_F / \| T_b(\boldsymbol{u}^{(\gamma)}) \|_F \geqslant 10^{-4}$ 且 $\gamma<2\ 000$ 时，执行
(1) $\gamma \leftarrow \gamma+1$
(2) 光滑：由式(5.47)更新 $\overline{\boldsymbol{\Phi}}^{(\gamma)}$
(3) 梯度下降：由式(5.48)更新 $\boldsymbol{\Phi}_g$
(4) 近端映射：
①Vandermonde 分解：通过式(5.50)将 $T_b(\boldsymbol{u}_g)$ 分解为 $T_b(\boldsymbol{u}_g)=\boldsymbol{V\Sigma V}^{\mathrm{H}}$
②收缩阈值：通过式(5.51)将 $\boldsymbol{\Sigma}$ 收缩为低秩的 $\tilde{\boldsymbol{\Sigma}}$，重构 $T_b(\tilde{\boldsymbol{u}}_g)=\boldsymbol{V}\tilde{\boldsymbol{\Sigma}}\boldsymbol{V}^{\mathrm{H}}$
③半正定条件：通过式(5.52)和式(5.53)计算 $\boldsymbol{Z}(\tilde{\boldsymbol{\Phi}})$
(5) 更新：由式(5.54)更新 $\boldsymbol{\Phi}^{(\gamma+1)}$
循环

5.1.3　DOA 估计及强度量化

二维无网格压缩波束形成的第二步是基于 MaPP 方法处理前面获得的 $T_b(\hat{\boldsymbol{u}})$ 和 $\hat{\boldsymbol{P}}$ 来预测声源数目、估计声源 DOA 和量化声源强度。

获得的 $T_b(\hat{\boldsymbol{u}})$ 为半正定二重 Toeplitz 矩阵，其 Vandermonde 分解包含声源 DOA 信息，可基于 MaPP 方法寻找 $T_b(\hat{\boldsymbol{u}})$ 的 Vandermonde 分解，具体步骤如下：

①特征值分解 $T_b(\hat{\boldsymbol{u}})$：

$$T_b(\hat{\boldsymbol{u}})=\boldsymbol{U\Delta U}^{\mathrm{H}} \tag{5.55}$$

其中，$\boldsymbol{U}\in\mathbb{C}^{AB\times AB}$ 为 $T_b(\hat{\boldsymbol{u}})$ 的特征向量构成的酉矩阵，$\boldsymbol{\Delta}\in\mathbb{R}^{AB\times AB}$ 为 $T_b(\hat{\boldsymbol{u}})$ 的特

征值构成的对角矩阵。

②确定声源数目 $\hat{k}$:将大于给定阈值的特征值数目设定为声源数目 $\hat{k}$。本章设定阈值为最大特征值的 1%。记 $\boldsymbol{\Delta}_e \in \mathbb{C}^{\hat{k}\times\hat{k}}$ 为 $\hat{k}$ 个大特征值的平方根构成的对角矩阵,$\boldsymbol{U}_e \in \mathbb{C}^{AB\times\hat{k}}$ 为 $\hat{k}$ 个大特征值对应的特征向量构成的矩阵,令 $\boldsymbol{Y}=\boldsymbol{U}_e\boldsymbol{\Delta}_e \in \mathbb{C}^{AB\times\hat{k}}$。

③计算 $\{\mathrm{e}^{\mathrm{j}2\pi\hat{t}_{1m}} | m=1,2,\cdots,\hat{k}\}$:删除 $\boldsymbol{Y}$ 的前 B 行得 $\boldsymbol{Y}_d \in \mathbb{C}^{(A-1)B\times\hat{k}}$,删除 $\boldsymbol{Y}$ 的后 B 行得 $\boldsymbol{Y}_u \in \mathbb{C}^{(A-1)B\times\hat{k}}$,计算矩阵束$(\boldsymbol{Y}_d,\boldsymbol{Y}_u)$的广义特征值得 $\{\mathrm{e}^{\mathrm{j}2\pi\hat{t}_{1m}} | m=1,2,\cdots,\hat{k}\}$。

④构造排序矩阵:$\mathcal{P}=[\boldsymbol{\rho}(1),\boldsymbol{\rho}(1+A),\cdots,\boldsymbol{\rho}(1+(B-1)A),\boldsymbol{\rho}(2),\boldsymbol{\rho}(2+A),\cdots,\boldsymbol{\rho}(2+(B-1)A),\cdots,\boldsymbol{\rho}(A),\boldsymbol{\rho}(A+A),\cdots,\boldsymbol{\rho}(AB)] \in \mathbb{R}^{AB\times AB}$,其中 $\boldsymbol{\rho}(i) \in \mathbb{R}^{AB\times 1}$ 表示第 i 个元素为 1 其他元素为 0 的列向量。$\mathcal{P}\,T_b(\hat{\boldsymbol{u}})\mathcal{P}^{\mathrm{T}}$ 将 $T_b(\hat{\boldsymbol{u}})$ 重新排列成包含 $B\times B$ 个块的二重 Toepliz 矩阵,每块均为 $A\times A$ 维 Toepliz 矩阵。特征值分解 $\mathcal{P}\,T_b(\hat{\boldsymbol{u}})\mathcal{P}^{\mathrm{T}}$:

$$\mathcal{P}\,T_b(\hat{\boldsymbol{u}})\mathcal{P}^{\mathrm{T}}=\boldsymbol{U}_{\mathcal{P}}\boldsymbol{\Delta}_{\mathcal{P}}\boldsymbol{U}_{\mathcal{P}}^{\mathrm{H}} \tag{5.56}$$

其中,$\boldsymbol{U}_{\mathcal{P}} \in \mathbb{C}^{AB\times AB}$ 为$\mathcal{P}\,T_b(\hat{\boldsymbol{u}})\mathcal{P}^{\mathrm{T}}$ 的特征向量构成的酉矩阵,$\boldsymbol{\Delta}_{\boldsymbol{P}} \in \mathbb{R}^{AB\times AB}$ 为$\mathcal{P}\,T_b(\hat{\boldsymbol{u}})\mathcal{P}^{\mathrm{T}}$ 的特征值构成的对角矩阵。记 $\boldsymbol{\Delta}_{\mathcal{P}_e} \in \mathbb{C}^{\hat{k}\times\hat{k}}$ 为 $\hat{k}$ 个大特征值的平方根构成的对角矩阵,$\boldsymbol{U}_{\mathcal{P}_e} \in \mathbb{C}^{AB\times\hat{k}}$ 为 $\hat{k}$ 个大特征值对应的特征向量构成的矩阵,令 $\boldsymbol{Y}_{\mathcal{P}}=\boldsymbol{U}_{\mathcal{P}_e}\boldsymbol{\Delta}_{\mathcal{P}_e} \in \mathbb{C}^{AB\times\hat{k}}$。

⑤计算 $\{\mathrm{e}^{\mathrm{j}2\pi\hat{t}_{2n}} | n=1,2,\cdots,\hat{k}\}$:删除 $\boldsymbol{Y}_{\mathcal{P}}$的前 A 行得 $\boldsymbol{Y}_{\mathcal{P}d} \in \mathbb{C}^{A(B-1)\times\hat{k}}$,删除 $\boldsymbol{Y}_{\mathcal{P}}$ 的后 A 行得 $\boldsymbol{Y}_{\mathcal{P}u} \in \mathbb{C}^{A(B-1)\times\hat{k}}$,计算矩阵束$(\boldsymbol{Y}_{\mathcal{P}d},\boldsymbol{Y}_{\mathcal{P}u})$的广义特征值得 $\{\mathrm{e}^{\mathrm{j}2\pi\hat{t}_{2n}} | n=1,2,\cdots,\hat{k}\}$。

⑥根据下列函数来依次为 $m=1,2,\cdots,\hat{k}$ 配对 n:

$$f(m)=\underset{n\in\{1,2,\cdots,\hat{k}\}-\{f(1),f(2),\cdots,f(m-1)\}}{\operatorname{argmax}} \left\| \boldsymbol{U}_e^{\mathrm{H}}\left([1,\mathrm{e}^{\mathrm{j}2\pi\hat{t}_{1m}},\cdots,\mathrm{e}^{\mathrm{j}2\pi\hat{t}_{1m}(A-1)}]^{\mathrm{T}}\otimes [1,\mathrm{e}^{\mathrm{j}2\pi\hat{t}_{2n}},\cdots,\mathrm{e}^{\mathrm{j}2\pi\hat{t}_{2n}(B-1)}]^{\mathrm{T}}\right)\right\|_2^2 \tag{5.57}$$

进而得$\{(\mathrm{e}^{\mathrm{j}2\pi\hat{t}_{1m}},\mathrm{e}^{\mathrm{j}2\pi\hat{t}_{2f(m)}})\mid m=1,2,\cdots,\hat{k}\}$，简记为$\{(\mathrm{e}^{\mathrm{j}2\pi\hat{t}_{1i}},\mathrm{e}^{\mathrm{j}2\pi\hat{t}_{2i}})\mid i=1,2,\cdots,\hat{k}\}$。

⑦由 $\hat{t}_{1i}=\mathrm{Im}(\ln(\mathrm{e}^{\mathrm{j}2\pi\hat{t}_{1i}}))/2\pi$，$\hat{t}_{2i}=\mathrm{Im}(\ln(\mathrm{e}^{\mathrm{j}2\pi\hat{t}_{2i}}))/2\pi$ 得$\{(\hat{t}_{1i},\hat{t}_{2i})\mid i=1,2,\cdots,\hat{k}\}$，$\mathrm{Im}(\cdot)$表示取括号内变量的虚部。根据$(t_{1i},t_{2i})$与$(\theta_{\mathrm{S}i},\phi_{\mathrm{S}i})$的关系进一步由$\{(\hat{t}_{1i},\hat{t}_{2i})\mid i=1,2,\cdots,\hat{k}\}$计算$\{(\hat{\theta}_{\mathrm{S}i},\hat{\phi}_{\mathrm{S}i})\mid i=1,2,\cdots,\hat{k}\}$。

根据估计的声源 DOA，可基于最小二乘法量化声源强度。记 $\hat{\boldsymbol{D}}=[\boldsymbol{d}(\hat{t}_{11},\hat{t}_{21}),\boldsymbol{d}(\hat{t}_{12},\hat{t}_{22}),\cdots,\boldsymbol{d}(\hat{t}_{1\hat{k}},\hat{t}_{2\hat{k}})]\in\mathbb{C}^{AB\times\hat{k}}$ 为根据估计的声源 DOA 计算的感知矩阵，各快拍下各声源的强度组成的矩阵 $\hat{\boldsymbol{S}}=[\boldsymbol{s}_1^{\mathrm{T}},\boldsymbol{s}_2^{\mathrm{T}},\cdots,\boldsymbol{s}_{\hat{k}}^{\mathrm{T}}]^{\mathrm{T}}\in\mathbb{C}^{\hat{k}\times L}$ 可量化为

$$\hat{\boldsymbol{S}}=\hat{\boldsymbol{D}}^{+}\hat{\boldsymbol{P}} \tag{5.58}$$

其中，$(\cdot)^{+}$表示伪逆。

5.2 数值模拟

5.2.1 声源识别案例

假设 5 个互不相干的声源，DOA 依次为(73°,82°)，(26°,142°)，(62°,228°)，(27°,193°)和(37°,301°)，强度($\|\boldsymbol{s}_i\|_2/\sqrt{L}$)依次为 100 dB，97 dB，97 dB，94 dB 和 90 dB，声波频率为 4 000 Hz，多数据快拍时快拍总数取 10，添加 SNR 为 20 dB 的独立同分布高斯白噪声干扰。传声器阵列如图 5.2 所示。采用 CVX 和 ADMM 求解时估计 $\varepsilon=\|\boldsymbol{N}\|_{\mathrm{F}}$；ADMM 中 $\rho=1$，最大迭代次数取 1 000；IVDST 中 $\delta=0.5$，最大迭代次数取 2 000。

(1)单快拍

图 5.3 为单快拍情形下无网格压缩波束形成的声源识别结果，图 5.3(a)、(c)、(e)和图 5.3(b)、(d)、(f)分别对应矩形阵列和稀疏矩形阵列，图 5.3(a) (b)、图 5.3(c)(d)、图 5.3(e)(f)分别对应 CVX、ADMM 和 IVDST 求解。可以看出,无论采用矩形阵列还是稀疏矩形阵列,声源 DOA 被准确估计且强度被准确量化。表 5.3 对比了 3 种求解器下无网格压缩波束形成的估计误差及计算耗时。在 DOA 估计准确度方面,3 种求解器几乎相当;在声源强度量化准确度方面,基于 ADMM 的求解器低于另外两种求解器;在计算耗时方面,基于 ADMM 的求解器的耗时远小于另外两种求解器的耗时。

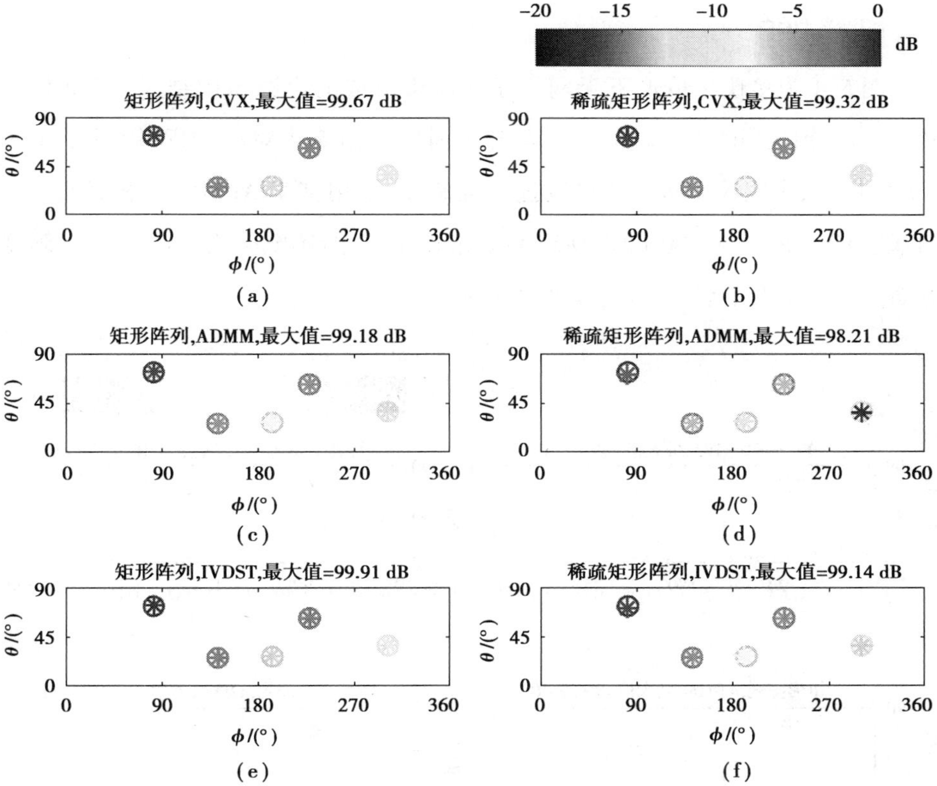

图 5.3 单快拍情形下无网格压缩波束形成的声源识别结果

表 5.3　图 5.3 对应的误差及获得图 5.3 的耗时

求解器	声源 DOA 估计误差/°		声源强度量化误差/dB		计算耗时/s	
	矩形阵列	稀疏矩形阵列	矩形阵列	稀疏矩形阵列	矩形阵列	稀疏矩形阵列
CVX	0.43	0.77	0.45	1.24	1.78	1.58
ADMM	0.46	1.11	1.44	3.58	0.47	0.67
IVDST	0.46	0.92	0.28	1.56	5.19	7.43

(2)多快拍

图 5.4 为多快拍情形下无网格压缩波束形成的声源识别结果，声源 DOA 被准确估计且强度被准确量化。表 5.4 列出了图 5.4 对应的误差，其小于表 5.3 中误差，表明采用多快拍可以提高准确度，采用基于 ADMM 的求解器与采用基于 CVX 的求解器获得的 DOA 估计准确度几乎相当，声源强度量化准确度方面前者轻微低于后者，这与单快拍情形一致。

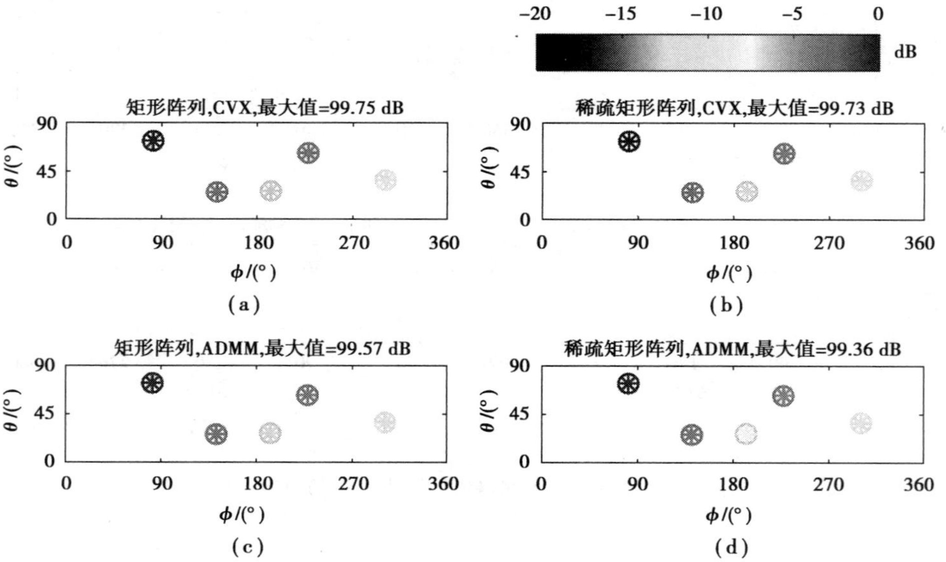

图 5.4　多快拍情形下无网格压缩波束形成的声源识别结果

表 5.4　图 5.4 对应的误差

求解器	声源 DOA 估计误差/°		声源强度量化误差/dB	
	矩形阵列	稀疏矩形阵列	矩形阵列	稀疏矩形阵列
CVX	0.17	0.17	0.37	0.44
ADMM	0.19	0.23	0.70	1.11

5.2.2　性能分析

本节基于两种工况下的蒙特卡罗数值模拟分析无网格压缩波束形成的性能,采用传声器均匀分布的矩形阵列。声源最小分离 $\Delta_{\min}$ 与声源 DOA、传声器间隔和波长有关,定义式为:

$$\Delta_{\min}=\min_{i,i'\in\{1,2,\cdots,I\},i\neq i'}\max\{|t_{1i}-t_{1i'}|_w,|t_{2i}-t_{2i'}|_w\}\tag{5.59}$$

其中,i 和 i' 均为声源索引,$|t_{1i}-t_{1i'}|_w$ 和 $|t_{2i}-t_{2i'}|_w$ 分别表示 t_{1i} 与 $t_{1i'}$ 和 t_{2i} 与 $t_{2i'}$ 在单位圆上的环绕距离。两种工况的信息见表 5.5,各工况中 11 个数据快拍数目值被计算。工况一中,11 个声源最小分离值被计算;工况二中,11 个噪声干扰 SNR 值被计算。各工况中,声源数目 $I=2$,声源互不相干,每个声源均具有单位强度,频率固定为 4 000 Hz。

表 5.5　工况信息

	声源最小分离($\sqrt{AB}\Delta_{\min}$)	噪声干扰(SNR/dB)	数据快拍数目
工况一	0.1, 0.2, 0.3, 0.4, 0.5, 0.6, 0.8, 1.0, 1.2, 1.4, 1.6	无	1, 2, 4, 6, 8, 10, 12, 14, 16, 18, 20
工况二	≈1.6	−5, 0, 5, 10, 15, 20, 25, 30, 35, 40, 45	1, 2, 4, 6, 8, 10, 12, 14, 16, 18, 20

定义互补累积分布函数(Complementary Cumulative Distribution Function, CCDF)、均方根误差(Root Mean Square Error, RMSE)和标准 ℓ_2 范数误差

(Normalized ℓ_2 Norm Error, $\mathrm{N}\ell_2\mathrm{NE}$)3 个统计量来度量蒙特卡罗运算的结果。CCDF(T)表示声源 DOA 的真实值与估计值之间的角距离大于 T 的概率,

$$\mathrm{CCDF}(T)=\frac{\mathrm{size}([\Delta\Omega_{\mathrm{S}i,d}\mid\Delta\Omega_{\mathrm{S}i,d}>T])}{ID} \tag{5.60}$$

其中,D 为蒙特卡罗运算的总数,$\Delta\Omega_{\mathrm{S}i,d}$ 为第 d 次运算中第 i 号声源 DOA 的真实值与估计值之间的角距离,$[\Delta\Omega_{\mathrm{S}i,d}\mid\Delta\Omega_{\mathrm{S}i,d}>T]$ 为所有大于 T 的 $\Delta\Omega_{\mathrm{S}i,d}$ 组成的列向量,size(·)表示括号内向量包含的元素个数。$\Delta\Omega_{\mathrm{S}i,d}$ 的表达式为

$$\Delta\Omega_{\mathrm{S}i,d}=\frac{180}{\pi}\times\arccos(\cos\hat{\theta}_{\mathrm{S}i,d}\cos\theta_{\mathrm{S}i,d}+\cos(\hat{\phi}_{\mathrm{S}i,d}-\phi_{\mathrm{S}i,d})\sin\hat{\theta}_{\mathrm{S}i,d}\sin\theta_{\mathrm{S}i,d}) \tag{5.61}$$

其中,$(\theta_{\mathrm{S}i,d},\phi_{\mathrm{S}i,d})$和$(\hat{\theta}_{\mathrm{S}i,d},\hat{\phi}_{\mathrm{S}i,d})$分别为第 d 次运算中第 i 号声源 DOA 的真实值与估计值。每次运算中,按照 DOA 最近原则配对真实声源与估计声源:若估计的声源总数 $\hat{I}$ 不小于真实的声源总数 I,取估计的前 I 个强声源与真实声源逐一配对;若 $\hat{I}$ 小于 I,将估计声源与 $\hat{I}$ 个真实声源逐一配对,剩下的 $I-\hat{I}$ 个声源丢失,对应的 $\Delta\Omega_{\mathrm{S}i,d}$ 为∞。RMSE 表示声源 DOA 的真实值与估计值之间的误差,

$$\mathrm{RMSE}=\frac{\|[\Delta\Omega_{\mathrm{S}i,d}\mid\Delta\Omega_{\mathrm{S}i,d}\leqslant T_1]\|_2}{\sqrt{\mathrm{size}([\Delta\Omega_{\mathrm{S}i,d}\mid\Delta\Omega_{\mathrm{S}i,d}\leqslant T_1])}} \tag{5.62}$$

其中,$[\Delta\Omega_{\mathrm{S}i,d}\mid\Delta\Omega_{\mathrm{S}i,d}\leqslant T_1]$为所有不大于 T_1 的 $\Delta\Omega_{\mathrm{S}i,d}$ 组成的列向量,运用条件 $\Delta\Omega_{\mathrm{S}i,d}\leqslant T_1$ 是为了将 $\Delta\Omega_{\mathrm{S}i,d}$ 很大的特殊样本剔除,这些样本出现的概率很低,但会显著增大 RMSE,导致对 DOA 估计误差的评价不客观。$\mathrm{N}\ell_2\mathrm{NE}$ 用于衡量声源强度的量化准确度,

$$\mathrm{N}\ell_2\mathrm{NE}=\frac{\|[\hat{s}_{i,d}-s_{i,d}\mid\Delta\Omega_{\mathrm{S}i,d}\leqslant T_1,20\ \log_{10}|\hat{s}_{i,d}/s_{i,d}-1|\leqslant 6]\|_2}{\|[s_{i,d}\mid\Delta\Omega_{\mathrm{S}i,d}\leqslant T_1,20\ \log_{10}|\hat{s}_{i,d}/s_{i,d}-1|\leqslant 6]\|_2} \tag{5.63}$$

其中,$s_{i,d}$ 和 $\hat{s}_{i,d}$ 分别为第 d 次蒙特卡罗运算中第 i 号声源强度的真实值和估计值,分子中列向量由满足 $\Delta\Omega_{\mathrm{S}i,d}\leqslant T_1$ 和 $20\log_{10}|\hat{s}_{i,d}/s_{i,d}-1|\leqslant 6$ 的所有 i 和 d 对应的 $\hat{s}_{i,d}-s_{i,d}$ 组成,分母中列向量由满足 $\Delta\Omega_{\mathrm{S}i,d}\leqslant T_1$ 和 $20\ \log_{10}|\hat{s}_{i,d}/s_{i,d}-1|\leqslant 6$

的所有 i 和 d 对应的 $s_{i,d}$ 组成。通常声源 DOA 被准确估计时，强度也会被准确量化，运用 $20\log_{10}|\hat{s}_{i,d}/s_{i,d}-1|\leqslant 6$ 是为了剔除声源强度被严重过估计的特殊样本。

图 5.5 为两种工况下各统计量的柱状图，第Ⅰ列对应工况一，第Ⅱ列对应工况二。对工况一，图 5.5(aⅠ)中，$\Delta_{\min}\geqslant 0.8/\sqrt{AB}$时所有 CCDF(1°)几乎均为 0，$\Delta\Omega_{\mathrm{Si},d}$ 大概率地小于 1°；$\Delta_{\min}\leqslant 0.3/\sqrt{AB}$时，所有 CCDF(1°)均较大，最大约 0.91，$\Delta\Omega_{\mathrm{Si},d}$ 大概率地大于 1°；$0.4/\sqrt{AB}\leqslant\Delta\min\leqslant 0.6/\sqrt{AB}$时，增多数据快拍能降低 CCDF(1°)的值，即提高 $\Delta\Omega_{\mathrm{Si},d}$ 不大于 1°的概率。图 5.5(bⅠ)中，所有 CCDF(10°)均很小，说明仅少量样本对应的 $\Delta\Omega_{\mathrm{Si},d}$ 大于 10°，计算 RMSE 和 Nℓ_2NE 时令 $T_1=10°$。图 5.5(cⅠ)和(dⅠ)分别为 RMSE 和 Nℓ_2NE 的柱状图，$\Delta_{\min}\geqslant 0.8/\sqrt{AB}$时，所有 RMSE 和 N$\ell_2$NE 均很小；$\Delta_{\min}\leqslant 0.3/\sqrt{AB}$时所有 RMSE 和 N$\ell_2$NE 均相对较大；$0.4/\sqrt{AB}\leqslant\Delta_{\min}\leqslant 0.6/\sqrt{AB}$时，增多数据快拍能明显降低 RMSE 和 N$\ell_2$NE。由第Ⅰ列可知：对不相干声源，无网格压缩波束形成高概率准确估计声源 DOA 和量化声源强度的前提是声源足够分离；声源足够分离时，即使仅用单数据快拍，也能高概率获得准确结果；增多数据快拍能一定程度上降低对声源分离的要求，使无网格压缩波束形成在更小声源分离下能高概率获得准确结果。对工况二，图 5.5(aⅡ)中，增多数据快拍使 CCDF(1°)几乎为 0 的区域向更低 SNR 延伸，图 5.5(bⅡ)中，CCDF(10°)均很小，图 5.5(cⅡ)和(dⅡ)中，RMSE 和 Nℓ_2NE 随 SNR 的增大而降低。由第Ⅱ列可知：对不相干声源，噪声干扰不过强时，即使仅用单数据快拍，无网格压缩波束形成也能高概率准确估计声源 DOA 和量化声源强度；增多数据快拍使无网格压缩波束形成在更强噪声干扰下能高概率获得准确结果。值得说明的是，除增多数据快拍不能改善对小分离相干声源的识别性能外，上述针对不相干声源的其他结论亦适用于相干声源。

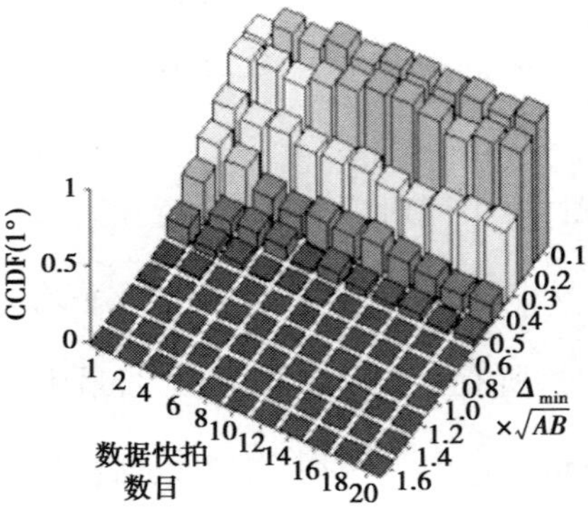

(a Ⅰ)工况一，CCDF(1°)

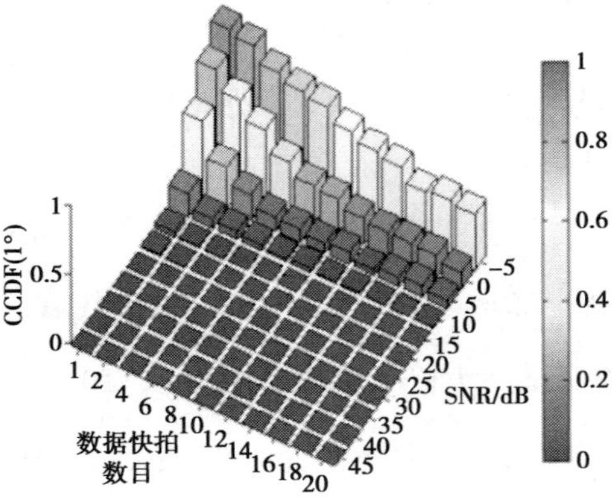

(a Ⅱ)工况二，CCDF(1°)

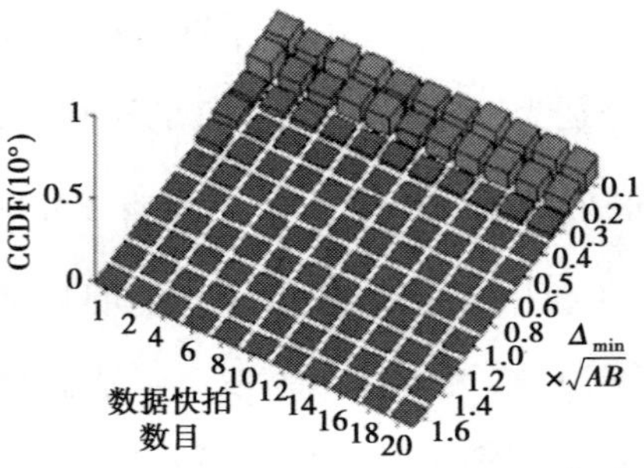

(b Ⅰ)工况一，CCDF(10°)

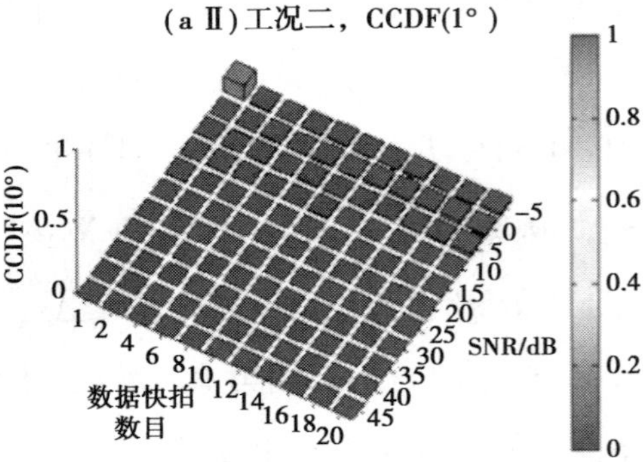

(b Ⅱ)工况二，CCDF(10°)

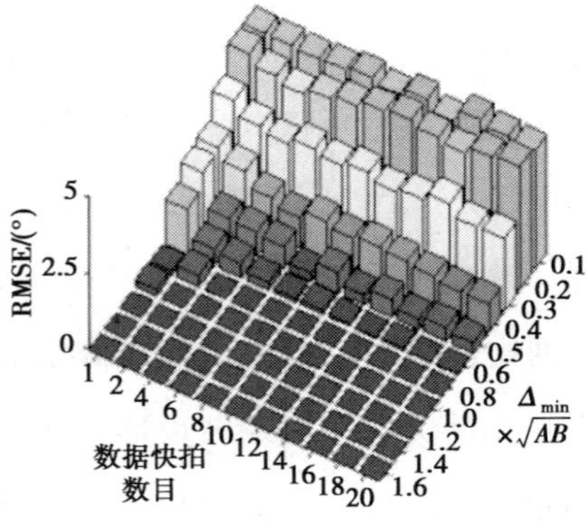

(c Ⅰ)工况一，RMSE

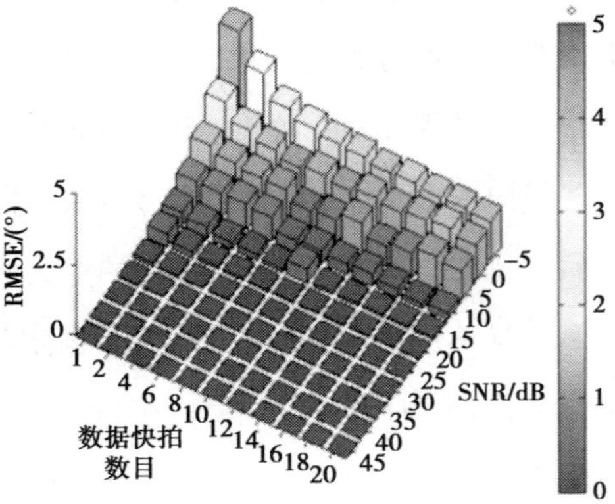

(c Ⅱ)工况二，RMSE

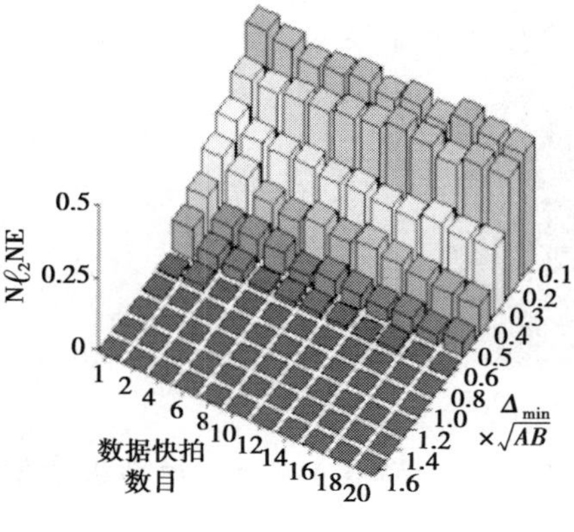

(d Ⅰ)工况一，$N\ell_2NE$

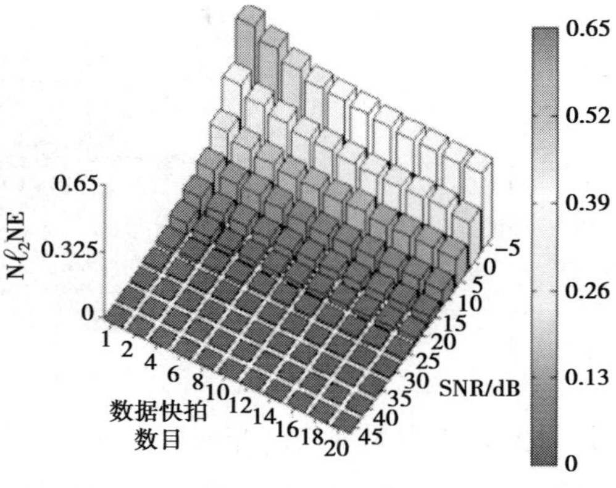

(d Ⅱ)工况二，$N\ell_2NE$

图 5.5 两种工况下各统计量的柱状图

5.3 试验验证

在半消声室内使用传声器均匀分布的矩形阵列对两个扬声器进行试验测量。图 5.6 为试验布局，阵列由 64 支 Brüel & Kjær 公司的 4958 型传声器构成，$A=B=8$，传声器间距为 $\Delta x=\Delta y=0.035$ m。两扬声器的 DOA 约为(24.13°,0°)和(24.13°,180°)。由于地面反射，两扬声器存在镜像源且 DOA 约为(32.13°,315.52°)和(32.13°,224.48°)。各传声器测量的声压信号经 PULSE 3660C 型数据采集系统同步采集并传输到 Labshop 软件中进行频谱分析，得声压频谱。采样频率 16 384 Hz，信号添加汉宁窗，每个快拍时长 1 s、对应的频率分辨率为 1 Hz。扬声器由稳态白噪声信号激励，声源不完全相干（仅各扬声器声源与其自身的镜像声源相干）。基于无网格连续压缩波束形成进行后处理时，相关参数的设定与数值模拟中一致。后续呈现结果对应 4 000 Hz 频率，此时，声源的最小分离为 0.15（即 $1.22/\sqrt{AB}$），若将声源最小分离 Δ_{min} 是否不小于 $1/\sqrt{AB}$ 作为声源是否足够分离的判据，该试验声源属于足够分离情形。

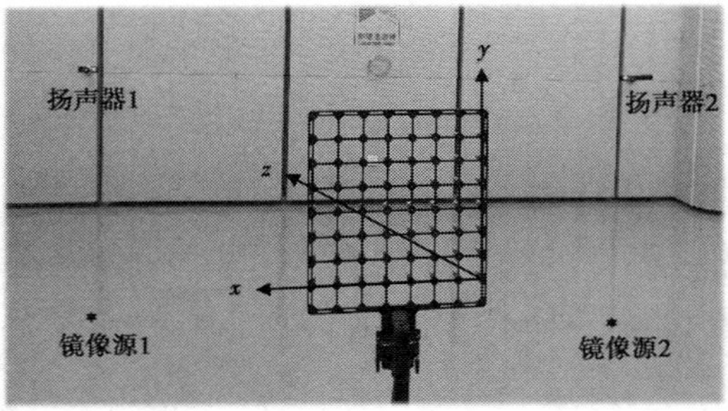

图 5.6　试验布局

图 5.7 为无网格压缩波束形成的声源识别结果,第(Ⅰ)列对应单数据快拍情形($L=1$),第(Ⅱ)列对应多数据快拍情形($L=10$)。对比第(Ⅰ)列,采用 3 种求解器获得的声源 DOA 估计准确度几乎相当。综合第(Ⅰ)列和第(Ⅱ)列可知,声源足够分离时,无论采用单数据快拍还是多数据快拍,无网格压缩波束形成均准确估计出了每个声源的 DOA。

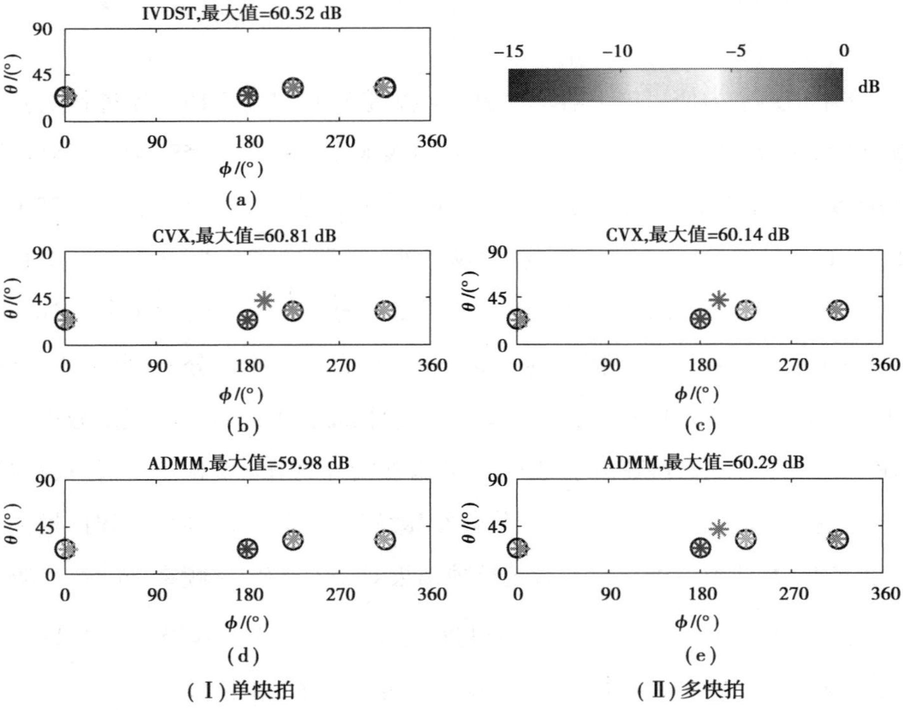

图 5.7　扬声器声源识别结果

5.4 阵列形式扩展

上述无网格压缩波束形成方法局限于传声器规则分布的矩形阵列和稀疏矩形阵列。为打破该限制,本节扩展该方法至任意平面阵列形式。核心是基于传声器响应函数的周期性和带限性质,推导建立连续角度域下传声器接收声压的二维傅里叶级数展开形式[37]。

如图 5.8 所示为基于平面波假设且使用任意平面阵列的测量模型,"●"表示传声器,阵列中心为坐标原点,ϕ_q 表示第 q 号传声器的方位角,$q=1,2,\cdots,Q$,Q 为传声器总数。

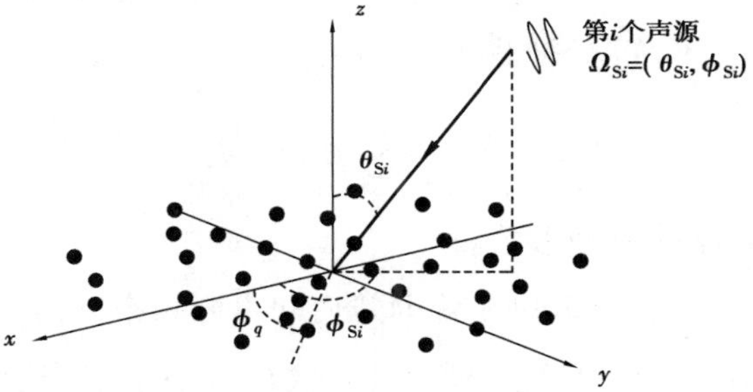

图 5.8 任意平面传声器阵列测量模型

单数据快拍测量情形下,式(5.1) 所示稀疏声源方程亦可写为 $x(\theta,\phi)=\sum_{i=1}^{I}s_i\delta(\theta-\theta_{Si},\phi-\phi_{Si})$。声源在坐标为$(\pi/2,\phi_q)$的第 q 号传声器位置处产生的声压为

$$p_q=\sum_{i=1}^{I}s_i\alpha_q(\theta_{Si},\phi_{Si})=\iint_{\mathbb{T}}\alpha_q(\theta,\phi)x(\theta,\phi)\mathrm{d}\theta\mathrm{d}\phi \tag{5.64}$$

其中,$\mathbb{T}=\{(\theta,\phi)\mid\theta\in[0,\pi/2],\phi\in[0,2\pi)\}$,$\alpha_q(\theta,\phi)$表示第 q 号传声器对(θ,ϕ)方向单位强度声源的声压响应,表达式为

$$\alpha_q(\theta,\phi)=\mathrm{e}^{\mathrm{j}2\pi f\tau_q(\theta,\phi)} \tag{5.65}$$

其中,$\tau_q(\theta,\phi)$表示相对于坐标原点的传播延迟。$\tau_q(\theta,\phi)=|\boldsymbol{r}_q|\cos(\angle\boldsymbol{r}_q,$

$\boldsymbol{u}_{\theta,\phi})/c=|\boldsymbol{r}_q|\sin\theta\cos(\phi-\phi_q)/c$，其中$\angle\boldsymbol{r}_q,\boldsymbol{u}_{\theta,\phi}$表示第$q$号传声器位置矢量$\boldsymbol{r}_q$与$(\theta,\phi)$方向的单位向量$\boldsymbol{u}_{\theta,\phi}$之间的夹角，则式(5.65)变为

$$\alpha_q(\theta,\phi)=\mathrm{e}^{\mathrm{j}2\pi(|\boldsymbol{r}_q|/\lambda)\sin\theta\cos(\phi-\phi_q)} \tag{5.66}$$

5.4.1 傅里叶级数表达

由式(5.66)可知，$\alpha_q(\theta,\phi)$是关于θ和ϕ的周期函数，且周期均为2π。$\alpha_q(\theta,\phi)$可表示为傅里叶级数展开形式

$$\alpha_q(\theta,\phi)\simeq\sum_{k_\theta=-\infty}^{\infty}\sum_{k_\phi=-\infty}^{\infty}\beta_q(k_\theta,k_\phi)\mathrm{e}^{\mathrm{j}(k_\theta\theta+k_\phi\phi)} \tag{5.67}$$

其中，k_θ和k_ϕ分别表示θ和ϕ方向的傅里叶系数索引，$\beta_q(k_\theta,k_\phi)$表示傅里叶系数。当傅里叶系数索引$|k_\theta|>N_\theta$或$|k_\phi|>N_\phi$时，傅里叶系数$|\beta_q(k_\theta,k_\phi)|\approx 0$，此时$\alpha_q(\theta,\phi)$可在$N_\theta$和$N_\phi$处被截断，近似为

$$\alpha_q(\theta,\phi)\simeq\sum_{k_\theta=-N_\theta}^{N_\theta}\sum_{k_\phi=-N_\phi}^{N_\phi}\beta_q(k_\theta,k_\phi)\mathrm{e}^{\mathrm{j}(k_\theta\theta+k_\phi\phi)} \tag{5.68}$$

其中，N_ϕ，N_θ和N_ϕ表示截断参数。

傅里叶系数$\beta_q(k_\theta,k_\phi)$取决于阵列几何和声源频率，可通过计算所有传声器的$\beta_q(k_\theta,k_\phi)$来确定N_θ和N_ϕ。傅里叶系数$\beta_q(k_\theta,k_\phi)$可表示为$\alpha_q(\theta,\phi)$的离散傅里叶变换，假定在θ和ϕ方向均有足够多的采样以避免频谱混叠，则

$$\beta_q(k_\theta,k_\phi)\simeq\frac{1}{(2N_\theta+1)(2N_\phi+1)}$$
$$\sum_{l_\theta=-N_\theta}^{N_\theta}\sum_{l_\phi=-N_\phi}^{N_\phi}\alpha_q(l_\theta\Delta\theta,l_\phi\Delta\phi)\mathrm{e}^{-\mathrm{j}2\pi(k_\theta l_\theta/(2N_\theta+1)+k_\phi l_\phi/(2N_\phi+1))} \tag{5.69}$$

其中，$\Delta\theta=2\pi/(2N_\theta+1)$，$\Delta\phi=2\pi/(2N_\phi+1)$。

随着N_θ和N_ϕ的增加，$\alpha_q(\theta,\phi)$被近似的程度逐渐提高，但后续无网格压缩波束形成所涉及的SDP的计算复杂度会显著增加。通过对连续函数$\alpha_q(\theta,\phi)$[式(5.66)]的傅里叶系数[式(5.69)]进行数值研究可以确定任意平面阵列几何所需N_θ和N_ϕ的最小值。幅值$|\beta_q(k_\theta,k_\phi)|$仅取决于$|\boldsymbol{r}_q|/\lambda$，$\theta$和$(\phi-\phi_q)$只改变$\beta_q(k_\theta,k_\phi)$的相位，通过计算任意$|\boldsymbol{r}_q|/\lambda$对应的$\beta_q(k_\theta,k_\phi)$可确定$N_\theta$和$N_\phi$

的最小值，其平方幅值 $|\beta_q(k_\theta,k_\phi)|^2$（dB，参考每个 $|\boldsymbol{r}_q|/\lambda$ 对应的最大值）如图 5.9 所示，动态范围为 −200 dB。图 5.9(a) 说明 $|\beta_q(k_\theta,k_\phi)|^2$ 呈现锥形分布，图 5.9(b) 说明对应任意 $|\boldsymbol{r}_q|/\lambda$，$|\beta_q(k_\theta,k_\phi)|^2$ 呈现类正方形对称分布。从图 5.9(a)(b) 可知，$|\boldsymbol{r}|/\lambda$ 越大，类正方形的面积越大，意味着所需的 N_θ 和 N_ϕ 越大。通过 $k_\phi=0$ 和 $k_\theta=0$ 时 $|\beta_q(k_\theta,k_\phi)|^2$ 与 $|\boldsymbol{r}|/\lambda$ 的关系确定 N_θ 和 N_ϕ。因为对任意 $|\boldsymbol{r}|/\lambda$，$|\beta_q(k_\theta,k_\phi)|^2$ 对称分布，即 $N_\theta=N_\phi$，所以只需确定 N_θ 或 N_ϕ（为了简便记为 N）即可。图 5.9(c) 表示图 5.9(a) 中对应 $k_\theta=0$ 时的纵向切面，可以看出 $|\beta_q(k_\theta,k_\phi)|^2$ 是有限带宽的，且带宽随着 $|\boldsymbol{r}|/\lambda$ 的增大而增加，最远传感器到阵列中心的距离 $|\boldsymbol{r}|_{\max}$ 限制了 N 的取值。为了降低计算复杂度，通过截断低于 $10^{\zeta/20}|\beta_q(k_\theta,k_\phi)|_{\max}$ 的傅里叶系数确定 N，ζ 为选择的阈值。图 5.9(c) 中的虚线表示 $\zeta=-80$ dB，−100 dB 和 −120 dB 时 $|\beta_q(k_\theta,k_\phi)|^2$ 的边界。图 5.9(d) 表示对应 3 种阈值 ζ 下最小 N 的线性拟合函数。例如，$\zeta=-80$ dB 时丢弃低于 $10^{-4}|\beta_q(k_\theta,k_\phi)|_{\max}$ 的傅里叶系数对应的展开项，N 与 $|\boldsymbol{r}|/\lambda$ 之间的线性关系近似为 $N=7.63|\boldsymbol{r}|/\lambda+5.88$。

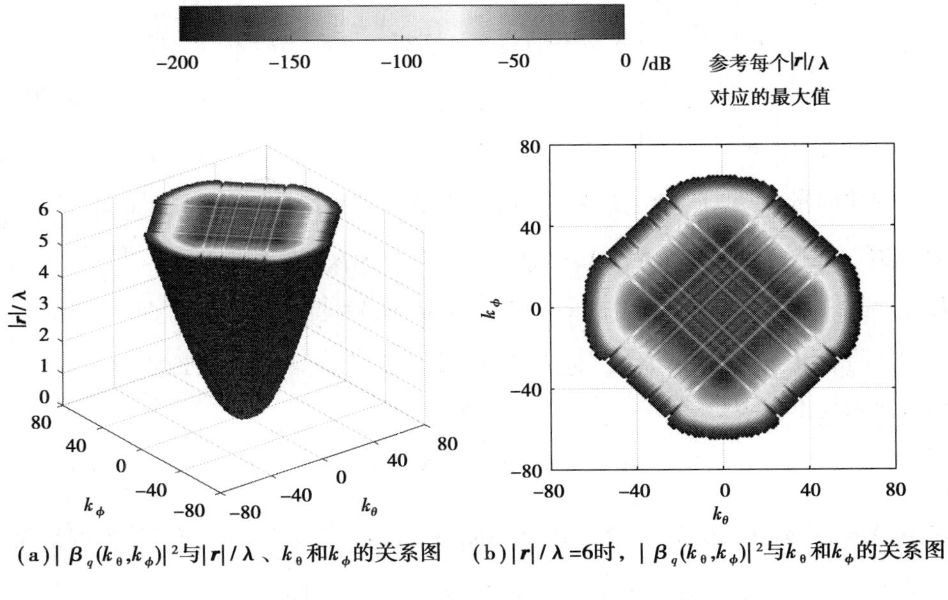

(a) $|\beta_q(k_\theta,k_\phi)|^2$ 与 $|\boldsymbol{r}|/\lambda$、k_θ 和 k_ϕ 的关系图　(b) $|\boldsymbol{r}|/\lambda=6$ 时，$|\beta_q(k_\theta,k_\phi)|^2$ 与 k_θ 和 k_ϕ 的关系图

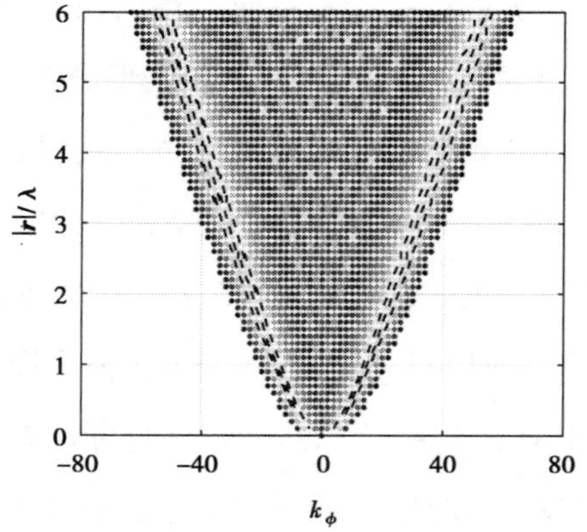

(c) k_θ=0时，$|\beta_q(k_\theta,k_\phi)|^2$与$|\boldsymbol{r}|/\lambda$和$k_\phi$的关系图，虚线表示 ζ=−80 dB，−100 dB和−120 dB时$|\beta_q(k_\theta,k_\phi)|^2$ 的边界

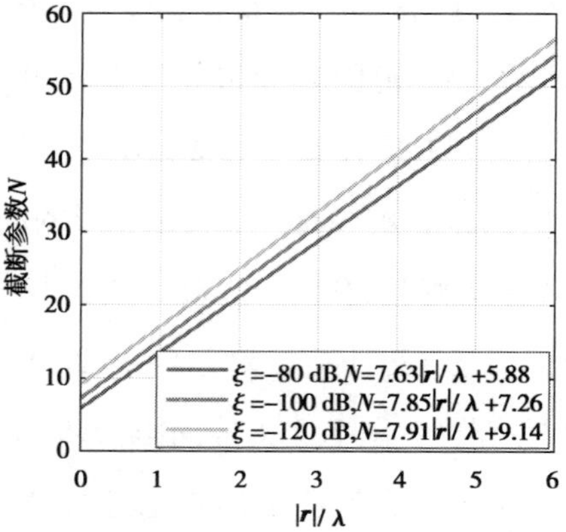

(d) 3种 ζ 取值下的N随$|\boldsymbol{r}|/\lambda$ 的变化曲线

图 5.9　截断参数 N 与 $|\boldsymbol{r}|/\lambda$ 间关系的确定

联合式(5.64)、式(5.68)、式(5.69)，且 $N_\theta=N_\phi=N$，可得

$$\begin{aligned}p_q &= \sum_{i=1}^{I} s_i \sum_{k_\theta=-N}^{N} \sum_{k_\phi=-N}^{N} \beta_q(k_\theta,k_\phi)\,\mathrm{e}^{\mathrm{j}(k_\theta\theta_{\mathrm{S}i}+k_\phi\phi_{\mathrm{S}i})}\\ &= [\beta_q(-N,-N),\cdots,\beta_q(-N,N),\cdots,\beta_q(N,-N),\cdots,\beta_q(N,N)]\\ &\quad\cdot\left[\begin{bmatrix}\mathrm{e}^{-\mathrm{j}N\theta_{\mathrm{S}1}}\\ \vdots\\ \mathrm{e}^{\mathrm{j}N\theta_{\mathrm{S}1}}\end{bmatrix}\otimes\begin{bmatrix}\mathrm{e}^{-\mathrm{j}N\phi_{\mathrm{S}1}}\\ \vdots\\ \mathrm{e}^{\mathrm{j}N\phi_{\mathrm{S}1}}\end{bmatrix},\cdots,\begin{bmatrix}\mathrm{e}^{-\mathrm{j}N\theta_{\mathrm{S}I}}\\ \vdots\\ \mathrm{e}^{\mathrm{j}N\theta_{\mathrm{S}I}}\end{bmatrix}\otimes\begin{bmatrix}\mathrm{e}^{-\mathrm{j}N\phi_{\mathrm{S}I}}\\ \vdots\\ \mathrm{e}^{\mathrm{j}N\phi_{\mathrm{S}I}}\end{bmatrix}\right]\cdot\begin{bmatrix}s_1\\ \vdots\\ s_I\end{bmatrix}\end{aligned} \tag{5.70}$$

构建向量$\boldsymbol{\beta}(k_\theta,k_\phi)=[\beta_1(k_\theta,k_\phi),\beta_2(k_\theta,k_\phi),\cdots,\beta_Q(k_\theta,k_\phi)]^{\mathrm{T}}\in\mathbb{C}^{Q\times1}$，矩阵$\boldsymbol{G}=[\boldsymbol{\beta}(-N,-N),\cdots,\boldsymbol{\beta}(-N,N),\cdots,\boldsymbol{\beta}(N,-N),\cdots,\boldsymbol{\beta}(N,N)]\in\mathbb{C}^{Q\times(2N+1)^2}$，向量$\boldsymbol{d}(\theta_i)=[\mathrm{e}^{-\mathrm{j}N\theta_{\mathrm{S}i}},\cdots,1,\cdots,\mathrm{e}^{\mathrm{j}N\theta_{\mathrm{S}i}}]^{\mathrm{T}}\in\mathbb{C}^{(2N+1)\times1}$，$\boldsymbol{d}(\phi_i)=[\mathrm{e}^{-\mathrm{j}N\phi_{\mathrm{S}i}},\cdots,1,\cdots,\mathrm{e}^{\mathrm{j}N\phi_{\mathrm{S}i}}]^{\mathrm{T}}\in\mathbb{C}^{(2N+1)\times1}$和$\boldsymbol{d}(\theta_{\mathrm{S}i},\phi_{\mathrm{S}i})=\boldsymbol{d}(\theta_{\mathrm{S}i})\otimes\boldsymbol{d}(\phi_{\mathrm{S}i})\in\mathbb{C}^{(2N+1)^2\times1}$。多数据快拍测量情形下，传声器测量声压$\boldsymbol{P}^\star$为

$$\boldsymbol{P}^\star=\boldsymbol{G}\boldsymbol{X}+\boldsymbol{N} \tag{5.71}$$

其中，$\boldsymbol{X}=\sum_{i=1}^{I}\boldsymbol{d}(\theta_{\mathrm{S}i},\phi_{\mathrm{S}i})\boldsymbol{s}_i=\sum_{i=1}^{I}s_i\boldsymbol{d}(\theta_{\mathrm{S}i},\phi_{\mathrm{S}i})\boldsymbol{\psi}_i\in\mathbb{C}^{(2N+1)^2\times L}$，$\boldsymbol{N}\in\mathbb{C}^{Q\times L}$为测量噪声干扰矩阵。信噪比为 $\mathrm{SNR}=20\log_{10}(\|\boldsymbol{P}^\star-\boldsymbol{N}\|_{\mathrm{F}}/\|\boldsymbol{N}\|_{\mathrm{F}})$。

5.4.2　原子范数最小化及等价的半正定规划

$\boldsymbol{X}$ 的原子范数为

$$\|\boldsymbol{X}\|_{\mathcal{A}}=\inf_{\substack{\boldsymbol{d}(\theta_{\mathrm{S}i},\phi_{\mathrm{S}i})\boldsymbol{\psi}_i\in\mathcal{A},\\ s_i\in\mathbb{R}^+}}\left\{\sum_i s_i \,\middle|\, \boldsymbol{X}=\sum_i s_i\boldsymbol{d}(\theta_{\mathrm{S}i},\phi_{\mathrm{S}i})\boldsymbol{\psi}_i\right\} \tag{5.72}$$

其中，$\mathcal{A}=\{\boldsymbol{d}(\theta_{\mathrm{S}},\phi_{\mathrm{S}})\boldsymbol{\psi}\mid\theta_{\mathrm{S}}\in[0,\pi/2],\phi_{\mathrm{S}}\in[0,2\pi),\|\boldsymbol{\psi}\|_2=1\}$表示原子集合。所关注的 ANM 问题为

$$\boldsymbol{X}=\underset{\boldsymbol{X}\in\mathbb{C}^{(2N+1)^2\times L}}{\operatorname{argmin}}\|\boldsymbol{X}\|_{\mathcal{A}}\ \text{s. t.}\ \|\boldsymbol{P}^{\star}-\boldsymbol{G}\boldsymbol{X}\|_{\mathrm{F}}\leqslant\varepsilon \tag{5.73}$$

式(5.73)ANM 可转化为以下半正定规划：

$$\{\hat{\boldsymbol{u}},\hat{\boldsymbol{X}},\hat{\boldsymbol{E}}\}=\underset{\boldsymbol{u}\in\mathbb{C}^{Nu\times1},\boldsymbol{X}\in\mathbb{C}^{(2N+1)^2\times1},\boldsymbol{E}\in\mathbb{C}^{L\times L}}{\operatorname{argmin}}\frac{1}{2(2N+1)}(\operatorname{tr}(T_b(\boldsymbol{u}))+\operatorname{tr}(\boldsymbol{E}))$$

$$\text{s. t.}\begin{bmatrix}T_b(\boldsymbol{u}) & \boldsymbol{X}\\ \boldsymbol{X}^{\mathrm{H}} & \boldsymbol{E}\end{bmatrix}\geqslant0,\ \|\boldsymbol{P}^{\star}-\boldsymbol{G}\boldsymbol{X}\|_{\mathrm{F}}\leqslant\varepsilon \tag{5.74}$$

其中，$N_u=8N^2+4N+1$。

要证明式(5.73)与式(5.74)等价，只需证明下列命题成立即可。

命题：记

$$\{\hat{\boldsymbol{u}},\hat{\boldsymbol{E}}\}=\underset{\boldsymbol{u}\in\mathbb{C}^{Nu\times1},\boldsymbol{E}\in\mathbb{C}^{L\times L}}{\operatorname{argmin}}\frac{1}{2(2N+1)}(\operatorname{tr}(T_b(\boldsymbol{u}))+\operatorname{tr}(\boldsymbol{E}))\ \text{s. t.}\begin{bmatrix}T_b(\boldsymbol{u}) & \boldsymbol{X}\\ \boldsymbol{X}^{\mathrm{H}} & \boldsymbol{E}\end{bmatrix}\geqslant0 \tag{5.75}$$

$$\|\boldsymbol{X}\|_{\mathcal{T}}=\frac{1}{2(2N+1)}(\operatorname{tr}(T_b(\hat{\boldsymbol{u}}))+\operatorname{tr}(\hat{\boldsymbol{E}})) \tag{5.76}$$

如果 $T_b(\hat{\boldsymbol{u}})$ 具有 Vandermonde 分解，即 $T_b(\hat{\boldsymbol{u}})=\boldsymbol{V}\boldsymbol{\Sigma}\boldsymbol{V}^{\mathrm{H}}=\sum_{i=1}^{r}\sigma_i\,\boldsymbol{d}(\theta_{\mathrm{S}i},\phi_{\mathrm{S}i})\boldsymbol{d}(\theta_{\mathrm{S}i},\phi_{\mathrm{S}i})^{\mathrm{H}}$，则 $\|\boldsymbol{X}\|_{\mathcal{T}}=\|\boldsymbol{X}\|_{\mathcal{A}}$。

证明过程见式(5.16)—式(5.24)，此时 $AB\to(2N+1)^2$，$\boldsymbol{P}\to\boldsymbol{X}$。同样地，式(5.73)与式(5.74)绝对等价的前提是 $T_b(\hat{\boldsymbol{u}})$ 具有式(5.15)所示的 Vandermonde 分解。

5.4.3 DOA 估计及强度量化

经过 ANM 降噪后的声压 $\hat{\boldsymbol{P}}$ 为

$$\hat{\boldsymbol{P}}=\boldsymbol{G}\hat{\boldsymbol{X}} \tag{5.77}$$

同样采用 MaPP 方法处理式(5.74)获得的 $T_b(\hat{\boldsymbol{u}})$ 来预测声源数目、估计声源 DOA,详细步骤可参考第 5.1.3 节。但所用数学模型不同,计算过程参量存在以下差异:

①步骤③⑤的计算结果替换为

$$\{\mathrm{e}^{\mathrm{j}2\pi\hat{t}_{1m}}\,|\,m=1,2,\cdots,\hat{k}\}\rightarrow\{\mathrm{e}^{\mathrm{j}\hat{\theta}_{\mathrm{S}m}}\,|\,m=1,2,\cdots,\hat{k}\}$$
$$\{\mathrm{e}^{\mathrm{j}2\pi\hat{t}_{2n}}\,|\,n=1,2,\cdots,\hat{k}\}\rightarrow\{\mathrm{e}^{\mathrm{j}\hat{\phi}_{\mathrm{S}n}}\,|\,n=1,2,\cdots,\hat{k}\} \tag{5.78}$$

②步骤⑥的配对函数变为

$$f(m)=\underset{n\in\{1,2,\cdots,\hat{k}\}-\{f(1),f(2),\cdots,f(m-1)\}}{\operatorname{argmax}}\left\|\boldsymbol{U}_e^{\mathrm{H}}\left([\mathrm{e}^{-\mathrm{j}N\hat{\theta}_{\mathrm{S}m}},\cdots,1,\cdots,\mathrm{e}^{\mathrm{j}N\hat{\theta}_{\mathrm{S}m}}]^{\mathrm{T}}\otimes [\mathrm{e}^{-\mathrm{j}N\hat{\phi}_{\mathrm{S}n}},\cdots,1,\cdots,\mathrm{e}^{\mathrm{j}N\hat{\phi}_{\mathrm{S}n}}]^{\mathrm{T}}\right)\right\|_2^2 \tag{5.79}$$

进而配对 $\mathrm{e}^{\mathrm{j}\hat{\theta}_{\mathrm{S}m}}$ 和 $\mathrm{e}^{\mathrm{j}\hat{\phi}_{\mathrm{S}n}}$ 得$\{(\mathrm{e}^{\mathrm{j}\hat{\theta}_{\mathrm{S}m}},\mathrm{e}^{\mathrm{j}\hat{\phi}_{\mathrm{S}f(m)}})\,|\,m=1,2,\cdots,\hat{k}\}$,简记为$\{(\mathrm{e}^{\mathrm{j}\hat{\theta}_{\mathrm{S}i}},\mathrm{e}^{\mathrm{j}\hat{\phi}_{\mathrm{S}i}})\,|\,i=1,2,\cdots,\hat{k}\}$。

③由 $\hat{\theta}_{\mathrm{S}i}=\mathrm{Im}(\ln(\mathrm{e}^{\mathrm{j}\hat{\theta}_{\mathrm{S}i}}))$ 和 $\hat{\phi}_{\mathrm{S}i}=\mathrm{Im}(\ln(\mathrm{e}^{\mathrm{j}\hat{\phi}_{\mathrm{S}i}}))$ 得$\{(\hat{\theta}_{\mathrm{S}i},\hat{\phi}_{\mathrm{S}i})\,|\,i=1,2,\cdots,\hat{k}\}$。

④由 $\hat{t}_{1i}=\sin\,\hat{\theta}_{\mathrm{S}i}\cos\,\hat{\phi}_{\mathrm{S}i}$ 和 $\hat{t}_{2i}=\sin\,\hat{\theta}_{\mathrm{S}i}\sin\,\hat{\phi}_{\mathrm{S}i}$,在$\mathbb{T}=\{(\theta,\phi)\,|\,\theta\in[0,\pi/2],\phi\in[0,2\pi)\}$这一可行域内求得 DOA$\{(\hat{\theta}_{\mathrm{S}i},\hat{\phi}_{\mathrm{S}i})\,|\,i=1,2,\cdots,\hat{r}\}$,其中 $\hat{r}\leqslant\hat{k}$ 表示估计声源个数。

虽然由步骤③可得 DOA 估计,但式(5.66)所示 $\alpha_q(\theta,\phi)$ 函数涉及的 sin 函数及 cos 函数存在周期性,步骤③得到的 DOA 结果中不仅包含了在可行域内的真实 DOA,还包含了在可行域外的其他衍生 DOA。如图 5.10 所示为无噪声情况下单声源的 DOA 估计结果,图 5.10(a)(b)中声源方位角 ϕ 分别位于$[0,\pi]$和$[\pi,2\pi]$。可以看出通过 MaPP 方法,每个声源可得到 4 个估计 DOA(步

骤③),这是由 sin(·)函数及 cos(·)函数在[$-\pi,\pi$]区间内的取值组合造成的。实际应用中,4 种情况也可能不会同时出现,所以需要寻找方法求得在可行域内的 DOA。通过步骤④将 $\hat{\theta}_{Si}$ 和 $\hat{\phi}_{Si}$ 转化为 $\hat{t}_{1i}$ 和 $\hat{t}_{2i}$,将数值相近的结果丢弃只保留一个 DOA(本章设定为 $|\hat{t}_{1i}-\hat{t}_{1j}|\leqslant 10^{-2}\cap|\hat{t}_{2i}-\hat{t}_{2j}|\leqslant 10^{-2}$,其中 $i,j=1,2,\cdots,\hat{k}$ 且 $i\neq j$),再从 $\hat{t}_{1i}$ 和 $\hat{t}_{2i}$ 中恢复在可行域内的 DOA 即可。

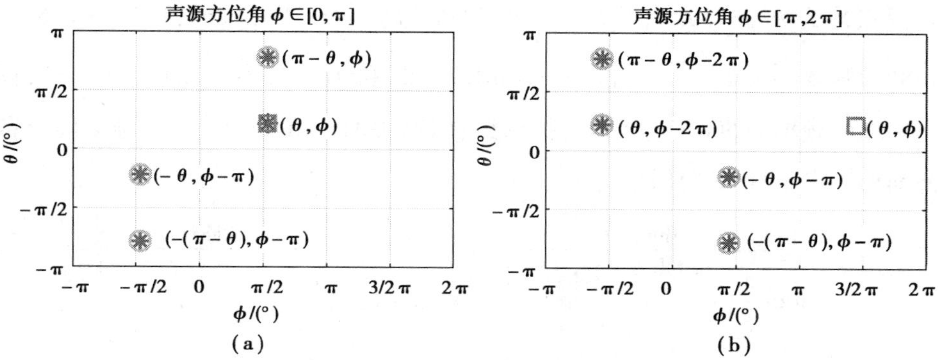

图 5.10 无噪声情况下使用 MaPP 方法估计单声源的 DOA 结果

(图中“□”“○”和“ * ”分别表示真实 DOA,衍生 DOA 和估计 DOA)

根据估计的声源 DOA,可基于最小二乘法量化声源强度。根据估计的 DOA 计算的声源到传声器阵列间的传递矩阵 $\hat{\boldsymbol{D}}\in\mathbb{C}^{Q\times\hat{r}}$ 为

$$\hat{\boldsymbol{D}}=\begin{bmatrix}\alpha_1(\hat{\theta}_{S1},\hat{\phi}_{S1}) & \alpha_1(\hat{\theta}_{S2},\hat{\phi}_{S2}) & \cdots & \alpha_1(\hat{\theta}_{S\hat{r}},\hat{\phi}_{S\hat{r}})\\ \alpha_2(\hat{\theta}_{S1},\hat{\phi}_{S1}) & \alpha_2(\hat{\theta}_{S2},\hat{\phi}_{S2}) & \cdots & \alpha_2(\hat{\theta}_{S\hat{r}},\hat{\phi}_{S\hat{r}})\\ \vdots & \vdots & \ddots & \vdots\\ \alpha_Q(\hat{\theta}_{S1},\hat{\phi}_{S1}) & \alpha_Q(\hat{\theta}_{S2},\hat{\phi}_{S2}) & \cdots & \alpha_Q(\hat{\theta}_{S\hat{r}},\hat{\phi}_{S\hat{r}})\end{bmatrix} \tag{5.80}$$

记 $\hat{\boldsymbol{S}}=[\boldsymbol{s}_1^{\mathrm{T}},\boldsymbol{s}_2^{\mathrm{T}},\cdots,\boldsymbol{s}_{\hat{r}}^{\mathrm{T}}]^{\mathrm{T}}\in\mathbb{C}^{\hat{r}\times L}$ 为量化的声源强度矩阵,则

$$\hat{\boldsymbol{S}}=\hat{\boldsymbol{D}}^{+}\hat{\boldsymbol{P}} \tag{5.81}$$

其中,$(\cdot)^{+}$表示伪逆。

5.4.4 数值模拟

(1)声源识别案例

仿真采用包含 36 个传声器的不同阵列形式,如图 5.11 所示,分别为均匀环形阵列和随机扇形轮阵列。坐标原点对应阵列几何中心,最远传声器距离坐标原点均为 0.334 m。假设三声源,DOA 为(73°,82°),(26°,142°)和(62°,228°),强度($\|\boldsymbol{s}_i\|_2/\sqrt{L}$)依次为 100 dB,97 dB 和 97 dB(参考 2.0×10^{-5}Pa),辐射声波的频率为 500 Hz,数据快拍总数取 10,添加 SNR 为 30 dB 的独立同分布高斯白噪声干扰,计算时估计 $\varepsilon=\|\boldsymbol{N}\|_F$。

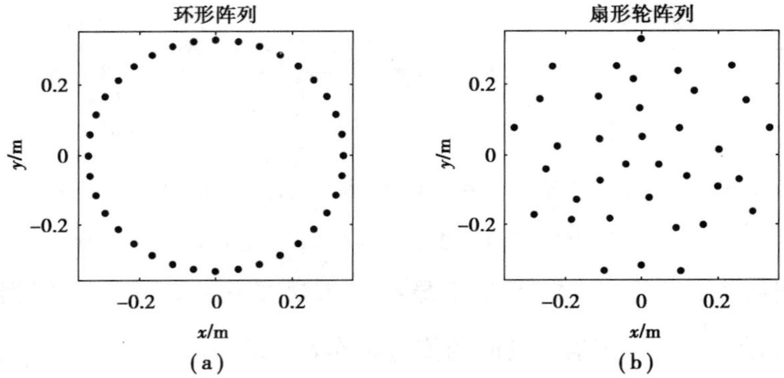

图 5.11　不同形式的阵列几何

图 5.12 为 500 Hz 时(截断参数 $N=10$,对应 $\gamma=-80$ dB)的结果,表 5.6 列出了图 5.12 对应的误差和获得图 5.12 的耗时,可以看出,声源 DOA 被准确估计且强度被准确量化,计算耗时远高于表 5.3,即适用于任意平面阵列形式的二维无网格压缩波束形成耗时远高于仅适用于矩形阵列的二维无网格压缩波束形成,这是因为前者所涉及的半正定规划维度为$(21^2+10)\times(21^2+10)$,后者为$(64+1)\times(64+1)$,明显地,前者远大于后者。综上所述,适用于任意平面阵列形式的二维无网格压缩波束形成能获得正确的声源识别结果,但计算效率较低。

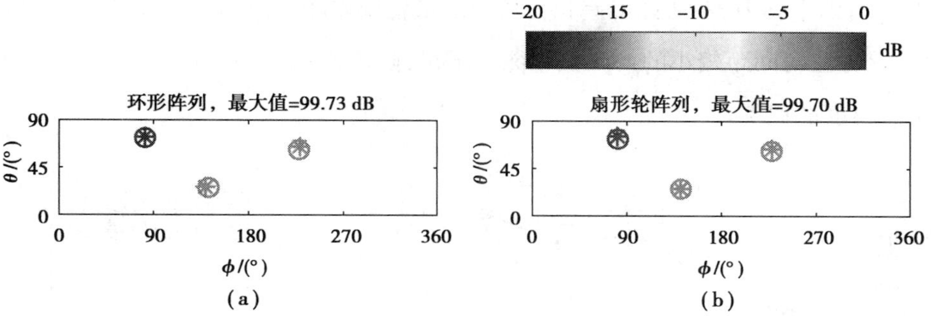

图 5.12　500 Hz 使用不同形式阵列的仿真声源成像图

表 5.6　图 5.12 对应的误差及获得图 5.12 的耗时

求解器	声源 DOA 估计误差/(°)		声源强度量化误差/dB		耗时/s	
	环形阵列	扇形轮阵列	环形阵列	扇形轮阵列	环形阵列	扇形轮阵列
CVX	1.80	1.57	0.37	0.34	1 141	1 189

(2)性能分析

如图 5.13 所示为蒙特卡罗仿真获得的测量噪声干扰对该方法声源识别性能的影响图。采用扇形轮阵列，SNR 从 15 dB 以 5 dB 步长增加到 40 dB，频率为 500 Hz。各 SNR 下均进行 100 次算例，每次算例随机产生两个满足分离条件的 DOA，所有声源的强度均为 1Pa 且相位随机。图 5.13(a)表示 DOA 误差低于 5°的概率随 SNR 的变化，图 5.13(b)表示 DOA 误差低于 5°时的平均 DOA 估计误差和平均强度量化误差随 SNR 的变化。从图 5.13 可知，该方法在 SNR 较高的情况下能够实现高概率、高精度的重构，而 SNR 较低时重构概率较低，误差较大，重构概率在分析的信噪比范围内变化较大，说明该方法易受噪声干扰，鲁棒性较差。

如图 5.14 所示为声源间距对该方法声源识别性能的影响图。声源间距从 10°以 5°步长增大到 50°，取 SNR=30 dB，其余条件与图 5.13 一致。图 5.14(a)表示 DOA 误差低于 5°的概率随声源间距的变化，图 5.14(b)表示 DOA 误差低于5°时的平均DOA估计误差和平均强度量化误差随声源间距的变化。可以看出，该方法对间距较小的声源识别能力不足，随着声源间距的增大，能实现高概率高精度的识别。

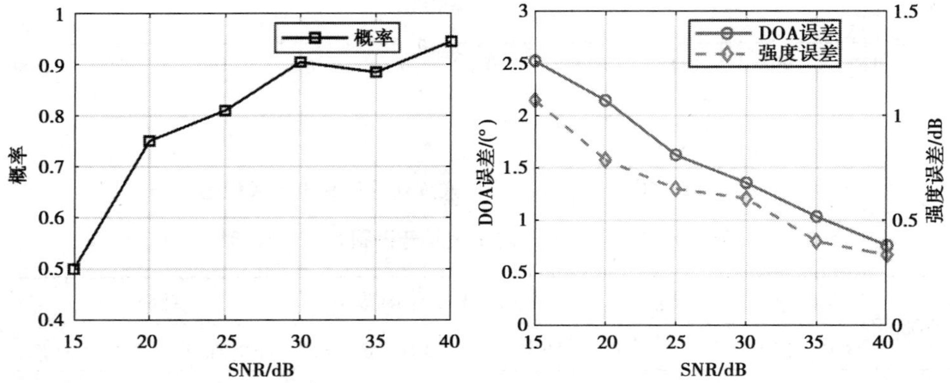

(a) DOA误差低于5° 的概率　　(b) DOA误差和强度误差

图 5.13　噪声干扰对提出方法声源识别性能的影响曲线

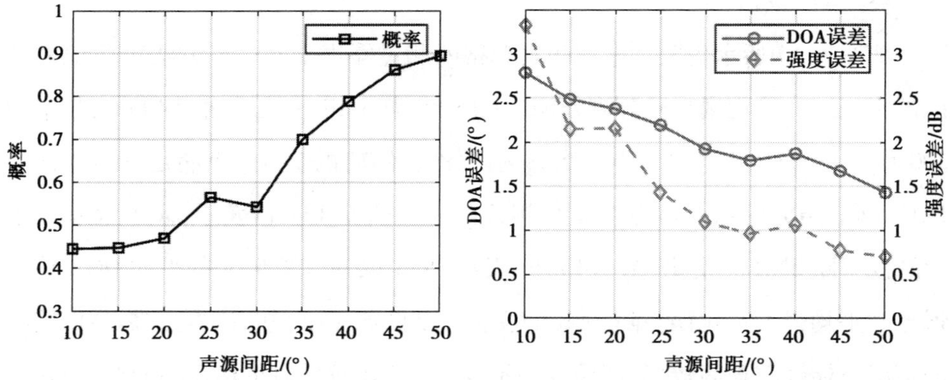

(a) DOA误差低于5° 的概率　　(b) DOA误差和强度误差

图 5.14　声源间距对提出方法声源识别性能的影响曲线

5.4.5 试验验证

采用扇形轮阵列对两个扬声器声源进行试验。坐标原点对应阵列中心，最远传声器距离坐标原点 0. 334 m。左右两个扬声器中心坐标约为(-0. 76, 0. 77,1. 95) m 和(0. 95,-0. 29,1. 95) m。各传声器测得的声压信号经 Brüel & Kjær 公司 3660C 型前端硬件和 Labshop 软件系统同步采集并进行快速傅里叶变换获得 500 Hz 复声压。如图 5. 15(a)所示为试验现场布置图,如图 5. 15(b)所示为 500 Hz 的扬声器声源识别成像图,图中展示了每个声源的估计强度,可以看出,两个扬声器的定位都比较准确。

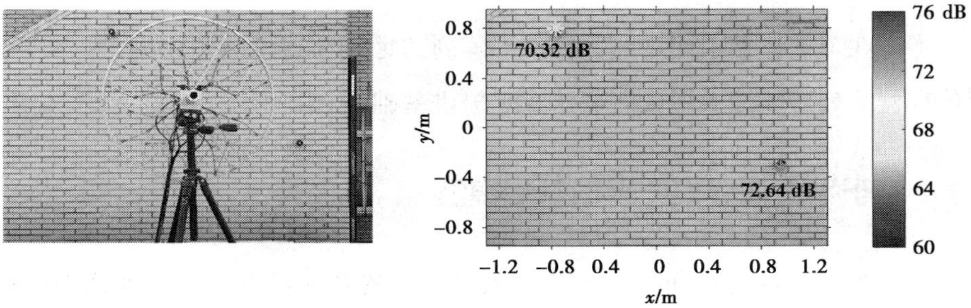

(a)试验布局　　(b)500 Hz声源成像图

图 5. 15　试验布局及结果

5.5　小结

二维无网格压缩波束形成方法将整个观测空间看作连续体,可避免网格离散化带来的基不匹配问题。起初的二维无网格压缩波束形成方法以传声器规则分布的矩形阵列和稀疏矩形阵列测量为基础,采用基于 IPM、ADMM 和 IVDST 的求解器进行求解,三种求解器均能获得准确的声源识别结果。基于 IPM 和 ADMM 的求解器适用于单快拍测量和多快拍测量情形,但需要估计噪声先验参数;基于 IVDST 的求解器无须估计噪声先验参数,但尚仅适用于单快拍测量。通过建立连续角度域下传声器接收声压的二维傅里叶级数展开形式,二维无网格压缩波束形成被扩展至适用于任意平面阵列形式。

6 球面传声器阵列测量模型

本章在球坐标系中建立球面传声器阵列的远场和近场测量模型,为后续球面传声器阵列压缩波束形成方法的建立提供基础。

6.1 基于平面波假设的远场测量模型

如图 6.1 所示为球面传声器阵列远场测量的几何模型,其中,阵列中心位于坐标原点处,声源被假设位于远场,辐射平面声波,符号“●”和“○”分别表示传声器与声源。三维空间内任意方向可用 $\Omega=(\theta,\phi)$ 表示,$\theta\in[0°,180°]$ 为仰角,$\phi\in[0°,360°)$ 为方位角。假设空间内共有 I 个声源,第 i 号声源的 DOA 记为 $\Omega_{\mathrm{S}i}=(\theta_{\mathrm{S}i},\phi_{\mathrm{S}i})$,$i=1,2,\cdots,I$。$q$ 号传声器位置记为 $(a,\Omega_{\mathrm{M}q})$,a 为阵列半径,$q=1,2,\cdots,Q$,Q 为传声器总数。当辐射声波的波数为 k 时,$\Omega_{\mathrm{S}i}$ 处的声源强度到 q 号传声器处声压信号的传递函数为[38,39]

$$t((ka,\Omega_{\mathrm{M}q})\mid\Omega_{\mathrm{S}i})=\sum_{n=0}^{\infty}\sum_{m=-n}^{n}b_n(ka)Y_n^{m*}(\Omega_{\mathrm{S}i})Y_n^m(\Omega_{\mathrm{M}q}) \tag{6.1}$$

其中,上标“$*$”表示共轭,$b_n(ka)$ 为远场模型下的模态强度(又称径向函数),$Y_n^m(\Omega)$ 为 Ω 方向的 n 阶 m 次球谐函数。

刚性球面传声器阵列下 $b_n(ka)$ 的表达式为[40]

$$b_n(ka)=4\pi\mathrm{j}^n\left(j_n(ka)-\frac{j_n'(ka)}{h_n^{(2)\prime}(ka)}h_n^{(2)}(ka)\right) \tag{6.2}$$

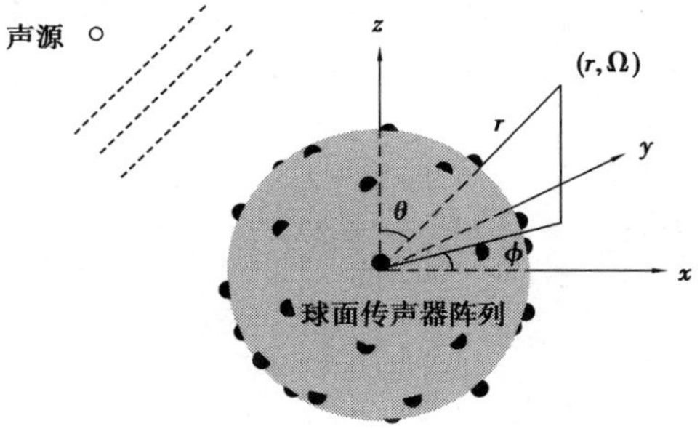

图 6.1　球面传声器阵列远场测量的几何模型

其中，$j=\sqrt{-1}$为虚数单位，$j_n(ka)$为 n 阶第一类球贝塞尔函数，$h_n^{(2)}(ka)$为 n 阶第二类球汉克尔函数，$j_n'(ka)$和 $h_n^{(2)\prime}(ka)$分别为 $j_n(ka)$和 $h_n^{(2)}(ka)$的一阶导数。$Y_n^m(\Omega)$表达式为

$$Y_n^m(\Omega)=A_{n,m}P_n^m(\cos\theta)\mathrm{e}^{\mathrm{j}m\phi} \tag{6.3}$$

其中，$A_{n,m}=\sqrt{(2n+1)(n-m)!\ /(4\pi(n+m)!)}$，$P_n^m(\cos\theta)$为连带勒让德函数。

假设空间内共有 I 个声源，第 i 号声源的 DOA 记为 $\Omega_{\mathrm{S}i}$，$i=1,2,\cdots,I$。传递函数矩阵 $\boldsymbol{T}\in\mathbb{C}^{Q\times I}$ 构造为

$$\boldsymbol{T}=\begin{bmatrix} t((ka,\Omega_{\mathrm{M1}})\mid\Omega_{\mathrm{S1}}) & t((ka,\Omega_{\mathrm{M1}})\mid\Omega_{\mathrm{S2}}) & \cdots & t((ka,\Omega_{\mathrm{M1}})\mid\Omega_{\mathrm{S}I}) \\ t((ka,\Omega_{\mathrm{M2}})\mid\Omega_{\mathrm{S1}}) & t((ka,\Omega_{\mathrm{M2}})\mid\Omega_{\mathrm{S2}}) & \cdots & t((ka,\Omega_{\mathrm{M2}})\mid\Omega_{\mathrm{S}I}) \\ \vdots & \vdots & \ddots & \vdots \\ t((ka,\Omega_{\mathrm{M}Q})\mid\Omega_{\mathrm{S1}}) & t((ka,\Omega_{\mathrm{M}Q})\mid\Omega_{\mathrm{S2}}) & \cdots & t((ka,\Omega_{\mathrm{M}Q})\mid\Omega_{\mathrm{S}I}) \end{bmatrix} \tag{6.4}$$

根据式(6.1)，有

$$\boldsymbol{T}=\boldsymbol{Y}_{\mathrm{M}\infty}\boldsymbol{B}_{\infty}\boldsymbol{Y}_{\mathrm{S}\infty}^{\mathrm{H}} \tag{6.5}$$

其中，$\boldsymbol{Y}_{\mathrm{M}\infty}\in\mathbb{C}^{Q\times\infty}$的表达式为

$$\boldsymbol{Y}_{\mathrm{M}\infty}=\begin{bmatrix} \underbrace{\begin{matrix} Y_0^0(\Omega_{\mathrm{M}1}) \\ Y_0^0(\Omega_{\mathrm{M}2}) \\ \vdots \\ Y_0^0(\Omega_{\mathrm{M}Q}) \end{matrix}}_{n=0} & \underbrace{\begin{matrix} Y_1^{-1}(\Omega_{\mathrm{M}1}) & Y_1^0(\Omega_{\mathrm{M}1}) & Y_1^1(\Omega_{\mathrm{M}1}) \\ Y_1^{-1}(\Omega_{\mathrm{M}2}) & Y_1^0(\Omega_{\mathrm{M}2}) & Y_1^1(\Omega_{\mathrm{M}2}) \\ \vdots & \vdots & \vdots \\ Y_1^{-1}(\Omega_{\mathrm{M}Q}) & Y_1^0(\Omega_{\mathrm{M}Q}) & Y_1^1(\Omega_{\mathrm{M}Q}) \end{matrix}}_{n=1} & \begin{matrix} \cdots \\ \cdots \\ \ddots \\ \cdots \end{matrix} & \underbrace{\begin{matrix} Y_\infty^{-\infty}(\Omega_{\mathrm{M}1}) & \cdots & Y_\infty^{\infty}(\Omega_{\mathrm{M}1}) \\ Y_\infty^{-\infty}(\Omega_{\mathrm{M}2}) & \cdots & Y_\infty^{\infty}(\Omega_{\mathrm{M}2}) \\ \vdots & \ddots & \vdots \\ Y_\infty^{-\infty}(\Omega_{\mathrm{M}Q}) & \cdots & Y_\infty^{\infty}(\Omega_{\mathrm{M}Q}) \end{matrix}}_{n=\infty} \end{bmatrix} \tag{6.6}$$

$\boldsymbol{B}_\infty \in \mathbb{C}^{\infty\times\infty}$ 的表达式为

$$\boldsymbol{B}_\infty=\mathrm{Diag}\Big(\big[\underbrace{b_0(ka)}_{n=0}\quad \underbrace{b_1(ka)\quad b_1(ka)\quad b_1(ka)}_{n=1}\quad \cdots\quad \underbrace{b_\infty(ka)\quad \cdots\quad b_\infty(ka)}_{n=\infty}\big]\Big) \tag{6.7}$$

Diag(·)表示形成以括号内向量为对角线的对角矩阵。

$\boldsymbol{Y}_{\mathrm{S}\infty} \in \mathbb{C}^{I\times\infty}$ 的表达式为

$$\boldsymbol{Y}_{\mathrm{S}\infty}=\begin{bmatrix} \underbrace{\begin{matrix} Y_0^0(\Omega_{\mathrm{S}1}) \\ Y_0^0(\Omega_{\mathrm{S}2}) \\ \vdots \\ Y_0^0(\Omega_{\mathrm{S}I}) \end{matrix}}_{n=0} & \underbrace{\begin{matrix} Y_1^{-1}(\Omega_{\mathrm{S}1}) & Y_1^0(\Omega_{\mathrm{S}1}) & Y_1^1(\Omega_{\mathrm{S}1}) \\ Y_1^{-1}(\Omega_{\mathrm{S}2}) & Y_1^0(\Omega_{\mathrm{S}2}) & Y_1^1(\Omega_{\mathrm{S}2}) \\ \vdots & \vdots & \vdots \\ Y_1^{-1}(\Omega_{\mathrm{S}I}) & Y_1^0(\Omega_{\mathrm{S}I}) & Y_1^1(\Omega_{\mathrm{S}I}) \end{matrix}}_{n=1} & \begin{matrix} \cdots \\ \cdots \\ \ddots \\ \cdots \end{matrix} & \underbrace{\begin{matrix} Y_\infty^{-\infty}(\Omega_{\mathrm{S}1}) & \cdots & Y_\infty^{\infty}(\Omega_{\mathrm{S}1}) \\ Y_\infty^{-\infty}(\Omega_{\mathrm{S}2}) & \cdots & Y_\infty^{\infty}(\Omega_{\mathrm{S}2}) \\ \vdots & \ddots & \vdots \\ Y_\infty^{-\infty}(\Omega_{\mathrm{S}I}) & \cdots & Y_\infty^{\infty}(\Omega_{\mathrm{S}I}) \end{matrix}}_{n=\infty} \end{bmatrix} \tag{6.8}$$

上标“H”表示转置共轭。

令 L 为快拍数目，$\boldsymbol{S}=[\boldsymbol{s}_1^{\mathrm{T}},\boldsymbol{s}_2^{\mathrm{T}},\cdots,\boldsymbol{s}_I^{\mathrm{T}}]^{\mathrm{T}} \in \mathbb{C}^{I\times L}$，$\boldsymbol{s}_i \in \mathbb{C}^{1\times L}$ 是第 i 个声源在各快拍下的强度构成的行向量，$i=1,2,\cdots,I$，$\boldsymbol{N}=[\boldsymbol{n}_1,\boldsymbol{n}_2,\cdots,\boldsymbol{n}_L] \in \mathbb{C}^{Q\times L}$，$\boldsymbol{n}_l \in \mathbb{C}^{Q\times 1}$ 为第 l 个快拍下所有传声器承受的噪声干扰组成的列向量，则传声器测得的声压信号可表示为

$$\boldsymbol{P}^\star=\boldsymbol{TS}+\boldsymbol{N}=\boldsymbol{Y}_{\mathrm{M}\infty}\boldsymbol{B}_\infty\boldsymbol{Y}_{\mathrm{S}\infty}^{\mathrm{H}}\boldsymbol{S}+\boldsymbol{N} \tag{6.9}$$

定义信噪比(SNR)为 $\mathrm{SNR}=20\log_{10}(\|\boldsymbol{P}^\star-\boldsymbol{N}\|_{\mathrm{F}}/\|\boldsymbol{N}\|_{\mathrm{F}})$，其中，“$\|\cdot\|_{\mathrm{F}}$”

表示 Frobenius 范数。

图 6. 2 为 n 取不同值时 $|b_n(ka)|$ 随 ka 的变化曲线，其中，$|\cdot|$ 表示求标量的模，所有 $|b_n(ka)|$ 均参考 $|b_0(10^{-1})|$ 进行 dB 缩放。令 $\lceil\cdot\rceil$ 表示将数值向正无穷方向圆整到最近的整数，当 $n>\lceil ka\rceil+1$ 时，$|b_n(ka)|$ 相对很小，对 $\boldsymbol{P}^\star$ 的贡献可忽略不计。基于此事实，可进行阶截断，记 $N=\lceil ka\rceil+1$，$\boldsymbol{Y}_{\mathrm{M}N}\in\mathbb{C}^{Q\times(N+1)^2}$ 为 $\boldsymbol{Y}_{\mathrm{M}\infty}$ 中左侧的块［由 $\boldsymbol{Y}_{\mathrm{M}\infty}$ 的 1 到 $(N+1)^2$ 列组成］，$\boldsymbol{B}_N\in\mathbb{C}^{(N+1)^2\times(N+1)^2}$ 为 $\boldsymbol{B}_\infty$ 中左上角的块［由 $\boldsymbol{B}_\infty$ 的 1 到 $(N+1)^2$ 行和 1 到 $(N+1)^2$ 列组成］，$\boldsymbol{Y}_{\mathrm{S}N}\in\mathbb{C}^{Q\times(N+1)^2}$ 为 $\boldsymbol{Y}_{\mathrm{S}\infty}$ 中左侧的块［由 $\boldsymbol{Y}_{\mathrm{S}\infty}$ 的 1 到 $(N+1)^2$ 列组成］，式(6.9)可重写为

$$\boldsymbol{P}^\star\approx\boldsymbol{Y}_{\mathrm{M}N}\boldsymbol{B}_N\boldsymbol{Y}_{\mathrm{S}N}^{\mathrm{H}}\boldsymbol{S}+\boldsymbol{N}\tag{6.10}$$

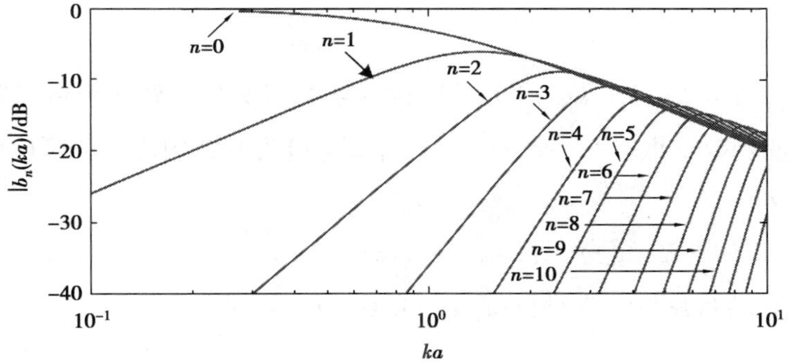

图 6. 2　n 取不同值时 $|b_n(ka)|$ 随 ka 的变化曲线

6.2　基于球面波假设的近场测量模型

图 6. 3 展示了近场测量的几何模型，其与图 6. 1 类同，不同之处在于声源被假设位于近场，辐射球面声波。三维空间内任意一点的位置用 (r,Ω) 表示，r 代表该点到阵列中心的距离。假设空间中共有 I 个声源，i 号声源的位置记为 $(r_{\mathrm{S}i},\Omega_{\mathrm{S}i})$，$i=1,2,\cdots,I$。辐射声波的波数为 k 时，$(r_{\mathrm{S}i},\Omega_{\mathrm{S}i})$ 处的声源强度到 q 号传声器处声压信号的传递函数为

$$t((ka,\Omega_{Mq})\mid(kr_{Si},\Omega_{Si}))=\sum_{n=0}^{\infty}\sum_{m=-n}^{n}b_n(kr_{Si},ka)Y_n^{m*}(\Omega_{Si})Y_n^m(\Omega_{Mq}) \tag{6.11}$$

其中,$b_n(kr_{Si},ka)$为近场模型下的模态强度(径向函数),其表达式为[41,42]

$$b_n(kr_{Si},ka)=-4\pi j h_n^{(2)}(kr_{Si})\left(j_n(ka)-\frac{j_n'(ka)}{h_n^{(2)\prime}(ka)}h_n^{(2)}(ka)\right) \tag{6.12}$$

i 号声源的强度记为 $s(kr_{Si},\Omega_{Si})$,简记为 s_i。各声源到阵列中心的距离可能互不相同,首先按照在各传声器处产生的声压信号近似相等的原则将各声源投影到与原声源方向一致而到阵列中心的距离为 r_F 的位置处,以便建立近场测量模型和压缩波束形成数学模型。具体地,存在 $s(kr_F,\Omega_{Si})$,使得

$$s(kr_{Si},\Omega_{Si})t((ka,\Omega_{Mq})\mid(kr_{Si},\Omega_{Si}))\approx s(kr_F,\Omega_{Si})t((ka,\Omega_{Mq})\mid(kr_F,\Omega_{Si})) \tag{6.13}$$

其中,$t((ka,\Omega_{Mq})\mid(kr_F,\Omega_{Si}))$为投影位置处的声源强度到 q 号传声器处声压信号的传递函数。再以 $t((ka,\Omega_{Mq})\mid(kr_F,\Omega_{Si}))$为元素构建近场测量模型传递函数矩阵 $\boldsymbol{T}\in\mathbb{C}^{Q\times I}$

$$\boldsymbol{T}=\begin{bmatrix} t((ka,\Omega_{M1})\mid(kr_F,\Omega_{S1})) & ((ka,\Omega_{M1})\mid(kr_F,\Omega_{S2})) & \cdots & t((ka,\Omega_{M1})\mid(kr_F,\Omega_{SI}))\\ t((ka,\Omega_{M2})\mid(kr_F,\Omega_{S1})) & t((ka,\Omega_{M2})\mid(kr_F,\Omega_{S2})) & \cdots & t((ka,\Omega_{M2})\mid(kr_F,\Omega_{SI}))\\ \vdots & \vdots & \ddots & \vdots\\ t((ka,\Omega_{MQ})\mid(kr_F,\Omega_{S1})) & t((ka,\Omega_{MQ})\mid(kr_F,\Omega_{S2})) & \cdots & t((ka,\Omega_{MQ})\mid(kr_F,\Omega_{SI})) \end{bmatrix} \tag{6.14}$$

根据式(6.11),有

$$\boldsymbol{T}=\boldsymbol{Y}_{M\infty}\boldsymbol{B}_{F\infty}\boldsymbol{Y}_{S\infty}^{H} \tag{6.15}$$

其中,$\boldsymbol{B}_{F\infty}\in\mathbb{C}^{\infty\times\infty}$ 的表达式为

$$\boldsymbol{B}_{F\infty}=\mathrm{Diag}\left([\underbrace{b_0(kr_F,ka)}_{n=0}\ \underbrace{b_1(kr_F,ka)\ \ b_1(kr_F,ka)\ \ b_1(kr_F,ka)}_{n=1}\ \cdots\ \underbrace{b_\infty(kr_F,ka)\ \cdots\ b_\infty(kr_F,ka)}_{n=\infty}]\right) \tag{6.16}$$

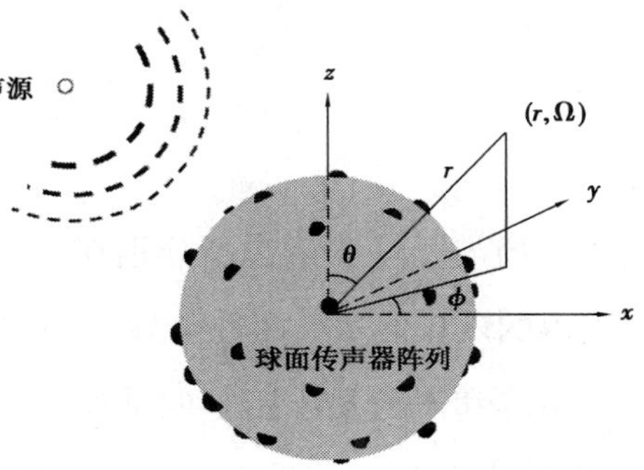

图 6.3 球面传声器阵列近场测量的几何模型

在 L 个快拍测量下，传声器测得的声压信号为

$$\boldsymbol{P}^{\star}=\boldsymbol{T}\boldsymbol{S}_{\mathrm{F}}+\boldsymbol{N}=\boldsymbol{Y}_{\mathrm{M}\infty}\boldsymbol{B}_{\mathrm{F}\infty}\boldsymbol{Y}_{\mathrm{S}\infty}^{\mathrm{H}}\boldsymbol{S}_{\mathrm{F}}+\boldsymbol{N} \tag{6.17}$$

其中，$\boldsymbol{S}_{\mathrm{F}}=[\boldsymbol{s}_{\mathrm{F}1}^{\mathrm{T}},\boldsymbol{s}_{\mathrm{F}2}^{\mathrm{T}},\cdots,\boldsymbol{s}_{\mathrm{F}I}^{\mathrm{T}}]^{\mathrm{T}}\in\mathbb{C}^{I\times L}$，$\boldsymbol{s}_{\mathrm{F}i}$ 是第 i 个声源经过声源投影后的各快拍下的强度构成的行向量。信噪比（SNR）仍然被定义为 $\mathrm{SNR}=20\ \log_{10}(\|\boldsymbol{P}^{\star}-\boldsymbol{N}\|_{\mathrm{F}}/\|\boldsymbol{N}\|_{\mathrm{F}})$。

图 6.4 为 n 取不同值且 $a=0.0975$ m 时 $|b_n(kr_{\mathrm{F}},ka)|$ 随 ka 的变化曲线，所有 $|b_n(kr_{\mathrm{F}},ka)|$ 均参考 $|b_0(kr_{\mathrm{F}},10^{-1})|$ 进行 dB 缩放。同样地，当 $n>\lceil ka\rceil+1$ 时，$|b_n(kr_{\mathrm{F}},ka)|$ 相对很小，对 $\boldsymbol{P}^{\star}$ 的贡献可忽略不计。令 $N=\lceil ka\rceil+1$，$\boldsymbol{B}_{\mathrm{F}N}\in\mathbb{C}^{(N+1)^2\times(N+1)^2}$ 为 $\boldsymbol{B}_{\mathrm{F}\infty}$ 中左上角的块［由 $\boldsymbol{B}_{\mathrm{F}\infty}$ 的 1 到 $(N+1)^2$ 行和 1 到 $(N+1)^2$ 列组成］，式(6.17)可重写为

$$\boldsymbol{P}^{\star}=\boldsymbol{T}\boldsymbol{S}_{\mathrm{F}}+\boldsymbol{N}\approx\boldsymbol{Y}_{\mathrm{M}N}\boldsymbol{B}_{\mathrm{F}N}\boldsymbol{Y}_{\mathrm{S}N}^{\mathrm{H}}\boldsymbol{S}_{\mathrm{F}}+\boldsymbol{N} \tag{6.18}$$

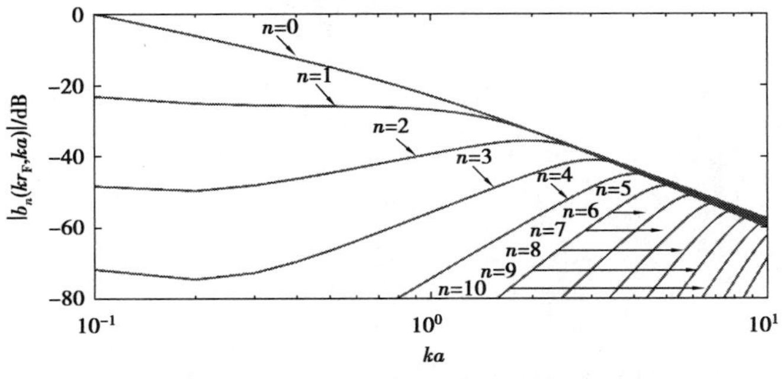

图 6.4 n 取不同值时 $|b_n(kr_{\mathrm{F}},ka)|$ 随 ka 的变化曲线

6.3 小结

球面传声器阵列的远场与近场测量模型分别在声源处于远场和近场的条件下描述传声器阵列测得的声压信号。两种模型下,传声器阵列测得的声压信号都可表示为传递函数矩阵和声源强度矩阵的乘积与噪声干扰矩阵加和的形式,但两者的不同之处在于声源分别假设在远场和近场,致使辐射的声波类型不同,进而导致模态强度(径向函数)不同,最后使得两种模型下的传递函数不同。

7　球面传声器阵列的定网格在网压缩波束形成

定网格在网压缩波束形成方法首先将目标声源区域离散成一组固定不动的网格点，并假设所有声源均落在网格点上，然后利用传声器测得的声压信号矩阵、感知矩阵与声源分布矩阵建立定网格在网压缩波束形成数学模型，接着利用恢复稀疏性算法求解该模型，得到声源分布矩阵、声源强度分布向量，最后根据声源强度分布向量中非零元素的数目、索引以及模数获得声源数目、声源DOA和声源强度。本章将分别介绍基于远场和近场模型的定网格在网压缩波束形成方法，包括数学模型和恢复稀疏性算法，并分析定网格在网压缩波束形成方法中存在的基不匹配问题。

7.1　基于远场模型的定网格在网压缩波束形成

定网格在网压缩波束形成方法将目标声源区域离散成一组固定不动的网格点，并假设所有声源均落在网格点上。球面传声器阵列测量可全景识别声源，将三维空间内所有方向离散成 G 个网格点，每个网格点代表一个观测方向记为 $\Omega_{\mathrm{F}g}$，$g=1,2,\cdots,G$。快拍数目为 L 时，构建声源分布矩阵 $\boldsymbol{S}=[\boldsymbol{s}_{\mathrm{F}1}^{\mathrm{T}},\boldsymbol{s}_{\mathrm{F}2}^{\mathrm{T}},\cdots,\boldsymbol{s}_{\mathrm{F}G}^{\mathrm{T}}]^{\mathrm{T}}\in\mathbb{C}^{G\times L}$，其中 $\boldsymbol{s}_{\mathrm{F}g}$ 是由第 g 个观测方向上各快拍下的声源强度构成的行向量，$g=1,2,\cdots,G$。构建矩阵 $\boldsymbol{Y}_{\mathrm{F}\infty}\in\mathbb{C}^{G\times\infty}$ 为

$$\boldsymbol{Y}_{\mathrm{F}\infty}=\begin{bmatrix} \underbrace{\begin{matrix} Y_0^0(\Omega_{\mathrm{F1}}) \\ Y_0^0(\Omega_{\mathrm{F2}}) \\ \vdots \\ Y_0^0(\Omega_{\mathrm{F}G}) \end{matrix}}_{n=0} & \underbrace{\begin{matrix} Y_1^{-1}(\Omega_{\mathrm{F1}}) & Y_1^0(\Omega_{\mathrm{F1}}) & Y_1^{-1}(\Omega_{\mathrm{F1}}) \\ Y_1^{-1}(\Omega_{\mathrm{F2}}) & Y_1^0(\Omega_{\mathrm{F2}}) & Y_1^1(\Omega_{\mathrm{F2}}) \\ \vdots & \vdots & \vdots \\ Y_1^{-1}(\Omega_{\mathrm{F}G}) & Y_1^0(\Omega_{\mathrm{F}G}) & Y_1^1(\Omega_{\mathrm{F}G}) \end{matrix}}_{n=1} & \begin{matrix} \dots \\ \cdots \\ \ddots \\ \cdots \end{matrix} & \underbrace{\begin{matrix} Y_\infty^{-\infty}(\Omega_{\mathrm{F1}}) & \cdots & Y_\infty^{\infty}(\Omega_{\mathrm{F1}}) \\ Y_\infty^{-\infty}(\Omega_{\mathrm{F2}}) & \cdots & Y_\infty^{\infty}(\Omega_{\mathrm{F2}}) \\ \vdots & \ddots & \vdots \\ Y_\infty^{-\infty}(\Omega_{\mathrm{F}G}) & \cdots & Y_\infty^{\infty}(\Omega_{\mathrm{F}G}) \end{matrix}}_{n=\infty} \end{bmatrix} \in \mathbb{C}^{G\times\infty} \tag{7.1}$$

根据式(6.10)，传声器测得的声压信号为

$$\boldsymbol{P}^{\star}=\boldsymbol{Y}_{MN}\boldsymbol{B}_N\boldsymbol{Y}_{\mathrm{F}N}^{\mathrm{H}}\boldsymbol{S}+\boldsymbol{N} \tag{7.2}$$

定义感知矩阵 $\boldsymbol{D}=\boldsymbol{Y}_{MN}\boldsymbol{B}_N\boldsymbol{Y}_{\mathrm{F}N}^{\mathrm{H}}\in\mathbb{C}^{Q\times G}$，式(7.2)可被重写为

$$\boldsymbol{P}^{\star}=\boldsymbol{DS}+\boldsymbol{N} \tag{7.3}$$

通常地，$Q\ll G$，式(7.3)所示方程组欠定，可利用凸优化方法、贪婪方法和稀疏贝叶斯学习方法建立相应数学模型并求解。

(1)**凸优化方法**

为求解式(7.3)中的线性方程组，可直接对 $\boldsymbol{S}$ 施加稀疏约束[43]：

$$\hat{\boldsymbol{S}}=\underset{\boldsymbol{S}\in\mathbb{C}^{G\times L}}{\operatorname{argmin}}\|\boldsymbol{S}\|_{2,0}\quad \text{s.t.}\ \|\boldsymbol{P}^{\star}-\boldsymbol{DS}\|_{\mathrm{F}}\leqslant\varepsilon \tag{7.4}$$

其中，ε 为噪声干扰控制参数，通常取为 $\|\boldsymbol{N}\|_{\mathrm{F}}$。$\|\boldsymbol{S}\|_{2,0}$ 是 S 的 $\ell_{2,0}$ 范数，被定义为 $\|\boldsymbol{S}\|_{2,0}=\left|\{g\mid\|\boldsymbol{S}_{g,:}\|_2>0\}\right|=\left|\{g\mid\boldsymbol{S}_{g,:}\neq\boldsymbol{0}\}\right|$，$g=1,2,\cdots,G$ 为 $\boldsymbol{S}$ 的行索引(网格点索引)，$\boldsymbol{S}_{g,:}$ 为 $\boldsymbol{S}$ 的第 g 行，$\|\cdot\|_2$ 表示向量的 ℓ_2 范数，$|\cdot|$ 表示集合的势。$\|\boldsymbol{S}\|_{2,0}$ 代表了 $\boldsymbol{S}$ 中非零行的个数。

式(7.4)为非凸组合问题，难以求解。凸优化方法采用 ℓ_1 范数代替 ℓ_0 范数，将其松弛为凸优化问题，即

$$\hat{\boldsymbol{S}}=\underset{\boldsymbol{S}\in\mathbb{C}^{G\times L}}{\operatorname{argmin}}\|\boldsymbol{S}\|_{2,1}\quad \text{s.t.}\ \|\boldsymbol{P}^{\star}-\boldsymbol{DS}\|_{\mathrm{F}}\leqslant\varepsilon \tag{7.5}$$

其中，$\|\boldsymbol{S}\|_{2,1}=\sum\limits_{g=1}^{G}\|\boldsymbol{S}_{g,:}\|_2$ 为 $\boldsymbol{S}$ 的 $\ell_{2,1}$ 范数。

式(7.5)示凸优化问题可直接利用 CVX 工具箱进行求解，亦可转化为迭代重加权 ℓ_1 范数(w-ℓ_1-norm)最小化[15,44]形式求解。前者在低 SNR 下声源识别结果与实际结果偏差较大，后者通过对 $\boldsymbol{S}$ 施加权重提高了低 SNR 下的声源识别性能，两者均需要 SNR 的先验知识，且其计算精度取决于 SNR 估计的准确度。除此之外，也可采用自适应重加权同伦(Adaptive Reweighting Homotopy, ARH)算法[45,46]求解凸优化问题，其无须估计 SNR。

1) w-ℓ_1-norm

w-ℓ_1-norm 基于前一次迭代的计算结果对声源分布矩阵中绝对值较大的元素施加较小的权，绝对值较小的元素施加较大的权，最小化计权矩阵与声源分布矩阵乘积的 $\ell_{2,1}$ 范数以达到增加稀疏性减小偏差的目的。

定义计权矩阵 $\boldsymbol{W}=\mathrm{Diag}([w_1,w_2,\cdots,w_G])\in\mathbb{C}^{G\times G}$，其中，$w_g$ 为 $\boldsymbol{S}$ 中第 g 行元素对应的权重，在第 γ 次迭代下，其表达式为

$$w_g^{(\gamma)}=\begin{cases}1, & \gamma=1\\ \dfrac{1}{\|\boldsymbol{S}_{g,:}^{(\gamma-1)}\|_2/\sqrt{L}+\xi}, & \gamma>1\end{cases}\tag{7.6}$$

通常 ξ 取 10^{-3}，若 10^{-3} 小于 $\|\boldsymbol{S}_{g,:}^{(\gamma-1)}\|_2/\sqrt{L}$ 按降序排列后第 $Q/\lfloor 4\log_{10}(G/Q)\rfloor$ 个元素($\lfloor\cdot\rfloor$ 表示向负无穷方向取整)，则 ξ 取后者。第 γ 次迭代下，w-ℓ_1-norm 的数学模型为

$$\hat{\boldsymbol{S}}^{(\gamma)}=\underset{\boldsymbol{S}\in\mathbb{C}^{G\times L}}{\operatorname{argmin}}\|\boldsymbol{W}^{(\gamma)}\boldsymbol{S}^{(\gamma)}\|_{2,1}\quad \text{s.t.}\ \|\boldsymbol{P}^{\star}-\boldsymbol{D}\boldsymbol{S}^{(\gamma)}\|_{\mathrm{F}}\leqslant\varepsilon\tag{7.7}$$

该式可直接调用 CVX 工具箱求解。当 γ 达到设定的最大迭代次数后迭代终止，通常设定为 4。

表 7.1 为 w-ℓ_1-norm 算法伪代码。

表 7.1　w-ℓ_1-norm 算法伪代码

初始化：$\gamma=0$
循环 (1) $\gamma \leftarrow \gamma+1$ (2) 由式(7.6)更新 $\boldsymbol{W}^{(\gamma)}$ (3) 由式(7.7)计算 $\hat{\boldsymbol{S}}^{(\gamma)}$ 直至 $\gamma=4$

2) ARH

目前，ARH 算法尚未成功发展出多快拍版本，本小节介绍单快拍下的 ARH 算法。单快拍下，$\boldsymbol{P}^\star$ 退化为 $\boldsymbol{p}^\star \in \mathbb{C}^{Q\times 1}$，$\boldsymbol{S}$ 退化为 $\boldsymbol{s} \in \mathbb{C}^{G\times 1}$。

ARH 算法通过确定支撑集 Γ 元素、自适应地搜索权重、计算支撑集上元素的前进方向与步长以及更新支撑集迭代求解声源分布。为应用 ARH，将式(7.5)重写为等价的无约束优化问题：

$$\hat{\boldsymbol{s}} = \underset{\boldsymbol{s}\in\mathbb{C}^{G\times 1}}{\operatorname{argmin}} \frac{\|\boldsymbol{p}^\star - \boldsymbol{D}\boldsymbol{s}\|_2^2}{2} + \|\boldsymbol{W}\boldsymbol{s}\|_1 \tag{7.8}$$

其中，$\boldsymbol{W}=\mathrm{Diag}([w_1,w_2,\cdots,w_G])$ 是以正则化参数(权重)为对角线的对角矩阵。定义残差 $\zeta=\|\boldsymbol{p}^\star-\boldsymbol{D}\boldsymbol{s}\|_2$。ARH 算法计算步骤如下：

①初始化。$\boldsymbol{s}^{(0)}=\boldsymbol{0}$，$\zeta^{(0)}=\|\boldsymbol{p}^\star\|_2$，$w_1=w_2=\cdots=w_G=\max_j|\boldsymbol{D}_{:,j}^{\mathrm{H}}\boldsymbol{p}^\star|$，其中 $\boldsymbol{D}_{:,j}$ 为 $\boldsymbol{D}$ 的第 j 列，初始化支撑集 $\Gamma^{(0)} \leftarrow \operatorname{argmax}_j|\boldsymbol{D}_{:,j}^{\mathrm{H}}\boldsymbol{p}^\star|$。

②选择期望权重矩阵 $\tilde{\boldsymbol{W}}$。令 $\tilde{\boldsymbol{W}}=\mathrm{Diag}([\tilde{w}_1,\tilde{w}_2,\cdots,\tilde{w}_G])$，其中，$\tilde{w}_g$ 为 $\boldsymbol{s}$ 中第 g 个元素 s_g 对应的期望权重，在第 γ 次迭代下

$$\tilde{w}_g^{(\gamma)} = \min(\zeta, \zeta/(Q\cdot|s_g^{(\gamma-1)}|\cdot\|\boldsymbol{s}^{(\gamma-1)}\|_2^2/\|\boldsymbol{s}^{(\gamma-1)}\|_1^2)) \tag{7.9}$$

在迭代过程中，支撑集上的权重 $w_{g\in\Gamma^{(\gamma-1)}}^{(\gamma-1)}$ 将朝着支撑集上的期望权重 $\tilde{w}_{g\in\Gamma^{(\gamma-1)}}^{(\gamma)}$ 变化，同时支撑集上的解 $\boldsymbol{s}_{g\in\Gamma^{(\gamma-1)},:}$ 也将沿某一特定方向变化，直至

$w_{g\in\Gamma^{(\gamma-1)}}^{(\gamma-1)}$ 与 $\tilde{w}_{g\in\Gamma^{(\gamma-1)}}^{(\gamma)}$ 相等或支撑集上对应的元素发生改变。为保证式(7.8)解的精度，相比非支撑集 $\Gamma_{\mathrm{C}}^{(\gamma-1)}$ 上的权重 $w_{g\in\Gamma_{\mathrm{C}}^{(\gamma-1)}}^{(\gamma-1)}$，支撑集 $\Gamma^{(\gamma-1)}$ 上的权重 $w_{g\in\Gamma^{(\gamma-1)}}^{(\gamma-1)}$ 应以更快的收缩速度缩减至一个更小的值，为达到这一目的，$\tilde{w}_{g\in\Gamma^{(\gamma-1)}}^{(\gamma)}$ 应趋近于 0。因此，本节中建议参数 $\tilde{\zeta}$ 取 10^{-6}。

③确定 $\boldsymbol{s}^{(\gamma)}$ 的前进方向 $\partial\boldsymbol{s}^{(\gamma)}$。定义 $\boldsymbol{z}\in\mathbb{C}^{G\times1}$ 为声源强度的符号矩阵，它的每一个元素都是在复平面上被归一化的单位向量，在第 γ 次迭代下，$\boldsymbol{z}$ 的第 g 个元素 z_g 为 $z_g^{(\gamma)}=s_g^{(\gamma-1)}/|s_g^{(\gamma-1)}|$。满足式(7.8)最优解的必要条件为

$$\begin{cases}\boldsymbol{D}_{:,\Gamma}^{\mathrm{H}}(\boldsymbol{D}\boldsymbol{s}^{(\gamma-1)}-\boldsymbol{p}^{\star})=-\mathrm{diag}(w_{\Gamma}^{(\gamma-1)})z_{\Gamma}^{(\gamma)}\\|\boldsymbol{D}_{:,g}^{\mathrm{H}}(\boldsymbol{D}\boldsymbol{s}^{(\gamma-1)}-\boldsymbol{p}^{\star})|<w_g^{(\gamma-1)},g\in\Gamma_{\mathrm{C}}^{(\gamma-1)}\end{cases}\tag{7.10}$$

当 $w_{g\in\Gamma^{(\gamma-1)}}^{(\gamma-1)}$ 变化为 $w_{g\in\Gamma^{(\gamma-1)}}^{(\gamma-1)}+\delta^{(\gamma)}(\tilde{w}_{g\in\Gamma^{(\gamma-1)}}^{(\gamma)}-w_{g\in\Gamma^{(\gamma-1)}}^{(\gamma-1)})$，$\boldsymbol{s}^{(\gamma-1)}$ 变化为 $\boldsymbol{s}^{(\gamma-1)}+\delta^{(\gamma)}\partial\boldsymbol{s}^{(\gamma)}$ 时，式(7.10)仍然成立，即

$$\begin{gathered}\boldsymbol{D}_{:,\Gamma}^{\mathrm{H}}(\boldsymbol{D}\boldsymbol{s}^{(\gamma-1)}-\boldsymbol{p}^{\star})+\delta^{(\gamma)}\boldsymbol{D}_{:,\Gamma}^{\mathrm{H}}\boldsymbol{D}\partial\boldsymbol{s}^{(\gamma)}=\\-\mathrm{diag}(w_{\Gamma}^{(\gamma-1)})z_{\Gamma}^{(\gamma)}+\delta^{(\gamma)}(\mathrm{diag}(w_{\Gamma}^{(\gamma-1)})-\mathrm{diag}(\tilde{w}_{\Gamma}^{(\gamma)}))z_{\Gamma}^{(\gamma)}\end{gathered}\tag{7.11}$$

联立式(7.10)中第一式与式(7.11)，可得

$$\partial s_{\Gamma}^{(\gamma)}=(\boldsymbol{D}_{:,\Gamma}^{\mathrm{H}}\boldsymbol{D}_{:,\Gamma})^{-1}\mathrm{diag}(w_{\Gamma}^{(\gamma-1)}-\tilde{w}_{\Gamma}^{(\gamma)})z_{\Gamma}^{(\gamma)}\tag{7.12}$$

对非支撑集上的解元素，令 $\partial s_{g\in\Gamma_{\mathrm{C}}^{(\gamma-1)}}^{(\gamma)}=0$ 以保持解的稀疏性。综上，

$$\partial\boldsymbol{s}^{(\gamma)}=\begin{cases}(\boldsymbol{D}_{:,\Gamma}^{\mathrm{H}}\boldsymbol{D}_{:,\Gamma})^{-1}\mathrm{diag}(w_{\Gamma}^{(\gamma-1)}-\tilde{w}_{\Gamma}^{(\gamma)})z_{\Gamma}^{(\gamma)}, & g\in\Gamma^{(\gamma-1)}\\0, & g\in\Gamma_{\mathrm{C}}^{(\gamma-1)}\end{cases}\tag{7.13}$$

④计算步长 $\delta^{(\gamma)}$。当 $s_{g\in\Gamma^{(\gamma-1)}}^{(\gamma-1)}$ 变为 0（第一种情况）或 $|\boldsymbol{D}_{:,g\in\Gamma_{\mathrm{C}}^{(\gamma-1)}}^{\mathrm{H}}(\boldsymbol{D}\boldsymbol{s}^{(\gamma-1)}-\boldsymbol{p}^{\star})|>w_g^{(\gamma-1)}$（第二种情况）时，权重断点出现，而 $\delta^{(\gamma)}$ 的大小取决于第一个断点出现的位置。对第一种情况，$s_{g\in\Gamma^{(\gamma-1)}}^{(\gamma-1)}+\delta^{(\gamma)}\partial s_{g\in\Gamma^{(\gamma-1)}}^{(\gamma)}=0$，则 $\delta^{(\gamma)}=-s_{g\in\Gamma^{(\gamma-1)}}^{(\gamma-1)}/\partial s_{g\in\Gamma^{(\gamma-1)}}^{(\gamma)}$。定义 $s_{\mathrm{Re},g}^{(\gamma-1)}=\mathrm{Re}(s_g^{(\gamma-1)})$，$s_{\mathrm{Im},g}^{(\gamma-1)}=\mathrm{Im}(s_g^{(\gamma-1)})$，$\partial s_{\mathrm{Re},g}^{(\gamma)}=\mathrm{Re}(\partial s_g^{(\gamma)})$，$\partial s_{\mathrm{Im},g}^{(\gamma)}=\mathrm{Im}(\partial s_g^{(\gamma)})$，Re(·)和 Im(·)分别表示取复数的实部和虚部。当 $s_{\mathrm{Re},g}^{(\gamma-1)}/\partial s_{\mathrm{Re},g}^{(\gamma)}=$

$s_{\mathrm{Im},g}^{(\gamma-1)}/\partial s_{\mathrm{Im},g}^{(\gamma)}$ 成立时，$\delta^{(\gamma)}$ 才为实数。考虑所有支撑集上的元素，第一个断点出现在

$$\delta^{(\gamma)}=\min_{+}\left\{\frac{-s_{\mathrm{Re},g}^{(\gamma-1)}}{\partial s_{\mathrm{Re},g}^{(\gamma)}}\middle|\frac{s_{\mathrm{Re},g}^{(\gamma-1)}}{\partial s_{\mathrm{Re},g}^{(\gamma)}}=\frac{s_{\mathrm{Im},g}^{(\gamma-1)}}{\partial s_{\mathrm{Im},g}^{(\gamma)}}\text{且 } g\in\Gamma^{(\gamma-1)}\right\}\tag{7.14}$$

其中，$\min_{+}(\cdot)$ 表示取集合中所有元素的最小正值。对第二种情况，$\delta^{(\gamma)}=1$。为了区分，将第一种情况下的步长记为 $\delta^{(\gamma)-}$，将第二种情况下的步长记为 $\delta^{(\gamma)+}$。若对支撑集上所有元素，没有一个元素可同时满足 $s_{\mathrm{Re},g}^{(\gamma-1)}/\partial s_{\mathrm{Re},g}^{(\gamma)}=s_{\mathrm{Im},g}^{(\gamma-1)}/\partial s_{\mathrm{Im},g}^{(\gamma)}$ 且 $-s_{\mathrm{Re},g}^{(\gamma-1)}/\partial s_{\mathrm{Re},g}^{(\gamma)}>0$，则 $\delta^{(\gamma)-}$ 不存在，此时，$\delta^{(\gamma)}=\delta^{(\gamma)+}$。综上，

$$\delta^{(\gamma)}=\begin{cases}\min(\delta^{(\gamma)-},\delta^{(\gamma)+}), & \delta^{(\gamma)-}\text{存在}\\ \delta^{(\gamma)+}, & \delta^{(\gamma)-}\text{不存在}\end{cases}\tag{7.15}$$

⑤更新解与支撑集上的权重：

$$\boldsymbol{s}^{(\gamma)}=\boldsymbol{s}^{(\gamma-1)}+\delta^{(\gamma)}\partial\boldsymbol{s}^{(\gamma)}\tag{7.16}$$

$$w_g^{(\gamma)}=w_g^{(\gamma-1)}+\delta^{(\gamma)}(\tilde{w}_g^{(\gamma)}-w_g^{(\gamma-1)}),g\in\Gamma^{(\gamma-1)}\tag{7.17}$$

⑥更新支撑集与非支撑集。当断点出现时，必须更新支撑集与非支撑集中的元素才能进行下一次迭代运算。如果对应第一种情况的断点出现，则将对应的行索引移出支撑集；如果对应第二种情况的断点出现，则将对应的索引加入支撑集。即

$$\begin{cases}\Gamma^{(\gamma)}\leftarrow\Gamma^{(\gamma-1)}\backslash\lambda^{-},\delta^{(\gamma)}<\delta^{(\gamma)+}\\ \Gamma^{(\gamma)}\leftarrow\Gamma^{(\gamma-1)}\cup\lambda^{+}\text{且 }\lambda^{+}=\operatorname{argmax}_{g\in\Gamma_{\mathrm{C}}^{(\gamma-1)}}|\boldsymbol{D}_{:,g}^{\mathrm{H}}(\boldsymbol{p}^{\star}-\boldsymbol{D}\boldsymbol{s}^{(\gamma)})|,\text{其他}\end{cases}\tag{7.18}$$

其中，λ^{-}，λ^{+} 分别表示被移出和添加到支撑集中的元素，符号 \ 和 ∪ 分别表示将元素从支撑集中移除和将元素添加到支撑集中。如果一个元素被加入支撑集中，该元素对应的权重则变为 $w_{\lambda^{+}}^{(\gamma)}=|\boldsymbol{D}_{:,\lambda^{+}}^{\mathrm{H}}(\boldsymbol{p}^{\star}-\boldsymbol{D}\boldsymbol{s}^{(\gamma)})|$。由于非支撑集上的权重无须固定为一个先验值，通过调整非支撑集上的权重就可使式(7.10)中的不等式仍然成立。因此，非支撑集上权重均取为

$$w_g^{(\gamma)}=\max_j|\boldsymbol{D}_{:,j}^{\mathrm{H}}(\boldsymbol{p}^{\star}-\boldsymbol{D}\boldsymbol{s}^{(\gamma)})|,g\in\Gamma_{\mathrm{C}}^{(\gamma)},j\in\Gamma_{\mathrm{C}}^{(\gamma)}\tag{7.19}$$

⑦更新残差：

$$\zeta^{(\gamma)} = \| \boldsymbol{p}^{\star} - \boldsymbol{D}\boldsymbol{s}^{(\gamma)} \|_2 \tag{7.20}$$

⑧迭代终止。当 $10\log_{10}(\zeta^{(\gamma)}/\zeta^{(\gamma-1)}) \leqslant 1$ 时，迭代终止。

表 7.2 为 ARH 算法伪代码。

表 7.2　ARH 算法伪代码

初始化：$\gamma=0, \boldsymbol{s}^{(0)}=\boldsymbol{0}, \zeta^{(0)}=\|\boldsymbol{p}^{\star}\|_2, w_1=w_2=\cdots=w_G=\max_j\|\boldsymbol{D}_{:,j}^{\mathrm{H}}\boldsymbol{p}^{\star}\|, \Gamma^{(0)}\leftarrow\arg\max_j \|\boldsymbol{D}_{:,j}^{\mathrm{H}}\boldsymbol{p}^{\star}\|, \delta^{(\gamma)+}=1, \tilde{\zeta}=10^{-6}$
循环
(1) $\gamma\leftarrow\gamma+1$
(2) 由式(7.9)更新 $\tilde{w}_g^{(\gamma)}$
(3) 由式(7.13)更新 $\partial\boldsymbol{s}^{(\gamma)}$
(4) 由式(7.15)更新 $\delta^{(\gamma)}$
(5) 由式(7.16)更新 $\boldsymbol{s}^{(\gamma)}$
(6) 由式(7.17)更新 $w_{g\in\Gamma^{(\gamma-1)}}^{(\gamma)}$
(7) 由式(7.18)更新 $\Gamma^{(\gamma)}$ 与 $\Gamma_{\mathrm{C}}^{(\gamma)}$
(8) 由式(7.19)更新 $w_{g\in\Gamma_{\mathrm{C}}^{(\gamma)}}^{(\gamma)}$
(9) 由式(7.20)更新 $\zeta^{(\gamma)}$
直至 $10\log_{10}(\zeta^{(\gamma)}/\zeta^{(\gamma-1)}) \leqslant 1$

(2)贪婪方法

贪婪方法迭代地从基(感知矩阵列向量)中挑选原子，并计算相应的系数，使得这些原子的线性组合与阵列测量的声压信号间的偏差逐渐减小。迭代终止时，被挑选的原子所代表的方向即为声源 DOA，这些原子相应的系数即为声源强度。常见的贪婪求解算法包括正交匹配追踪算法(Orthogonal Matching Pursuit, OMP)[1,44]以及广义正交匹配追踪算法(Generalized OMP, gOMP)[44,47]。

1) OMP

定义残差 $\boldsymbol{\xi}=\boldsymbol{P}^{\star}-\boldsymbol{D}\boldsymbol{S}$。初始化 $\boldsymbol{S}^{(0)}=\boldsymbol{0}$，$\boldsymbol{\xi}^{(0)}=\boldsymbol{P}^{\star}$，支撑集 $\Gamma^{(0)}=\varnothing$，非支撑集 $\Gamma_{\mathrm{C}}^{(0)}=\{1,2,\cdots,G\}$，支撑集上的原子集构成的矩阵 $\boldsymbol{\Lambda}^{(0)}=[\ ]$。在第 γ 次迭代下，OMP 算法从非支撑集上的感知矩阵列向量中挑选出与残差最为相关的一列，将其索引加入支撑集、移出非支撑集，并将此列加入支撑集上的原子集构成的矩阵 $\boldsymbol{\Lambda}$ 中，即

$$\lambda=\operatorname{argmax}_{g}\|\boldsymbol{D}_{:,g}^{\mathrm{H}}\boldsymbol{\xi}^{(\gamma-1)}\|_{2},g\in\Gamma_{\mathrm{C}}^{(\gamma-1)} \tag{7.21}$$

$$\Gamma^{(\gamma)}=\Gamma^{(\gamma-1)}\cup\lambda,\Gamma_{\mathrm{C}}^{(\gamma)}=\Gamma_{\mathrm{C}}^{(\gamma-1)}\backslash\lambda \tag{7.22}$$

$$\boldsymbol{\Lambda}^{(\gamma)}=[\boldsymbol{\Lambda}^{(\gamma-1)},\boldsymbol{D}_{:,\lambda}] \tag{7.23}$$

然后，基于最小二乘法计算被挑选出的原子在各快拍下的系数：

$$\hat{\boldsymbol{S}}_{\Gamma}^{(\gamma)}=\operatorname{argmin}\{\|\boldsymbol{P}^{\star}-\boldsymbol{\Lambda}^{(\gamma)}\boldsymbol{S}_{\Gamma}\|_{\mathrm{F}}\}=((\boldsymbol{\Lambda}^{(\gamma)})^{\mathrm{H}}\boldsymbol{\Lambda}^{(\gamma)})^{-1}(\boldsymbol{\Lambda}^{(\gamma)})^{\mathrm{H}}\boldsymbol{P}^{\star} \tag{7.24}$$

令支撑集上的声源强度为挑选出的原子的系数，非支撑集上的声源强度为 0：

$$\boldsymbol{S}_{\Gamma^{(\gamma)},:}^{(\gamma)}=\hat{\boldsymbol{S}}_{\Gamma}^{(\gamma)},\boldsymbol{S}_{\Gamma_{\mathrm{C}}^{(\gamma)},:}^{(\gamma)}=\boldsymbol{0} \tag{7.25}$$

最后，更新残差：

$$\boldsymbol{\xi}^{(\gamma)}=\boldsymbol{P}^{\star}-\boldsymbol{D}\boldsymbol{S}^{(\gamma)} \tag{7.26}$$

当迭代次数达到声源数目 I 时，迭代终止。

表 7.3 为 OMP 算法伪代码。

表 7.3　OMP 算法伪代码

初始化：$\gamma=0$，$\boldsymbol{S}^{(0)}=\boldsymbol{0}$，$\boldsymbol{\xi}^{(0)}=\boldsymbol{P}^{\star}$，$\Gamma^{(0)}=\varnothing$，$\Gamma_{\mathrm{C}}^{(0)}=\{1,2,\cdots,G\}$，$\boldsymbol{\Lambda}^{(0)}=[\ ]$
循环 (1) $\gamma\leftarrow\gamma+1$ (2) 由式(7.21)确定原子索引 (3) 将原子索引加入支撑集、并将该原子加入支撑集上的原子集 (4) 由式(7.24)计算原子对应的系数 (5) 由式(7.25)更新 $\boldsymbol{S}^{(\gamma)}$ (6) 由式(7.26)更新 $\boldsymbol{\xi}^{(\gamma)}$ 直至 $\gamma=I$

2) gOMP

不同于 OMP 算法每次迭代时只挑选出一个原子,gOMP 算法每次挑选出多个原子,不仅可以避免 OMP 挑选出“错误”原子(该原子并非与残差最大相关)导致无法正确识别声源的情况,还能够在声源数目较多时显著地提升计算效率。

gOMP 算法与 OMP 算法计算步骤一致,不同之处在于 gOMP 算法在每次迭代时从非支撑集上感知矩阵列向量中挑选出前 $J(J<I)$ 个与残差最为相关的列,然后同时采用这些原子参与后续计算,即

$$\lambda(j)=\operatorname{argmax}_g \|\boldsymbol{D}_{:,g}^{\mathrm{H}}\boldsymbol{\xi}\|_2, g\in\Gamma_{\mathrm{C}}^{(\gamma-1)}\setminus\{\lambda(j-1),\cdots,\lambda(2),\lambda(1)\} \tag{7.27}$$

$$\begin{aligned}\Gamma^{(\gamma)}&=\Gamma^{(\gamma-1)}\cup\{\lambda(1),\lambda(2),\cdots,\lambda(J)\}\\ \Gamma_{\mathrm{C}}^{(\gamma)}&=\Gamma_{\mathrm{C}}^{(\gamma-1)}\setminus\{\lambda(1),\lambda(2),\cdots,\lambda(J)\}\end{aligned} \tag{7.28}$$

$$\boldsymbol{\Lambda}^{(\gamma)}=[\boldsymbol{\Lambda}^{(\gamma-1)},\{\boldsymbol{D}_{:,\lambda(1)},\boldsymbol{D}_{:,\lambda(2)},\cdots,\boldsymbol{D}_{:,\lambda(J)}] \tag{7.29}$$

当迭代次数达到 I 与 Q/I 中较小的值时,迭代终止。

表 7.4 为 gOMP 算法伪代码。

表 7.4 gOMP 算法伪代码

初始化:$\gamma=0,\boldsymbol{S}^{(0)}=\boldsymbol{0},\boldsymbol{\xi}^{(0)}=\boldsymbol{P}^{\star},\boldsymbol{\Lambda}^{(0)}=[\ ]$
循环
(1) $\gamma\leftarrow\gamma+1$
(2) 由式(7.27)确定前 J 个与 $\boldsymbol{\xi}^{(\gamma-1)}$ 最为相关的原子索引
(3) 将原子索引加入支撑集、移出非支撑集,并将该原子加入支撑集上的原子集
(4) 由式(7.29)和式(7.24)计算原子对应的系数
(5) 由式(7.25)更新 $\boldsymbol{S}^{(\gamma)}$
(6) 由式(7.26)更新 $\boldsymbol{\xi}^{(\gamma)}$
直至 $\gamma=\min(I,Q/I)$

(3)SBL

SBL 采用分层两级贝叶斯推断求解式(7.3),第一级根据模型参数(声源强度分布 $\boldsymbol{S}$)的先验模型和数据似然函数推导模型参数的后验概率分布,第二级通过最大化观测数据(传声器阵列测量声压信号 $\boldsymbol{P}^{\star}$)的概率进行超参数学习,然后利用这些超参数调节先验模型使其稀疏。

SBL 假设 $\boldsymbol{S}$ 中所有元素服从均值为 0 的复高斯分布,即 $\boldsymbol{S}$ 中各列向量具有相同的稀疏剖面,且假设各快拍下模型参数独立,因此,参数的先验模型为

$$p(\boldsymbol{S}) = \prod_{l=1}^{L} p(\boldsymbol{S}_{:,l}) = \prod_{l=1}^{L} \mathrm{CN}(\boldsymbol{S}_{:,l} \mid 0, \boldsymbol{\Gamma}) \tag{7.30}$$

其中,$\prod(\cdot)$ 为累乘运算符,$\boldsymbol{S}_{:,l}$ 为 $\boldsymbol{S}$ 的第 l 列,$\mathrm{CN}(\cdot)$ 表示变量服从复高斯分布,$\boldsymbol{\Gamma} = \mathrm{Diag}(\boldsymbol{\xi}) \in \mathbb{C}^{G\times G}$ 为对角协方差矩阵,$\boldsymbol{\xi} = [\xi_1, \xi_2, \cdots, \xi_G]$,$\xi_g$ 为 $\boldsymbol{S}_{:,l}$ 的第 g 个元素的方差,也是需要学习的超参数,它控制着声源强度分布的稀疏度以及稀疏剖面。假设噪声服从均值为 0、方差为 σ^2 的复高斯分布且各快拍下独立,即 $p(N) = \prod_{l=1}^{L} p(\boldsymbol{N}_{:,l}) = \prod_{l=1}^{L} \mathrm{CN}(\boldsymbol{N}_{:,l} \mid 0, \boldsymbol{\Sigma}_N)$,其中 $\boldsymbol{N}_{:,l}$ 为 $\boldsymbol{N}$ 的第 l 列、$\boldsymbol{\Sigma}_N = \sigma^2 \boldsymbol{I} \in \mathbb{C}^{Q\times Q}$ 为对角协方差矩阵($\boldsymbol{I} \in \mathbb{C}^{Q\times Q}$ 为单位矩阵),则数据似然为

$$p(\boldsymbol{P} \mid \boldsymbol{S}) = \prod_{l=1}^{L} p(\boldsymbol{P}_{:,l} \mid \boldsymbol{S}_{:,l}) = \prod_{l=1}^{L} \mathrm{CN}(\boldsymbol{P}_{:,l} \mid \boldsymbol{D}\boldsymbol{S}_{:,l}, \boldsymbol{\Sigma}_N) \tag{7.31}$$

其中,$\boldsymbol{P}_{:,l}$ 为 $\boldsymbol{P}$ 的第 l 列。

在高斯先验模型和似然的条件下,$\boldsymbol{S}$ 的后验分布也服从高斯分布,即

$$p(\boldsymbol{S} \mid \boldsymbol{P}) \propto p(\boldsymbol{P} \mid \boldsymbol{S}) p(\boldsymbol{S}) = \prod_{l=1}^{L} \mathrm{CN}(\boldsymbol{\mu}_l, \boldsymbol{\Sigma}_S) \tag{7.32}$$

其中,$\boldsymbol{\mu}_l \in \mathbb{C}^{G\times 1}$ 和 $\boldsymbol{\Sigma}_S \in \mathbb{C}^{G\times G}$ 分别为 $\boldsymbol{S}$ 的后验分布的均值和协方差

$$\boldsymbol{\mu}_l = \boldsymbol{\Gamma}\boldsymbol{D}^{\mathrm{H}} \boldsymbol{\Sigma}_P^{-1} \boldsymbol{P}_{:,l} \tag{7.33}$$

$$\boldsymbol{\Sigma}_S = \boldsymbol{\Gamma} - \boldsymbol{\Gamma}\boldsymbol{D}^{\mathrm{H}} \boldsymbol{\Sigma}_P^{-1} \boldsymbol{\Gamma}\boldsymbol{D} \tag{7.34}$$

其中,$\boldsymbol{\Sigma}_P \in \mathbb{C}^{Q\times Q}$ 为 $\boldsymbol{P}$ 的协方差矩阵,

$$\boldsymbol{\Sigma}_P = \mathrm{E}(\boldsymbol{P}_{:,l} (\boldsymbol{P}_{:,l})^{\mathrm{H}}) = \sigma^2 \boldsymbol{I} + \boldsymbol{D}\boldsymbol{\Gamma}\boldsymbol{D}^{\mathrm{H}} \tag{7.35}$$

E(·)表示求期望。结合式(7.30)—式(7.35),可得证据 $p(\boldsymbol{P})$ 为

$$
\begin{aligned}
p(\boldsymbol{P}) &= \int p(\boldsymbol{P} \mid \boldsymbol{S}) p(\boldsymbol{S}) \mathrm{d}\boldsymbol{S} = \int \prod_{l=1}^{L} \mathrm{CN}(\boldsymbol{P}_{:,l} \mid \boldsymbol{D}\boldsymbol{S}_{:,l}, \boldsymbol{\Sigma}_N) \mathrm{CN}(\boldsymbol{S}_{:,l} \mid 0, \boldsymbol{\Gamma}) \mathrm{d}\boldsymbol{S} \\
&= \prod_{l=1}^{L} \mathrm{CN}(\boldsymbol{P}_{:,l} \mid 0, \boldsymbol{\Sigma}_P) = \frac{\mathrm{e}^{-\mathrm{tr}(\boldsymbol{P}^{\mathrm{H}}\boldsymbol{\Sigma}_P^{-1}\boldsymbol{P}^{\mathrm{H}})}}{(\pi^Q \det(\boldsymbol{\Sigma}_P))^L}
\end{aligned} \tag{7.36}
$$

其中,tr(·)表示矩阵的迹,det(·)表示矩阵的行列式。

$\boldsymbol{\xi}$ 的估计可通过第Ⅱ类最大似然实现,即最大化证据 $p(\boldsymbol{P})$ 的对数:

$$
\hat{\boldsymbol{\xi}} = \underset{\xi}{\mathrm{argmax}}(\ln p(\boldsymbol{P})) = \underset{\xi}{\mathrm{argmax}}(-\mathrm{tr}(\boldsymbol{P}^{\mathrm{H}}\boldsymbol{\Sigma}_P^{-1}\boldsymbol{P}) - L \ln \det(\boldsymbol{\Sigma}_P)) \tag{7.37}
$$

该式中的目标函数是非凸的,但可通过对 $\boldsymbol{\xi}$ 中的元素 ξ_g 求导来求解此式。$\ln p(\boldsymbol{P})$ 关于 ξ_g 的导数为

$$
\begin{aligned}
\frac{\partial \ln p(\boldsymbol{P})}{\partial \xi_g} &= \mathrm{tr}(\boldsymbol{P}^{\mathrm{H}}\boldsymbol{\Sigma}_P^{-1}\boldsymbol{D}_{:,g}\boldsymbol{D}_{:,g}^{\mathrm{H}}\boldsymbol{\Sigma}_P^{-1}\boldsymbol{P}) - L\boldsymbol{D}_{:,g}^{\mathrm{H}}\boldsymbol{\Sigma}_P^{-1}\boldsymbol{D}_{:,g} \\
&= \| \boldsymbol{P}^{\mathrm{H}}\boldsymbol{\Sigma}_P^{-1}\boldsymbol{D}_{:,g} \|_2^2 - L\boldsymbol{D}_{:,g}^{\mathrm{H}}\boldsymbol{\Sigma}_P^{-1}\boldsymbol{D}_{:,g}
\end{aligned} \tag{7.38}
$$

令式(7.38)为0,可获得 ξ_g 的更新,即生成一个固定点迭代更新准则:

$$
\hat{\xi}_g^{(\gamma)} = \hat{\xi}_g^{(\gamma-1)} \cdot \frac{1}{L} \cdot \frac{\| \boldsymbol{P}^{\mathrm{H}}\boldsymbol{\Sigma}_P^{-1}\boldsymbol{D}_{:,g} \|_2^2}{\boldsymbol{D}_{:,g}^{\mathrm{H}}\boldsymbol{\Sigma}_P^{-1}\boldsymbol{D}_{:,g}} \tag{7.39}
$$

$\hat{\xi}_g^{(\gamma)}$ 是第 γ 次迭代过程中更新后的第 g 个模型参数的方差,也是位于第 g 个网格点处声源的能量。

若已知噪声信息,SBL 的计算步骤至此结束。若噪声信息未知,则需执行迭代计算估计噪声方差 σ^2,为计算模型参数方差提供基础。初始化 $(\sigma^2)^{(0)} = 0.1$, $\boldsymbol{\xi}^{(0)} = \boldsymbol{I} \in \mathbb{R}^{G\times 1}$, $\varepsilon^{(0)} = 1$。在第 γ 次迭代中,采用随机极大似然方法估计 σ^2,其估计值为

$$
(\hat{\sigma}^2)^{(\gamma)} = \frac{\mathrm{tr}((\boldsymbol{I} - \boldsymbol{D}_{:,\mathcal{G}}\boldsymbol{D}_{:,\mathcal{G}}^{+})\boldsymbol{P}\boldsymbol{P}^{\mathrm{H}})}{L(Q-K)} \tag{7.40}
$$

其中,$\mathcal{G} = \{g \in \mathbb{N} \mid \xi_g^{(\gamma)}$ 中前 K 个最大元素对应的索引$\} = \{g_1, g_2, \cdots, g_K\}$,$\boldsymbol{D}_{:,\mathcal{G}} \in \mathbb{C}^{Q\times K}$ 是由索引为 $\mathcal{G}$ 中元素的感知矩阵列向量构成的矩阵,$\boldsymbol{D}_{:,\mathcal{G}}^{+} \in \mathbb{C}^{K\times Q}$ 是 $\boldsymbol{D}_{:,\mathcal{G}}$ 的 Moore-Penrose 伪逆。更新

$$\varepsilon^{(\gamma)}=\frac{\|\hat{\boldsymbol{\xi}}^{(\gamma)}-\hat{\boldsymbol{\xi}}^{(\gamma-1)}\|_1}{\|\hat{\boldsymbol{\xi}}^{(\gamma-1)}\|_1} \tag{7.41}$$

当 $\gamma\geqslant\gamma_{\max}$ 且 $\varepsilon^{(\gamma)}<10^{-3}$，迭代停止。

表 7.5 为 SBL 算法伪代码。

表 7.5　SBL 算法伪代码

初始化：$\gamma=0,(\sigma^2)^{(0)}=0.1,\varepsilon^{(0)}=1,\boldsymbol{\xi}^{(0)}=\boldsymbol{1},\boldsymbol{P}\leftarrow\boldsymbol{P}^{\star}$，$K$（自主选择），$\gamma_{\max}$（自主选择）
循环 (1) $\gamma\leftarrow\gamma+1$ (2) 由式(7.35)计算 $\boldsymbol{\Sigma}_P$ (3) 由式(7.39)更新 $\hat{\xi}_g^{(\gamma)}$ (4) 确定集合 $\mathcal{G}$ (5) 由式(7.40)更新 $(\hat{\sigma}^2)^{(\gamma)}$ (6) 由式(7.41)更新 $\varepsilon^{(\gamma)}$ 直至 $\gamma\geqslant\gamma_{\max}$ 或 $\varepsilon^{(\gamma)}<10^{-3}$

7.2　基于近场模型的定网格在网压缩波束形成

基于近场模型的定网格在网压缩波束形成基本理论与基于远场模型的基本理论大体一致，不同之处在于其目标声源区域通常设定为以阵列中心为球心、半径为 r_{F} 的球面，离散该球面形成 G 个网格点。传声器测得的声压信号写为：

$$\boldsymbol{P}^{\star}=\boldsymbol{Y}_{MN}\boldsymbol{B}_{\mathrm{F}N}\boldsymbol{Y}_{\mathrm{F}N}^{\mathrm{H}}\boldsymbol{S}_{\mathrm{F}}+\boldsymbol{N} \tag{7.42}$$

相应地，感知矩阵变化为 $\boldsymbol{D}_{\mathrm{F}}=\boldsymbol{Y}_{MN}\boldsymbol{B}_{\mathrm{F}N}\boldsymbol{Y}_{\mathrm{F}N}^{\mathrm{H}}\in\mathbb{C}^{Q\times G}$。7.1 节中提及的各种稀疏性恢复算法仍可用于基于近场模型的定网格在网压缩波束形成，只需将远场模型中的感知矩阵 $\boldsymbol{D}$ 替换为近场模型中的 $\boldsymbol{D}_{\mathrm{F}}$ 即可。

7.3 数值模拟

假设五个互不相干声源，DOA（θ_{Si}，ϕ_{Si}）依次为（110°，180°），（60°，120°），（140°,60°），（30°,270°）和（150°,330°），强度（$\|\boldsymbol{s}_i\|_2/\sqrt{L}$）依次为 100 dB，97 dB，94 dB，91 dB 和 90 dB（参考标准声压 2×10^{-5} Pa 进行 dB 缩放），辐射声波的频率为 4 000 Hz，多快拍时快拍总数取 10，添加 SNR 为 20 dB 的独立同分布高斯白噪声干扰。如图 7.1 所示为基于远场模型的 w-ℓ_1-norm，ARH，OMP，gOMP 和 SBL 算法的声源成像图。以上 5 种算法均准确估计了所有声源的 DOA，且除 w-ℓ_1-norm 算法在识别第 4 个与第 5 个声源时，估计的声源强度与真实强度相差 2 dB 左右以外，其余 4 种算法准确估计了各声源的强度。w-ℓ_1-norm 对弱源强度估计精度较差是因为 w-ℓ_1-norm 在式（7.7）的约束下同时识别所有声源，由于强声源的掩蔽效应，弱源对满足约束条件的最优解的贡献相对较小。不同于 w-ℓ_1-norm，ARH 和 OMP 算法在每一次迭代中只识别一个声源，且强度不大于前一次迭代中识别出的声源，强源的掩蔽效用很弱；gOMP 算法虽然每次迭代识别多个声源，但识别的声源数目少于声源总数，强源对弱源的掩蔽作用也相对较弱；SBL 算法依次求取证据对各声源强度的导数，再根据式（7.39）的迭代准则逐个求取各声源的强度，强源的掩蔽作用同样较弱。ARH，OMP，gOMP 以及 SBL 不仅能准确估计强源的强度而且能较准确地估计弱源的强度。

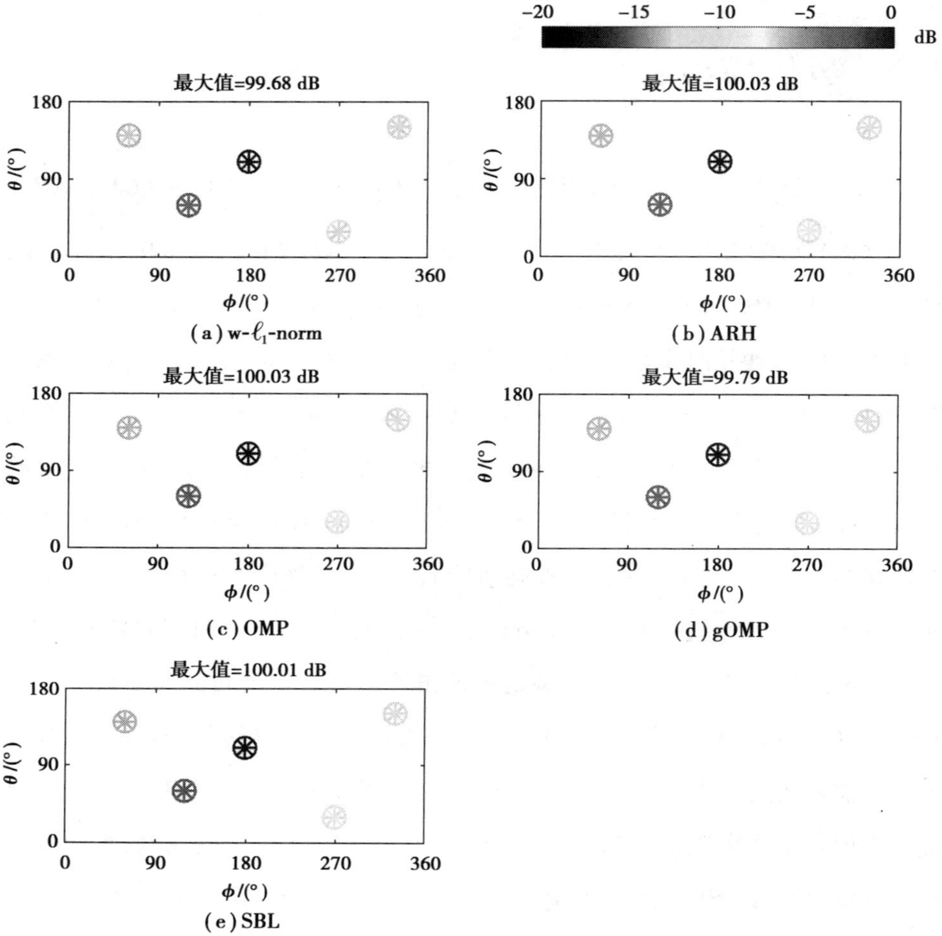

图 7.1　远场模型下定网格在网压缩波束形成的声源成像图

注：○表示真实声源分布，＊表示重构声源分布，均参考真实声源强度最大值进行 dB 缩放。

7.4　基不匹配问题

声源未落在网格点上时，定网格在网压缩波束形成将不能准确重构声源分布，即出现基不匹配问题。以一个案例对此问题加以说明。假设五个互不相干

声源，DOA(θ_{Si}，ϕ_{Si})依次为(115°，280°)，(120°，120°)，(77°，64°)，(22°，147°)和(137°，219°)，强度($\|s_i\|_2/\sqrt{L}$)依次为100 dB，97 dB，94 dB，91 dB和90 dB(参考标准声压2×10^{-5}Pa进行dB缩放)，辐射声波的频率为4 000 Hz，多快拍时快拍总数取10，添加SNR为20 dB的独立同分布高斯白噪声干扰。如图7.2所示为基于远场模型的w-ℓ_1-norm，OMP和SBL算法的声源成像图。图7.2(a)—(c)中，目标声源区域离散间隔为5°×5°，此时，仅(115°，280°)和(120°，120°)方向上声源落在网格点上，DOA被三种算法准确估计，强度被较准确地量化；其余三个声源均未落在网格点上，DOA无法被准确估计，声源强度被分散到真实DOA附近的网格点上。该现象证明了定网格在网压缩波束形成的基不匹配问题，实际应用中，该缺陷影响严重，声源距离传声器阵列较远时，即便较小的DOA估计偏差也会导致严重的声源识别错误。精细化网格虽能降低声源未落在网格点上的概率，但未必能带来准确的结果，这是由于网格划分太精细时感知矩阵的列相干性较大的缘故。如图7.2(d)所示，在1°×1°的目标声源区域离散间隔下五个声源均落在网格点上，但OMP算法重构声源分布与真实声源分布间仍存在偏差，而w-ℓ_1-norm以及SBL算法网格划分过于精细导致矩阵维度过大而不能运行。

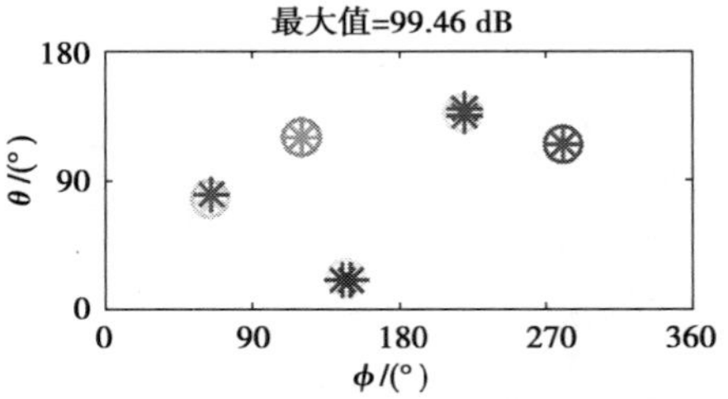

(a) w-ℓ_1-norm, 5°×5°的目标声源区域离散间隔

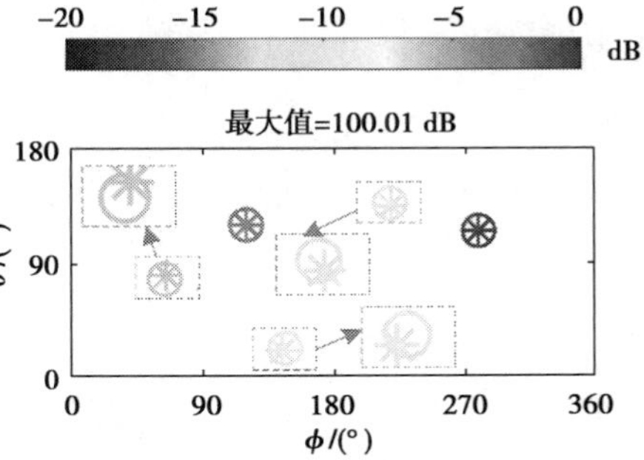

(b) OMP, 5°×5°的目标声源区域离散间隔

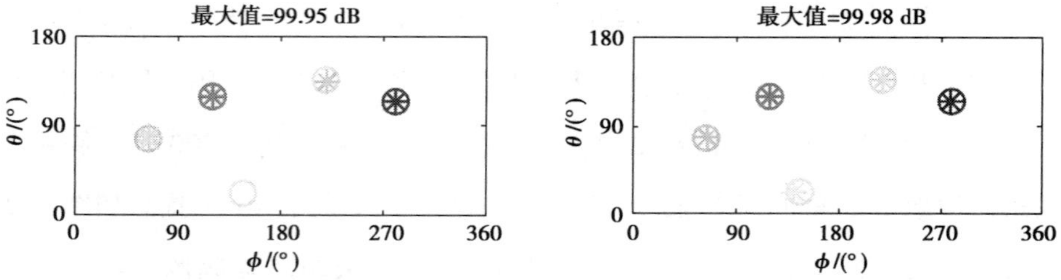

(c) SBL, 5° × 5° 的目标声源区域离散间隔

(d) OMP, 1° × 1° 的目标声源区域离散间隔

图 7.2　定网格在网压缩波束形成的基不匹配问题

注：○表示真实声源分布，* 表示重构声源分布，均参考真实声源强度最大值进行 dB 缩放

7.5　小结

定网格在网压缩波束形成方法将目标声源区域离散成一组固定不动的网格点，并假设所有声源均落在网格点上，利用传声器测得的声压信号矩阵、感知矩阵和声源分布矩阵构建数学模型，利用包括凸优化、贪婪以及贝叶斯学习在内的恢复稀疏性方法求解数学模型以重建声源分布。当声源未落在网格点上时，基不匹配发生，定网格在网压缩波束形成方法将无法准确估计声源 DOA，声源识别性能下降。

8 球面传声器阵列的牛顿正交匹配追踪动网格压缩波束形成

基于牛顿正交匹配追踪(Newtonized Orthogonal Matching Pursuit, NOMP)的动网格压缩波束形成方法(NOMP Compressive Beamforming, NOMP-CB)在 OMP 基础上引入牛顿优化过程,在局部连续区域内不断优化识别的声源位置坐标,使其逐步逼近真实值,能有效解决基不匹配问题[48]。NOMP-CB 以声源的 DOA 和强度为参数建立最大似然估计模型,然后通过在离散区域内挑选最佳网格点和在被挑选网格点附近的连续区域内执行牛顿优化实现模型求解,从而获得声源 DOA 的估计和声源强度的量化。本章首先基于近场模型阐述 NOMP-CB 方法的基本理论,其次通过数值模拟和验证试验来检验 NOMP-CB 方法的性能,最后将 NOMP-CB 方法拓展为多频率同步处理方法。

8.1 基本理论

本节从两个部分阐述基于近场模型的 NOMP-CB 方法的基本理论:一是最大似然估计模型的建立;二是包括最佳网格点挑选和牛顿优化在内的模型求解方法的建立。

8.1.1 最大似然估计模型

近场模型下,传声器测量的声压信号为

$$\boldsymbol{P}^{\star}=\boldsymbol{Y}_{MN}\boldsymbol{B}_{FN}\boldsymbol{Y}_{SN}^{\mathrm{H}}(\Gamma_{\mathrm{S}})\boldsymbol{S}_{\mathrm{F}}+\boldsymbol{N} \tag{8.1}$$

此处 $\boldsymbol{Y}_{SN}^{\mathrm{H}}(\Gamma_{\mathrm{S}})=\boldsymbol{Y}_{SN}^{\mathrm{H}}$，将 $\boldsymbol{Y}_{SN}^{\mathrm{H}}$ 重写为 $\boldsymbol{Y}_{SN}^{\mathrm{H}}(\Gamma_{\mathrm{S}})$ 主要是为了与其他矩阵进行区分。其中，$\Gamma_{\mathrm{S}}=\{\Omega_{\mathrm{S}1},\Omega_{\mathrm{S}2},\cdots,\Omega_{\mathrm{S}I}\}$ 表示所有 I 个声源 DOA 的集合，$\Omega_{\mathrm{S}i}$ 为第 i 个声源的 DOA，$i=1,2,\cdots,I$。定义残差为 $\boldsymbol{\xi}=\boldsymbol{P}^{\star}-\boldsymbol{Y}_{MN}\boldsymbol{B}_{FN}\boldsymbol{Y}_{SN}^{\mathrm{H}}(\Gamma_{\mathrm{S}})\boldsymbol{S}_{\mathrm{F}}$。通过最小化残差的 Frobenius 范数的平方，可获得以声源 DOA 和声源强度为参数的最大似然估计模型，

$$\begin{aligned}\{\hat{\Gamma}_{\mathrm{S}},\hat{\boldsymbol{S}}_{\mathrm{F}}\}&=\underset{\Gamma_{\mathrm{S}},\boldsymbol{S}_{\mathrm{F}}}{\operatorname{argmin}}\left\|\boldsymbol{P}^{\star}-\boldsymbol{Y}_{MN}\boldsymbol{B}_{FN}\boldsymbol{Y}_{SN}^{\mathrm{H}}(\Gamma_{\mathrm{S}})\boldsymbol{S}_{\mathrm{F}}\right\|_{\mathrm{F}}^{2}\\&=\underset{\Gamma_{\mathrm{S}},\boldsymbol{S}_{\mathrm{F}}}{\operatorname{argmax}}\operatorname{tr}(2\operatorname{Re}((\boldsymbol{P}^{\star})^{\mathrm{H}}\boldsymbol{Y}_{MN}\boldsymbol{B}_{FN}\boldsymbol{Y}_{SN}^{\mathrm{H}}(\Gamma_{\mathrm{S}})\boldsymbol{S}_{\mathrm{F}})-\\&\qquad\boldsymbol{S}_{\mathrm{F}}^{\mathrm{H}}\boldsymbol{Y}_{SN}(\Gamma_{\mathrm{S}})\boldsymbol{B}_{FN}^{\mathrm{H}}\boldsymbol{Y}_{MN}^{\mathrm{H}}\boldsymbol{Y}_{MN}\boldsymbol{B}_{FN}\boldsymbol{Y}_{SN}^{\mathrm{H}}(\Gamma_{\mathrm{S}})\boldsymbol{S}_{\mathrm{F}})\end{aligned} \tag{8.2}$$

其中，符号 $\mathrm{Re}(\cdot)$ 表示取复数的实部。

定义似然函数为

$$\mathcal{L}(\Gamma_{\mathrm{S}},\boldsymbol{S}_{\mathrm{F}})=\operatorname{tr}(2\operatorname{Re}((\boldsymbol{P}^{\star})^{\mathrm{H}}\boldsymbol{Y}_{MN}\boldsymbol{B}_{FN}\boldsymbol{Y}_{SN}^{\mathrm{H}}(\Gamma_{\mathrm{S}})\boldsymbol{S}_{\mathrm{F}})-\boldsymbol{S}_{\mathrm{F}}^{\mathrm{H}}\boldsymbol{Y}_{SN}(\Gamma_{\mathrm{S}})\boldsymbol{B}_{FN}^{\mathrm{H}}\boldsymbol{Y}_{MN}^{\mathrm{H}}\boldsymbol{Y}_{MN}\boldsymbol{B}_{FN}\boldsymbol{Y}_{SN}^{\mathrm{H}}(\Gamma_{\mathrm{S}})\boldsymbol{S}_{\mathrm{F}}) \tag{8.3}$$

同时求解使式(8.3)最大的 Γ_{S} 和 $\boldsymbol{S}_{\mathrm{F}}$ 难以实现，先以 $\boldsymbol{S}_{\mathrm{F}}$ 为待求变量进行求解，对任意给定 Γ_{S}，使式(8.3)最大的 $\boldsymbol{S}_{\mathrm{F}}$ 可由最小二乘法确定：

$$\boldsymbol{S}_{\mathrm{F}}=(\boldsymbol{Y}_{SN}(\Gamma_{\mathrm{S}})\boldsymbol{B}_{FN}^{\mathrm{H}}\boldsymbol{Y}_{MN}^{\mathrm{H}}\boldsymbol{Y}_{MN}\boldsymbol{B}_{FN}\boldsymbol{Y}_{SN}^{\mathrm{H}}(\Gamma_{\mathrm{S}}))^{-1}\boldsymbol{Y}_{SN}(\Gamma_{\mathrm{S}})\boldsymbol{B}_{FN}^{\mathrm{H}}\boldsymbol{Y}_{MN}^{\mathrm{H}}\boldsymbol{P}^{\star} \tag{8.4}$$

联立式(8.3)与式(8.4)便可消除 $\boldsymbol{S}_{\mathrm{F}}$ 并且得到广义似然比检验成本函数

$$\begin{aligned}\mathcal{G}(\Gamma_{\mathrm{S}})=\operatorname{tr}(&(\boldsymbol{P}^{\star})^{\mathrm{H}}\boldsymbol{Y}_{MN}\boldsymbol{B}_{FN}\boldsymbol{Y}_{SN}^{\mathrm{H}}(\Gamma_{\mathrm{S}})(\boldsymbol{Y}_{SN}(\Gamma_{\mathrm{S}})\boldsymbol{B}_{FN}^{\mathrm{H}}\boldsymbol{Y}_{MN}^{\mathrm{H}}\boldsymbol{Y}_{MN}\boldsymbol{B}_{FN}\boldsymbol{Y}_{SN}^{\mathrm{H}}(\Gamma_{\mathrm{S}}))^{-1}\\&\boldsymbol{Y}_{SN}(\Gamma_{\mathrm{S}})\boldsymbol{B}_{FN}^{\mathrm{H}}\boldsymbol{Y}_{MN}^{\mathrm{H}}\boldsymbol{P}^{\star})\end{aligned} \tag{8.5}$$

相应地，声源 DOA 的估计为

$$\hat{\Gamma}_{\mathrm{S}}=\underset{\Gamma_{\mathrm{S}}}{\operatorname{argmax}}\,\mathcal{G}(\Gamma_{\mathrm{S}}) \tag{8.6}$$

将式(8.6)代入式(8.4)中，可得到声源强度估计为

$$\hat{\boldsymbol{S}}_{\mathrm{F}}=(\boldsymbol{Y}_{SN}(\hat{\Gamma}_{\mathrm{S}})\boldsymbol{B}_{FN}^{\mathrm{H}}\boldsymbol{Y}_{MN}^{\mathrm{H}}\boldsymbol{Y}_{MN}\boldsymbol{B}_{FN}\boldsymbol{Y}_{SN}^{\mathrm{H}}(\hat{\Gamma}_{\mathrm{S}}))^{-1}\boldsymbol{Y}_{SN}(\hat{\Gamma}_{\mathrm{S}})\boldsymbol{B}_{FN}^{\mathrm{H}}\boldsymbol{Y}_{MN}^{\mathrm{H}}\boldsymbol{P}^{\star} \tag{8.7}$$

8.1.2 最大似然估计模型求解

同步获取满足式(8.6)的所有声源的 DOA 是很困难的，因此采用迭代求解

的方式且每次迭代中只求取一个声源 DOA。求解每一个声源 DOA 的过程包括两个关键步骤：①从离散目标声源区域形成的一组网格点中挑选出一个最佳网格点；②在该最佳网格点附近的局部连续区域内执行牛顿优化。

设定目标声源区域为以阵列中心为球心、半径为 r_{F} 的球面，并将此区域离散成 G 个网格点，第 g 个网格点的 DOA 为 $\Omega_{\mathrm{F}g}, g=1,2,\cdots,G$。令 $\Gamma_{\mathrm{F}}=\{\Omega_{\mathrm{F1}}, \Omega_{\mathrm{F2}},\cdots,\Omega_{\mathrm{F}G}\}$ 表示所有网格点 DOA 的集合。初始化残差 $\boldsymbol{\xi}^{(0)}=\boldsymbol{P}^{\star}$，$\hat{\Gamma}_{\mathrm{S}}^{(0)}=\varnothing$，$\hat{\boldsymbol{S}}_{\mathrm{F}}^{(0)}=[\ ]$。在第 γ 次迭代下，即识别第 γ 个声源的过程如下：

(1)挑选最佳网格点

此时对应式(8.3)的似然函数变为

$$\begin{aligned}&\mathcal{L}^{(\gamma)}(\Omega_{\mathrm{S}},\boldsymbol{s}_{\mathrm{F}})\\&=\mathrm{tr}(2\mathrm{Re}((\boldsymbol{\xi}^{(\gamma-1)})^{\mathrm{H}}\boldsymbol{Y}_{MN}\boldsymbol{B}_{\mathrm{F}N}\boldsymbol{Y}_{\mathrm{S}N}^{\mathrm{H}}(\Omega_{\mathrm{S}})\boldsymbol{s}_{\mathrm{F}})-\boldsymbol{s}_{\mathrm{F}}^{\mathrm{H}}\boldsymbol{Y}_{\mathrm{S}N}(\Omega_{\mathrm{S}})\boldsymbol{B}_{\mathrm{F}N}^{\mathrm{H}}\boldsymbol{Y}_{MN}^{\mathrm{H}}\boldsymbol{Y}_{MN}\boldsymbol{B}_{\mathrm{F}N}\boldsymbol{Y}_{\mathrm{S}N}^{\mathrm{H}}(\Omega_{\mathrm{S}})\boldsymbol{s}_{\mathrm{F}})\end{aligned} \tag{8.8}$$

相应地，对应式(8.5)的广义似然比检验成本函数变为

$$\begin{aligned}&\mathcal{G}^{(\gamma)}(\Omega_{\mathrm{S}})\\&=\mathrm{tr}((\boldsymbol{\xi}^{(\gamma-1)})^{\mathrm{H}}\boldsymbol{Y}_{MN}\boldsymbol{B}_{\mathrm{F}N}\boldsymbol{Y}_{\mathrm{S}N}^{\mathrm{H}}(\Omega_{\mathrm{S}})(\boldsymbol{Y}_{\mathrm{S}N}(\Omega_{\mathrm{S}})\boldsymbol{B}_{\mathrm{F}N}^{\mathrm{H}}\boldsymbol{Y}_{MN}^{\mathrm{H}}\boldsymbol{Y}_{MN}\boldsymbol{B}_{\mathrm{F}N}\boldsymbol{Y}_{\mathrm{S}N}^{\mathrm{H}}(\Omega_{\mathrm{S}})^{-1}\\&\boldsymbol{Y}_{\mathrm{S}N}(\Omega_{\mathrm{S}})\boldsymbol{B}_{\mathrm{F}N}^{\mathrm{H}}\boldsymbol{Y}_{MN}^{\mathrm{H}}\boldsymbol{\xi}^{(\gamma-1)})\end{aligned} \tag{8.9}$$

从离散化网格点中挑选使 $\mathcal{G}^{(\gamma)}(\Omega_{\mathrm{S}})$ 最大的网格点，

$$\hat{\Omega}_{\mathrm{S}}^{(\gamma)}=\underset{\Omega_{\mathrm{S}}\in\Gamma_{\mathrm{F}}}{\mathrm{argmax}}\ \mathcal{G}^{(\gamma)}(\Omega_{\mathrm{S}}) \tag{8.10}$$

根据式(8.7)得到该网格点对应的源强估计为

$$\hat{\boldsymbol{s}}_{\mathrm{F}}^{(\gamma)}=(\boldsymbol{Y}_{\mathrm{S}N}(\hat{\Omega}_{\mathrm{S}}^{(\gamma)})\boldsymbol{B}_{\mathrm{F}N}^{\mathrm{H}}\boldsymbol{Y}_{MN}^{\mathrm{H}}\boldsymbol{Y}_{MN}\boldsymbol{B}_{\mathrm{F}N}\boldsymbol{Y}_{\mathrm{S}N}^{\mathrm{H}}(\hat{\Omega}_{\mathrm{S}}^{(\gamma)}))^{-1}\boldsymbol{Y}_{\mathrm{S}N}(\hat{\Omega}_{\mathrm{S}}^{(\gamma)})\boldsymbol{B}_{\mathrm{F}N}^{\mathrm{H}}\boldsymbol{Y}_{MN}^{\mathrm{H}}\boldsymbol{\xi}^{(\gamma-1)} \tag{8.11}$$

(2)执行牛顿优化

牛顿优化包括局部优化和全局循环反馈优化。局部优化是对当前识别声

源的 DOA $\hat{\Omega}_{\mathrm{S}}^{(\gamma)}$ 和强度 $\hat{\boldsymbol{s}}_{\mathrm{F}}^{(\gamma)}$ 进行牛顿优化：

$$\hat{\Omega}_{\mathrm{S}}^{(\gamma)} \leftarrow \hat{\Omega}_{\mathrm{S}}^{(\gamma)} - \boldsymbol{J}(\mathcal{L}^{(\gamma)}(\Omega_{\mathrm{S}}, \boldsymbol{s}_{\mathrm{F}}))(\boldsymbol{H}(\mathcal{L}^{(\gamma)}(\Omega_{\mathrm{S}}, \boldsymbol{s}_{\mathrm{F}})))^{-1} \mid \Omega_{\mathrm{S}} = \hat{\Omega}_{\mathrm{S}}^{(\gamma)}, \boldsymbol{s}_{\mathrm{F}} = \hat{\boldsymbol{s}}_{\mathrm{F}}^{(\gamma)} \tag{8.12}$$

$$\boldsymbol{J}(\mathcal{L}^{(\gamma)}(\Omega_{\mathrm{S}}, \boldsymbol{s}_{\mathrm{F}})) = \left[\frac{\partial \mathcal{L}^{(\gamma)}(\Omega_{\mathrm{S}}, \boldsymbol{s}_{\mathrm{F}})}{\partial \theta_{\mathrm{S}}} \quad \frac{\partial \mathcal{L}^{(\gamma)}(\Omega_{\mathrm{S}}, \boldsymbol{s}_{\mathrm{F}})}{\partial \phi_{\mathrm{S}}}\right] \tag{8.13}$$

$$\boldsymbol{H}(\mathcal{L}^{(\gamma)}(\Omega_{\mathrm{S}}, \boldsymbol{s}_{\mathrm{F}})) = \begin{bmatrix} \dfrac{\partial^2 \mathcal{L}^{(\gamma)}(\Omega_{\mathrm{S}}, \boldsymbol{s}_{\mathrm{F}})}{\partial \theta_{\mathrm{S}}^2} & \dfrac{\partial^2 \mathcal{L}^{(\gamma)}(\Omega_{\mathrm{S}}, \boldsymbol{s}_{\mathrm{F}})}{\partial \theta_{\mathrm{S}} \partial \phi_{\mathrm{S}}} \\ \dfrac{\partial^2 \mathcal{L}^{(\gamma)}(\Omega_{\mathrm{S}}, \boldsymbol{s}_{\mathrm{F}})}{\partial \phi_{\mathrm{S}} \partial \theta_{\mathrm{S}}} & \dfrac{\partial^2 \mathcal{L}^{(\gamma)}(\Omega_{\mathrm{S}}, \boldsymbol{s}_{\mathrm{F}})}{\partial \phi_{\mathrm{S}}^2} \end{bmatrix} \tag{8.14}$$

其中，

$$\frac{\partial \mathcal{L}^{(\gamma)}(\Omega_{\mathrm{S}}, \boldsymbol{s}_{\mathrm{F}})}{\partial \theta_{\mathrm{S}}} = \mathrm{tr}\left(2\mathrm{Re}\left((\boldsymbol{\xi}^{(\gamma-1)} - \boldsymbol{Y}_{MN}\boldsymbol{B}_{FN}\boldsymbol{Y}_{SN}^{\mathrm{H}}(\Omega_{\mathrm{S}})\boldsymbol{s}_{\mathrm{F}})^{\mathrm{H}} \frac{\partial(\boldsymbol{Y}_{MN}\boldsymbol{B}_{FN}\boldsymbol{Y}_{SN}^{\mathrm{H}}(\Omega_{\mathrm{S}}))}{\partial \theta_{\mathrm{S}}}\boldsymbol{s}_{\mathrm{F}}\right)\right) \tag{8.15}$$

$$\frac{\partial \mathcal{L}^{(\gamma)}(\Omega_{\mathrm{S}}, \boldsymbol{s}_{\mathrm{F}})}{\partial \phi_{\mathrm{S}}} = \mathrm{tr}\left(2\mathrm{Re}\left((\boldsymbol{\xi}^{(\gamma-1)} - Y_{MN}\boldsymbol{B}_{FN}\boldsymbol{Y}_{SN}^{\mathrm{H}}(\Omega_{\mathrm{S}})\boldsymbol{s}_{\mathrm{F}})^{\mathrm{H}} \frac{\partial(\boldsymbol{Y}_{MN}\boldsymbol{B}_{FN}\boldsymbol{Y}_{SN}^{\mathrm{H}}(\Omega_{\mathrm{S}}))}{\partial \phi_{\mathrm{S}}}\boldsymbol{s}_{\mathrm{F}}\right)\right) \tag{8.16}$$

$$\frac{\partial^2 \mathcal{L}^{(\gamma)}(\Omega_{\mathrm{S}}, \boldsymbol{s}_{\mathrm{F}})}{\partial \theta_{\mathrm{S}}^2} = \mathrm{tr}\left(2\mathrm{Re}\left((\boldsymbol{\xi}^{(\gamma-1)} - \boldsymbol{Y}_{MN}\boldsymbol{B}_{FN}\boldsymbol{Y}_{SN}^{\mathrm{H}}(\Omega_{\mathrm{S}})\boldsymbol{s}_{\mathrm{F}})^{\mathrm{H}} \frac{\partial^2(\boldsymbol{Y}_{MN}\boldsymbol{B}_{FN}\boldsymbol{Y}_{SN}^{\mathrm{H}}(\Omega_{\mathrm{S}}))}{\partial \theta_{\mathrm{S}}^2}\boldsymbol{s}_{\mathrm{F}}\right)\right) - 2\left\|\frac{\partial(\boldsymbol{Y}_{MN}\boldsymbol{B}_{FN}\boldsymbol{Y}_{SN}^{\mathrm{H}}(\Omega_{\mathrm{S}}))}{\partial \theta_{\mathrm{S}}}\right\|_2^2 \|\boldsymbol{s}_{\mathrm{F}}\|_2^2 \tag{8.17}$$

$$\frac{\partial^2 \mathcal{L}^{(\gamma)}(\Omega_{\mathrm{S}}, \boldsymbol{s}_{\mathrm{F}})}{\partial \phi_{\mathrm{S}}^2} = \mathrm{tr}\left(2\mathrm{Re}\left((\boldsymbol{\xi}^{(\gamma-1)} - \boldsymbol{Y}_{MN}\boldsymbol{B}_{FN}\boldsymbol{Y}_{SN}^{\mathrm{H}}(\Omega_{\mathrm{S}})\boldsymbol{s}_{\mathrm{F}})^{\mathrm{H}} \frac{\partial^2(\boldsymbol{Y}_{MN}\boldsymbol{B}_{FN}\boldsymbol{Y}_{SN}^{\mathrm{H}}(\Omega_{\mathrm{S}}))}{\partial \phi_{\mathrm{S}}^2}\boldsymbol{s}_{\mathrm{F}}\right)\right) - 2\left\|\frac{\partial(\boldsymbol{Y}_{MN}\boldsymbol{B}_{FN}\boldsymbol{Y}_{SN}^{\mathrm{H}}(\Omega_{\mathrm{S}}))}{\partial \phi_{\mathrm{S}}}\right\|_2^2 \|\boldsymbol{s}_{\mathrm{F}}\|_2^2 \tag{8.18}$$

$$\frac{\partial^2 \mathcal{L}^{(\gamma)}(\Omega_S, s_F)}{\partial\theta_S\partial\phi_S} = \text{tr}\left(2\text{Re}\left((\boldsymbol{\xi}^{(\gamma-1)} - \boldsymbol{Y}_{MN}\boldsymbol{B}_{FN}\boldsymbol{Y}_{SN}^{H}(\Omega_S)\boldsymbol{s}_F)^H \frac{\partial(\boldsymbol{Y}_{MN}\boldsymbol{B}_{FN}\boldsymbol{Y}_{SN}^{H}(\Omega_S))}{\partial\theta_S\partial\phi_S}\boldsymbol{s}_F\right)\right) - 2\left(\frac{\partial(\boldsymbol{Y}_{MN}\boldsymbol{B}_{FN}\boldsymbol{Y}_{SN}^{H}(\Omega_S))}{\partial\phi_S}\right)^H \frac{\partial(\boldsymbol{Y}_{MN}\boldsymbol{B}_{FN}\boldsymbol{Y}_{SN}^{H}(\Omega_S))}{\partial\theta_S}\|\boldsymbol{s}_F\|_2^2 \tag{8.19}$$

$$\frac{\partial^2 \mathcal{L}^{(\gamma)}(\Omega_S, s_F)}{\partial\theta_S\partial\phi_S} = \frac{\partial^2 \mathcal{L}^{(\gamma)}(\Omega_S, s_F)}{\partial\phi_S\partial\theta_S} \tag{8.20}$$

$\boldsymbol{Y}_{MN}\boldsymbol{B}_{FN}\boldsymbol{Y}_{SN}^{H}(\Omega_S)$中仅有$\boldsymbol{Y}_{SN}^{H}(\Omega_S)$是关于$\theta_S$和$\phi_S$的函数，因此只需求取$\boldsymbol{Y}_{SN}^{H}(\Omega_S)$的偏导数即可。球谐函数可表示为

$$Y_n^m(\Omega) = A_{n,m}P_n^m(\cos\theta)e^{jm\phi} \tag{8.21}$$

$$P_n^m(\cos\theta) = \sum_{\kappa=-n}^{n}\beta_{n,m,\kappa}e^{j\kappa\theta} \tag{8.22}$$

其中，$A_{n,m}=\sqrt{(2n+1)(n-m)!\ /(4\pi(n+m)!)}$，$P_n^m(\cos\theta)$为连带勒让德函数，$\beta_{n,m,\kappa}$的取值参考文献[49]。联立式(6.8)、式(8.21)以及式(8.22)，$\boldsymbol{Y}_{SN}^{H}(\Omega_S)$可重写为

$$\boldsymbol{Y}_{SN}^{H}(\Omega_S) = \boldsymbol{G}\boldsymbol{R}(\Omega_S) \tag{8.23}$$

其中，$\boldsymbol{G} = [\boldsymbol{g}_{0,0}^T, \boldsymbol{g}_{1,-1}^T, \boldsymbol{g}_{1,0}^T, \boldsymbol{g}_{1,1}^T, \cdots, \boldsymbol{g}_{N,-N}^T, \cdots, \boldsymbol{g}_{N,N}^T]^T \in \mathbb{C}^{(N+1)^2\times(2N+1)^2}$，$\boldsymbol{g}_{n,m} \in \mathbb{C}^{1\times(2N+1)^2}$中第$((N+\kappa)(2N+1)+N-m+1)$个元素为$A_{n,m}\beta_{n,m,\kappa}$（$\kappa$由$-n$变化至$n$），其余元素为0。$\boldsymbol{R}(\Omega_S)=\boldsymbol{r}_\theta(\theta_S)\otimes\boldsymbol{r}_\phi(\phi_S)\in\mathbb{C}^{(2N+1)^2\times1}$，$\boldsymbol{r}_\theta(\theta_S)=[e^{-jN\theta_S},\cdots,1,\cdots,e^{jN\theta_S}]\in\mathbb{C}^{(2N+1)\times1}$，$\boldsymbol{r}_\phi(\phi_S)=[e^{-jN\phi_S},\cdots,1,\cdots,e^{jN\phi_S}]\in\mathbb{C}^{(2N+1)\times1}$，“$\otimes$”为克罗内克积运算符。因此，式(8.15)—式(8.20)中$\boldsymbol{Y}_{MN}\boldsymbol{B}_{FN}\boldsymbol{Y}_{SN}^{H}(\Omega_S)$一阶与二阶偏导数分别为

$$\frac{\partial(\boldsymbol{Y}_{MN}\boldsymbol{B}_{FN}\boldsymbol{Y}_{SN}^{H}(\Omega_S))}{\partial\theta_S} = \boldsymbol{Y}_{MN}\boldsymbol{B}_{FN}\boldsymbol{G}(\boldsymbol{r}'_\theta(\theta_S)\otimes\boldsymbol{r}_\phi(\phi_S)) \tag{8.24}$$

$$\frac{\partial(\boldsymbol{Y}_{MN}\boldsymbol{B}_{FN}\boldsymbol{Y}_{SN}^{H}(\Omega_S))}{\partial\phi_S} = \boldsymbol{Y}_{MN}\boldsymbol{B}_{FN}\boldsymbol{G}(\boldsymbol{r}_\theta(\theta_S)\otimes\boldsymbol{r}'_\phi(\phi_S)) \tag{8.25}$$

$$\frac{\partial^2(\boldsymbol{Y}_{MN}\boldsymbol{B}_{FN}\boldsymbol{Y}_{SN}^{H}(\Omega_S))}{\partial\theta_S^2}=\boldsymbol{Y}_{MN}\boldsymbol{B}_{FN}\boldsymbol{G}(\boldsymbol{r}_{\theta}''(\theta_S)\otimes\boldsymbol{r}_{\phi}(\phi_S)) \tag{8.26}$$

$$\frac{\partial^2(\boldsymbol{Y}_{MN}\boldsymbol{B}_{FN}\boldsymbol{Y}_{SN}^{H}(\Omega_S))}{\partial\phi_S^2}=\boldsymbol{Y}_{MN}\boldsymbol{B}_{FN}\boldsymbol{G}(\boldsymbol{r}_{\theta}(\theta_S)\otimes\boldsymbol{r}_{\phi}''(\phi_S)) \tag{8.27}$$

$$\frac{\partial^2(\boldsymbol{Y}_{MN}\boldsymbol{B}_{FN}\boldsymbol{Y}_{SN}^{H}(\Omega_S))}{\partial\theta_S\partial\phi_S}=\boldsymbol{Y}_{MN}\boldsymbol{B}_{FN}\boldsymbol{G}(\boldsymbol{r}_{\theta}'(\theta_S)\otimes\boldsymbol{r}_{\phi}'(\phi_S)) \tag{8.28}$$

其中，$\boldsymbol{r}_{\theta}'(\theta_S)=[-\mathrm{j}N\mathrm{e}^{-\mathrm{j}N\theta_S},\cdots,0,\cdots,\mathrm{j}N\mathrm{e}^{\mathrm{j}N\theta_S}]\in\mathbb{C}^{(2N+1)\times1}$，$\boldsymbol{r}_{\phi}'(\phi_S)=[-\mathrm{j}N\mathrm{e}^{-\mathrm{j}N\phi_S},\cdots,0,\cdots,\mathrm{j}N\mathrm{e}^{\mathrm{j}N\phi_S}]\in\mathbb{C}^{(2N+1)\times1}$，$\boldsymbol{r}_{\theta}''(\theta_S)=[-N^2\mathrm{e}^{-\mathrm{j}N\theta_S},\cdots,0,\cdots,-N^2\mathrm{e}^{\mathrm{j}N\theta_S}]\in\mathbb{C}^{(2N+1)\times1}$，$\boldsymbol{r}_{\phi}''(\phi_S)=[-N^2\mathrm{e}^{-\mathrm{j}N\phi_S},\cdots,0,\cdots,-N^2\mathrm{e}^{-\mathrm{j}N\phi_S}]\in\mathbb{C}^{(2N+1)\times1}$。

将优化后的 $\hat{\Omega}_S^{(\gamma)}$ 代入式(8.11)中，便可得到优化后的声源强度估计 $\hat{\boldsymbol{s}}_F^{(\gamma)}$。然后更新 $\hat{\Gamma}_S^{(\gamma)}$ 和 $\hat{\boldsymbol{S}}_F^{(\gamma)}$：

$$\hat{\Gamma}_S^{(\gamma)}\leftarrow\hat{\Gamma}_S^{(\gamma-1)}\cup\hat{\Omega}_S^{(\gamma)},\hat{\boldsymbol{S}}_F^{(\gamma)}\leftarrow[(\hat{\boldsymbol{S}}^{(\gamma-1)})^{T},(\hat{\boldsymbol{s}}_F^{(\gamma)})^{T}]^{T} \tag{8.29}$$

全局循环反馈优化是对 $\hat{\Gamma}_S^{(\gamma)}$ 中所有已识别声源进行逐个循环牛顿优化。优化 $\hat{\Gamma}_S^{(\gamma)}$ 中第 i 个声源的坐标 $\hat{\Omega}_{Si}^{(\gamma)}$ 及其强度 $\hat{\boldsymbol{s}}_{Fi}^{(\gamma)}$ 时，令残差 $\boldsymbol{\xi}_{Si}^{(\gamma)}$ 为

$$\boldsymbol{\xi}_{Si}^{(\gamma)}=\boldsymbol{P}^{\star}-\boldsymbol{Y}_{MN}\boldsymbol{B}_{FN}\boldsymbol{Y}_{SN}^{H}(\hat{\Gamma}_{Sr}^{(\gamma)})\hat{\boldsymbol{S}}_{Fr}^{(\gamma)} \tag{8.30}$$

其中，$\hat{\Gamma}_{Sr}^{(\gamma)}=\hat{\Gamma}_S^{(\gamma)}\backslash\hat{\Omega}_{Si}^{(\gamma)}$，$\hat{\boldsymbol{S}}_{Fr}^{(\gamma)}=\hat{\boldsymbol{S}}_F^{(\gamma)}\backslash\hat{\boldsymbol{s}}_{Fi}^{(\gamma)}$，“\”表示将元素移除出集合或将矩阵的行移出矩阵。

然后利用 $\hat{\Omega}_{Si}^{(\gamma)}$，$\hat{\boldsymbol{s}}_{Fi}^{(\gamma)}$，$\boldsymbol{\xi}_{Si}^{(\gamma)}$ 并根据式(8.12)和式(8.11)执行上述局部优化过程，得到优化后的 $\hat{\Omega}_{Si}^{(\gamma)}$ 与 $\hat{\boldsymbol{s}}_{Fi}^{(\gamma)}$，并替代 $\hat{\Gamma}_S^{(\gamma)}$ 和 $\hat{\boldsymbol{S}}_F^{(\gamma)}$ 中先前的 $\hat{\Omega}_{Si}^{(\gamma)}$ 与 $\hat{\boldsymbol{s}}_{Fi}^{(\gamma)}$。完成对所有的声源优化后，循环此过程，直至循环次数达到 3 次为止。最后，根据式(8.7)更新 $\hat{\boldsymbol{S}}_F^{(\gamma)}$：

$$\hat{\boldsymbol{S}}_F^{(\gamma)}=(\boldsymbol{Y}_{SN}(\hat{\Gamma}_S^{(\gamma)})\boldsymbol{B}_{FN}^{H}\boldsymbol{Y}_{MN}^{H}\boldsymbol{Y}_{MN}\boldsymbol{B}_{FN}\boldsymbol{Y}_{SN}^{H}(\hat{\Gamma}_S^{(\gamma)}))^{-1}\boldsymbol{Y}_{SN}(\hat{\Gamma}_S^{(\gamma)})\boldsymbol{B}_{FN}^{H}\boldsymbol{Y}_{MN}^{H}\boldsymbol{P}^{\star} \tag{8.31}$$

根据下式更新残差：

$$\boldsymbol{\xi}^{(\gamma)}=\boldsymbol{P}^{\star}-\boldsymbol{Y}_{MN}\boldsymbol{B}_{FN}\boldsymbol{Y}_{SN}^{\mathrm{H}}(\hat{\Gamma}_{\mathrm{S}}^{(\gamma)})\hat{\boldsymbol{S}}_{\mathrm{F}}^{(\gamma)} \tag{8.32}$$

当 $10\log_{10}(\|\boldsymbol{\xi}^{(\gamma)}\|_{\mathrm{F}}/\|\boldsymbol{\xi}^{(\gamma-1)}\|_{\mathrm{F}})<1$ 时,迭代停止。

表 8.1 为 NOMP-CB 算法伪代码。

表 8.1　NOMP-CB 算法伪代码

初始化:$\gamma=0,\boldsymbol{\xi}^{(0)}=\boldsymbol{P}^{\star},\hat{\Gamma}_{\mathrm{S}}^{(0)}=\varnothing,\hat{\boldsymbol{S}}_{\mathrm{F}}^{(0)}=[\ ]$
循环
(1)$\gamma\leftarrow\gamma+1$
最佳网格点选择
(2)由式(8.10)确定 $\hat{\Omega}_{\mathrm{S}}^{(\gamma)}$
(3)由式(8.11)计算 $\hat{\boldsymbol{s}}_{\mathrm{F}}^{(\gamma)}$
牛顿优化
局部优化
(4)由式(8.12)更新 $\hat{\Omega}_{\mathrm{S}}^{(\gamma)}$
(5)由式(8.11)更新 $\hat{\boldsymbol{s}}_{\mathrm{F}}^{(\gamma)}$
(6)由式(8.29)更新集合 $\hat{\Gamma}_{\mathrm{S}}^{(\gamma)}$ 和矩阵 $\hat{\boldsymbol{S}}_{\mathrm{F}}^{(\gamma)}$
全局优化
(7)$\gamma_{\mathrm{C}}=0$
循环
$\gamma_{\mathrm{C}}\leftarrow\gamma_{\mathrm{C}}+1,i=0$
循环
$i\leftarrow i+1$
①由式(8.30)计算 $\boldsymbol{\xi}_{\mathrm{S}i}^{(\gamma)}$
②由式(8.12)和式(8.11)利用 $\hat{\Omega}_{\mathrm{S}i}^{(\gamma)},\hat{\boldsymbol{s}}_{\mathrm{F}i}^{(\gamma)},\boldsymbol{\xi}_{\mathrm{S}i}^{(\gamma)}$ 执行局部优化

续表

③用优化后的 $\hat{\Omega}_{Si}^{(\gamma)}$ 与 $\hat{\boldsymbol{s}}_{Fi}^{(\gamma)}$ 替代 $\hat{\Gamma}_{S}^{(\gamma)}$ 和 $\hat{\boldsymbol{S}}_{F}^{(\gamma)}$ 中原来的 $\hat{\Omega}_{Si}^{(\gamma)}$ 与 $\hat{\boldsymbol{s}}_{Fi}^{(\gamma)}$
直至 $i=\gamma$
直至 $\gamma_C=3$
(8)由式(8.31)更新 $\hat{\boldsymbol{S}}_{F}^{(\gamma)}$
(9)由式(8.32)更新 $\boldsymbol{\xi}^{(\gamma)}$
直至 $10\log_{10}(\Vert\boldsymbol{\xi}^{(\gamma)}\Vert_F/\Vert\boldsymbol{\xi}^{(\gamma-1)}\Vert_F)<1$

8.2 数值模拟

8.2.1 声源识别案例

假设五个声源，DOA（(θ_{Si},ϕ_{Si})）依次为（115°，280°），（120°，120°），（77°，64°），（22°，147°）和（137°，219°），强度（$\Vert\boldsymbol{s}_i\Vert_2/\sqrt{L}$）依次为 100 dB，97 dB，94 dB，94 dB 和 90 dB（参考标准声压 2×10^{-5}Pa 进行 dB 缩放），距离阵列中心 1 m，辐射声波的频率为 4 000 Hz，添加 SNR 为 20 dB 的独立同分布高斯白噪声干扰。目标声源区域离散间隔为 5°×5°。图 8.1 分别给出 NOMP-CB 在单快拍和多快拍下的成像图，多快拍时快拍总数取 10。表 8.2 列出了该方法在两种测量情况下的平均 DOA 估计误差与平均声源强度量化误差及计算耗时。无论采用单快拍还是多快拍，NOMP-CB 均能准确估计声源 DOA 和声源强度，但该方法多快拍下的 DOA 估计精度和声源强度量化精度均高于单快拍，可见增加快拍数目可有效抑制干扰噪声，提高声源识别精度。NOMP-CB 在单快拍与多快拍下的计算耗时相差无几，说明增加快拍数目不会使该方法的计算效率降低。

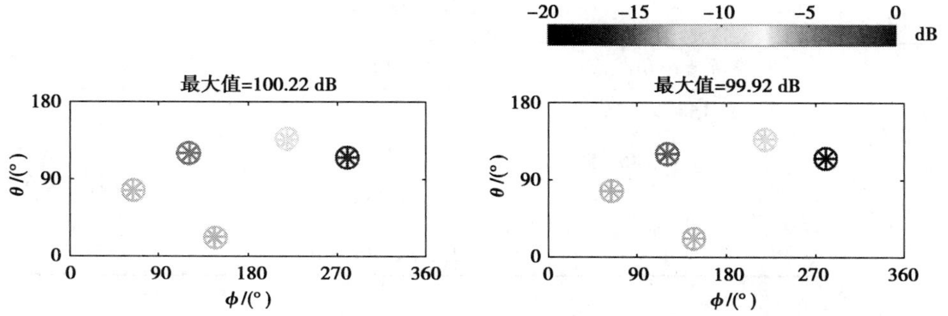

(a) NOMP-CB，单快拍　　(b) NOMP-CB，多快拍

图 8.1　NOMP-CB 声源成像图

注：○表示真实声源分布，* 表示重构声源分布，均参考真实声源强度最大值进行 dB 缩放。

表 8.2　图 8.1 中 NOMP-CB 的误差

	声源 DOA 估计误差/(°)		声源强度量化误差/dB		计算耗时/s	
	单快拍	多快拍	单快拍	多快拍	单快拍	多快拍
NOMP-CB	0.91	0.2	0.10	0.05	73	67

8.2.2　性能分析

本节基于两种工况的蒙特卡罗数值模拟分析快拍数目、声源最小角距离以及 SNR 对 NOMP-CB 声源识别性能的影响。定义声源间的最小角距离为

$$\Delta_{\min}=\min_{i,j\in[1,2,\cdots,I],i\neq j}\psi_{i,j} \tag{8.33}$$

$$\psi_{i,j}=\arccos(\cos\theta_i\cos\theta_j+\cos(\phi_i-\phi_j)\sin\theta_i\sin\theta_j)\times 180/\pi \tag{8.34}$$

两种工况的信息见表 8.3，各工况中七个数据快拍数目值被计算；工况一中，九个声源最小角距离值被计算；工况二中，九个噪声干扰 SNR 值被计算。各工况中，声源数目 $I=2$，两声源强度分别为 100 dB 和 95 dB，频率固定为 4 000 Hz。

表 8.3　工况信息

	声源最小角距离(°)	噪声干扰(SNR/dB)	数据快拍数目
工况一	10, 15, 20, 25, 30, 35, 40, 45, 50	无	1, 2, 4, 8, 16, 32, 64
工况二	50	0, 5, 10, 15, 20, 25, 30, 35, 40	

图 8.2 为两种工况下各统计量的柱状图,第Ⅰ列对应工况一,第Ⅱ列对应工况二。对工况一,图 8.2(aⅠ)中,$\Delta_{\min}=10°$时 CCDF(1°)在各快拍数目下均较大;随着 $\Delta_{\min}$ 增大以及快拍数目的增加,CCDF(1°)减小;当 $\Delta_{\min}$ 增大至25°时 CCDF(1°)在各快拍数目下均接近于 0。图 8.2(bⅠ)中所有 CCDF(5°)均很小。图 8.2(cⅠ)和(dⅠ)分别为 $T_1=5°$时 RMSE 和 Nℓ_2NE 的柱状图,RMSE 和 Nℓ_2NE 同样在 $\Delta_{\min}$ 较小且快拍数目较少时数值较大,但会随着 $\Delta_{\min}$ 增大以及快拍数目的增加而减小。由第Ⅰ列可知,NOMP-CB 方法高概率准确估计声源 DOA 和量化声源强度的前提是声源足够分离;声源足够分离时,即使仅用单数据快拍,也能高概率获得准确结果。对工况二,图 8.2(aⅡ)中,在低 SNR 且快拍数目较少时,CCDF(1°)较大,但增多数据快拍可降低低 SNR 下 CCDF(1°)的数值;高 SNR 时,CCDF(1°)几乎为 0。图 8.2(bⅡ)中,除 SNR=0 dB 且快拍数目很少时,CCDF(5°)均很小。图 8.2(cⅡ)和(dⅡ)中,RMSE 和 Nℓ_2NE 随 SNR 的增大而降低,增多数据快拍使之降低。由第Ⅱ列可知,噪声干扰较弱时,即使仅用单数据快拍,NOMP-CB 方法也能高概率准确估计声源 DOA 和量化声源强度;增多数据快拍使 NOMP-CB 在更强噪声干扰下能高概率获得准确结果。

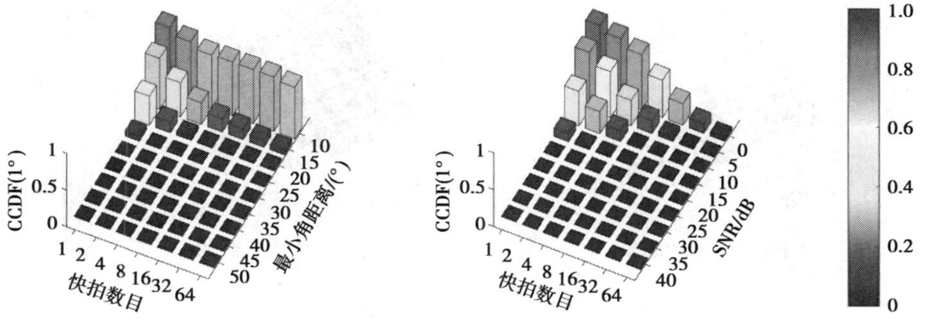

(a Ⅰ) 工况一，CCDF(1°)　　(a Ⅱ) 工况二， CCDF(1°)

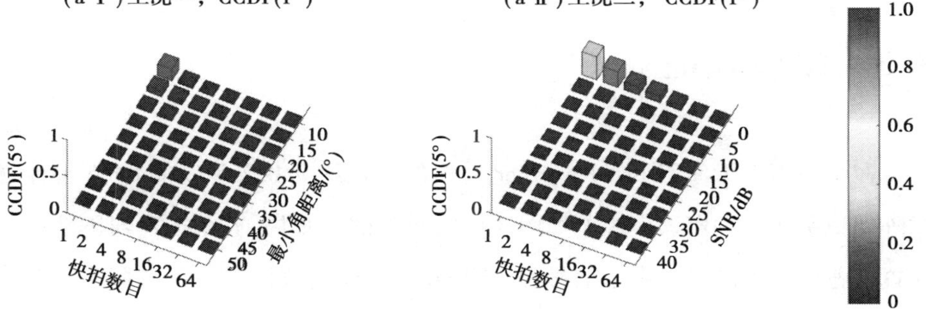

(b Ⅰ) 工况一，CCDF(5°)　　(b Ⅱ) 工况二， CCDF(5°)

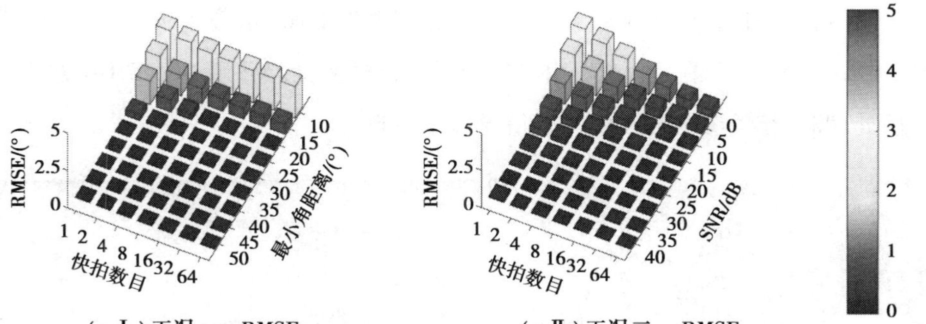

(c Ⅰ) 工况一，RMSE　　(c Ⅱ) 工况二， RMSE

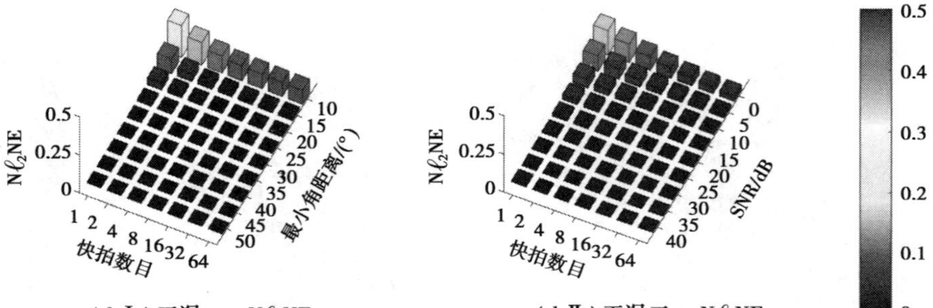

(d Ⅰ) 工况一，$N\ell_2NE$　　(d Ⅱ) 工况二，$N\ell_2NE$

图 8.2　两种工况下各统计量的柱状图

8.3　试验验证

在半消声室里使用 Brüel & Kjær 公司的半径约 0.097 5 m 的 8606 型刚性球阵列识别五个扬声器声源。如图 8.3 所示为试验布局，五个扬声器围绕阵列放置。各传声器测量的声压信号经 PULSE 3660C 型数据采集系统同步采集并传输到 BKConnect 中进行频谱分析，得声压频谱。采样频率 16 384 Hz，信号添加汉宁窗，每个快拍时长 1 s，对应的频率分辨率为 1 Hz，重叠率 90%，测量时间 5 s，共获得 40 个快拍。扬声器由稳态白噪声信号激励。采用 NOMP-CB 方法进行后处理时，相关参数的设定与数值模拟中一致。

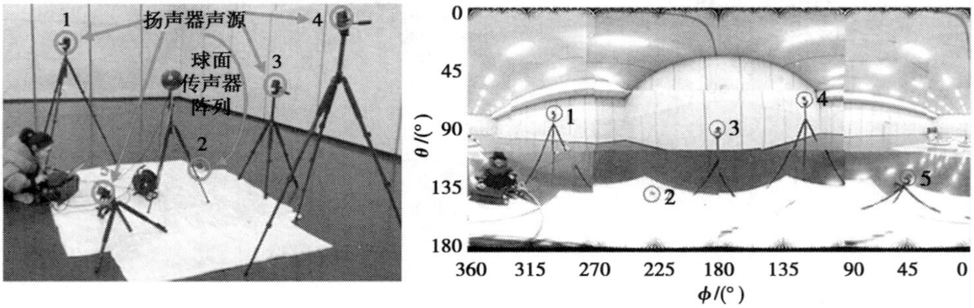

(a) 试验现场　　(b) 试验现场三维空间展开图

图 8.3　试验布局

如图 8.4 所示为 NOMP-CB 方法识别 4 000 Hz 信号时的结果，数据快拍数目为 10。由图可知，NOMP-CB 方法能将五个声源准确定位，说明 NOMP-CB 具有良好的声源识别性能。

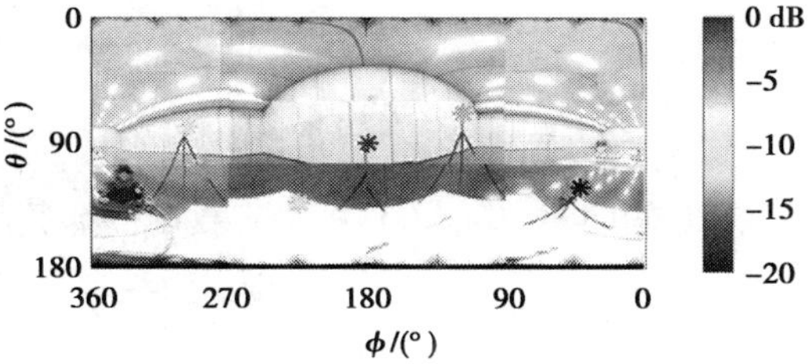

图 8.4 扬声器声源成像图

8.4 多频率同步拓展

8.4.1 基本理论

上述多快拍 NOMP-CB 方法具有良好的声源识别性能，适用于稳态声源的逐频识别。然而，对瞬态声源仅能采用单快拍方式，无法采用多快拍方式来获得相比单快拍更优的识别结果。对宽带声源或瞬态声源，声源识别结果可以采用多频率同步估计方式加以改善。本节推导多频率同步 NOMP-CB 方法。

令传声器总数和声源总数分别为 Q 和 I，关心频率的总数为 L，且第 l 个频率记为 f_l，$l=1,2,\cdots,L$。定义传声器测得的信号为 $\boldsymbol{P}^{\star}=[\boldsymbol{p}_1^{\mathrm{T}},\boldsymbol{p}_2^{\mathrm{T}},\cdots,\boldsymbol{p}_L^{\mathrm{T}}]^{\mathrm{T}}\in\mathbb{C}^{QL\times 1}$，其中 $\boldsymbol{p}_l=[p_{1,l},p_{2,l},\cdots,p_{Q,l}]^{\mathrm{T}}\in\mathbb{C}^{Q\times 1}$ 为第 l 个频率 f_l 下传声器测得的声压信号。定义感知矩阵为 $\boldsymbol{T}_{\mathrm{MF}}(\Gamma_{\mathrm{S}})=[\boldsymbol{T}_{\mathrm{MF}}(\Omega_{\mathrm{S}1}),\boldsymbol{T}_{\mathrm{MF}}(\Omega_{\mathrm{S}2}),\cdots,\boldsymbol{T}_{\mathrm{MF}}(\Omega_{\mathrm{S}I})]\in\mathbb{C}^{QL\times IL}$，其中

$$\boldsymbol{T}_{\mathrm{MF}}(\Omega_{\mathrm{S}i})=\begin{bmatrix}\boldsymbol{t}(\Omega_{\mathrm{S}i},f_1) & \boldsymbol{0} & \cdots & \boldsymbol{0}\\ \boldsymbol{0} & \boldsymbol{t}(\Omega_{\mathrm{S}i},f_2) & \cdots & \boldsymbol{0}\\ \vdots & \vdots & & \vdots\\ \boldsymbol{0} & \boldsymbol{0} & \cdots & \boldsymbol{t}(\Omega_{\mathrm{S}i},f_L)\end{bmatrix}\in\mathbb{C}^{QL\times L} \tag{8.35}$$

$\boldsymbol{t}(\Omega_{\mathrm{S}i},f_l)=\boldsymbol{Y}_{MN}\boldsymbol{B}_{\mathrm{F}N}(f_l)\boldsymbol{Y}_{\mathrm{S}N}^{\mathrm{H}}(\Omega_{\mathrm{S}i})\in\mathbb{C}^{Q\times 1}$ 为对应第 l 个频率 f_l 的第 i 个声源与各传声器间的传递函数构成的向量，$\boldsymbol{B}_{\mathrm{F}N}(f_l)$ 为对应第 l 个频率 f_l 的 $\boldsymbol{B}_{\mathrm{F}N}$ 矩阵。定义声源强度分布为 $\boldsymbol{S}_{\mathrm{F}}=[\boldsymbol{s}_{\mathrm{F}1}^{\mathrm{T}},\boldsymbol{s}_{\mathrm{F}2}^{\mathrm{T}},\cdots,\boldsymbol{s}_{\mathrm{F}I}^{\mathrm{T}}]^{\mathrm{T}}\in\mathbb{C}^{IL\times 1}$，$\boldsymbol{s}_{\mathrm{F}i}=[s_{\mathrm{F}i,1},s_{\mathrm{F}i,2},\cdots,s_{\mathrm{F}i,L}]^{\mathrm{T}}\in\mathbb{C}^{L\times 1}$ 是由第 i 个声源在各频率下强度构成的向量。定义背景噪声向量为 $\boldsymbol{N}=[\boldsymbol{n}_1^{\mathrm{T}},\boldsymbol{n}_2^{\mathrm{T}},\cdots,\boldsymbol{n}_L^{\mathrm{T}}]^{\mathrm{T}}\in\mathbb{C}^{QL\times 1}$，$\boldsymbol{n}_l=[n_{1,l},n_{2,l},\cdots,n_{Q,l}]^{\mathrm{T}}\in\mathbb{C}^{Q\times 1}$ 为频率 f_l 对应的背景噪声。传声器测得的各频率下声压信号可表示为

$$\boldsymbol{P}^{\star}=\boldsymbol{T}_{\mathrm{MF}}(\Gamma_{\mathrm{S}})\boldsymbol{S}_{\mathrm{F}}+\boldsymbol{N} \tag{8.36}$$

通过最小化 $\boldsymbol{P}^{\star}-\boldsymbol{T}_{\mathrm{MF}}(\Gamma_{\mathrm{S}})\boldsymbol{S}_{\mathrm{F}}$ 的 2 范数的平方，便可获得 NOMP-CB 的多频率同步最大似然估计模型：

$$\begin{aligned}\{\hat{\Gamma}_{\mathrm{S}},\hat{\boldsymbol{S}}_{\mathrm{F}}\}&=\underset{\Gamma_{\mathrm{S}},\boldsymbol{S}_{\mathrm{F}}}{\operatorname{argmin}}\|\boldsymbol{P}^{\star}-\boldsymbol{T}_{\mathrm{MF}}(\Gamma_{\mathrm{S}})\boldsymbol{S}_{\mathrm{F}}\|_2^2\\&=\underset{\Gamma_{\mathrm{S}},\boldsymbol{S}_{\mathrm{F}}}{\operatorname{argmax}}\,2\mathrm{Re}((\boldsymbol{P}^{\star})^{\mathrm{H}}\boldsymbol{T}_{\mathrm{MF}}(\Gamma_{\mathrm{S}})\boldsymbol{S}_{\mathrm{F}})-\boldsymbol{S}_{\mathrm{F}}^{\mathrm{H}}(\boldsymbol{T}_{\mathrm{MF}}(\Gamma_{\mathrm{S}}))^{\mathrm{H}}\boldsymbol{T}_{\mathrm{MF}}(\Gamma_{\mathrm{S}})\boldsymbol{S}_{\mathrm{F}}\end{aligned} \tag{8.37}$$

相应地，似然函数为

$$\mathcal{L}_{\mathrm{MF}}(\Gamma_{\mathrm{S}},\boldsymbol{S}_{\mathrm{F}})=2\mathrm{Re}((\boldsymbol{P}^{\star})^{\mathrm{H}}\boldsymbol{T}_{\mathrm{MF}}(\Gamma_{\mathrm{S}})\boldsymbol{S}_{\mathrm{F}})-\boldsymbol{S}_{\mathrm{F}}^{\mathrm{H}}(\boldsymbol{T}_{\mathrm{MF}}(\Gamma_{\mathrm{S}}))^{\mathrm{H}}\boldsymbol{T}_{\mathrm{MF}}(\Gamma_{\mathrm{S}})\boldsymbol{S}_{\mathrm{F}} \tag{8.38}$$

将 $\boldsymbol{S}_{\mathrm{F}}=((\boldsymbol{T}_{\mathrm{MF}}(\Gamma_{\mathrm{S}})^{\mathrm{H}}\boldsymbol{T}_{\mathrm{MF}}(\Gamma_{\mathrm{S}}))^{-1}(\boldsymbol{T}_{\mathrm{MF}}(\Gamma_{\mathrm{S}}))^{\mathrm{H}}\boldsymbol{P}^{\star}$ 代入式(8.38)中，得到 NOMP-CB 方法的多频率同步广义似然比检验成本函数为

$$\mathcal{G}_{\mathrm{MF}}(\Gamma_{\mathrm{S}})=(\boldsymbol{P}^{\star})^{\mathrm{H}}\boldsymbol{T}_{\mathrm{MF}}(\Gamma_{\mathrm{S}})((\boldsymbol{T}_{\mathrm{MF}}(\Gamma_{\mathrm{S}}))^{\mathrm{H}}\boldsymbol{T}_{\mathrm{MF}}(\Gamma_{\mathrm{S}}))^{-1}(\boldsymbol{T}_{\mathrm{MF}}(\Gamma_{\mathrm{S}}))^{\mathrm{H}}\boldsymbol{P}^{\star} \tag{8.39}$$

对声源 DOA 和各频率下声源强度的估计分别为

$$\hat{\Gamma}_{\mathrm{S}} = \underset{\Gamma_{\mathrm{S}}}{\operatorname{argmax}}\ \mathcal{G}_{\mathrm{MF}}(\Gamma_{\mathrm{S}}) \tag{8.40}$$

$$\hat{\boldsymbol{S}}_{\mathrm{F}} = ((\boldsymbol{T}_{\mathrm{MF}}(\hat{\Gamma}_{\mathrm{S}}))^{\mathrm{H}}\boldsymbol{T}_{\mathrm{MF}}(\hat{\Gamma}_{\mathrm{S}}))^{-1}(\boldsymbol{T}_{\mathrm{MF}}(\hat{\Gamma}_{\mathrm{S}}))^{\mathrm{H}}\boldsymbol{P}^{\star} \tag{8.41}$$

多频率同步 NOMP-CB 方法求解其最大似然估计模型的步骤与多快拍 NOMP-CB 方法一致，只需根据多频率同步的数学模型变化相应的计算公式即可。在第 γ 次迭代过程中，残差为 $\boldsymbol{\xi}^{(\gamma-1)} = \boldsymbol{P}^{\star} - \boldsymbol{T}_{\mathrm{MF}}(\hat{\Gamma}_{\mathrm{S}}^{(\gamma-1)})\hat{\boldsymbol{S}}_{\mathrm{F}}^{(\gamma-1)}$，因此，该次迭代下从所有网格点 DOA 的集合 $\Gamma_{\mathrm{F}} = \{\Omega_{\mathrm{F1}}, \Omega_{\mathrm{F2}}, \cdots, \Omega_{\mathrm{F}G}\}$ 中挑选最佳网格点及获取其源强估计的过程可表示为

$$\hat{\Omega}_{\mathrm{S}}^{(\gamma)} = \underset{\Omega_{\mathrm{S}} \in \Gamma_{\mathrm{F}}}{\operatorname{argmax}}\ \mathcal{G}_{\mathrm{MF}}^{(\gamma)}(\Omega_{\mathrm{S}}) \tag{8.42}$$

$$\mathcal{G}_{\mathrm{MF}}^{(\gamma)}(\Omega_{\mathrm{S}}) = (\boldsymbol{\xi}^{(\gamma-1)})^{\mathrm{H}}\boldsymbol{T}_{\mathrm{MF}}(\Omega_{\mathrm{S}})((\boldsymbol{T}_{\mathrm{MF}}(\Omega_{\mathrm{S}}))^{\mathrm{H}}\boldsymbol{T}_{\mathrm{MF}}(\Omega_{\mathrm{S}}))^{-1}(\boldsymbol{T}_{\mathrm{MF}}(\Omega_{\mathrm{S}}))^{\mathrm{H}}\boldsymbol{\xi}^{(\gamma-1)} \tag{8.43}$$

$$\hat{\boldsymbol{s}}_{\mathrm{F}}^{(\gamma)} = ((\boldsymbol{T}_{\mathrm{MF}}(\hat{\Omega}_{\mathrm{S}}^{(\gamma)}))^{\mathrm{H}}\boldsymbol{T}_{\mathrm{MF}}(\hat{\Omega}_{\mathrm{S}}^{(\gamma)}))^{-1}(\boldsymbol{T}_{\mathrm{MF}}(\hat{\Omega}_{\mathrm{S}}^{(\gamma)}))^{\mathrm{H}}\boldsymbol{\xi}^{(\gamma-1)} \tag{8.44}$$

牛顿优化过程及对应的雅克比矩阵和海森矩阵表示为

$$\hat{\Omega}_{\mathrm{S}}^{(\gamma)} \leftarrow \hat{\Omega}_{\mathrm{S}}^{(\gamma)} - \boldsymbol{J}(\mathcal{L}_{\mathrm{MF}}^{(\gamma)}(\Omega_{\mathrm{S}}, \boldsymbol{s}_{\mathrm{F}}))(\boldsymbol{H}(\mathcal{L}_{\mathrm{MF}}^{(\gamma)}(\Omega_{\mathrm{S}}, \boldsymbol{s}_{\mathrm{F}})))^{-1} \big| \Omega_{\mathrm{S}} = \hat{\Omega}_{\mathrm{S}}^{(\gamma)}, \boldsymbol{s}_{\mathrm{F}} = \hat{\boldsymbol{s}}_{\mathrm{F}}^{(\gamma)} \tag{8.45}$$

$$\boldsymbol{J}(\mathcal{L}_{\mathrm{MF}}^{(\gamma)}(\Omega_{\mathrm{S}}, \boldsymbol{s}_{\mathrm{F}})) = \begin{bmatrix} \dfrac{\partial \mathcal{L}_{\mathrm{MF}}^{(\gamma)}(\Omega_{\mathrm{S}}, \boldsymbol{s}_{\mathrm{F}})}{\partial \theta_{\mathrm{S}}} & \dfrac{\partial \mathcal{L}_{\mathrm{MF}}^{(\gamma)}(\Omega_{\mathrm{S}}, \boldsymbol{s}_{\mathrm{F}})}{\partial \phi_{\mathrm{S}}} \end{bmatrix} \tag{8.46}$$

$$\boldsymbol{H}(\mathcal{L}_{\mathrm{MF}}^{(\gamma)}(\Omega_{\mathrm{S}}, \boldsymbol{s}_{\mathrm{F}})) = \begin{bmatrix} \dfrac{\partial^2 \mathcal{L}_{\mathrm{MF}}^{(\gamma)}(\Omega_{\mathrm{S}}, \boldsymbol{s}_{\mathrm{F}})}{\partial \theta_{\mathrm{S}}^2} & \dfrac{\partial^2 \mathcal{L}_{\mathrm{MF}}^{(\gamma)}(\Omega_{\mathrm{S}}, \boldsymbol{s}_{\mathrm{F}})}{\partial \theta_{\mathrm{S}} \partial \phi_{\mathrm{S}}} \\ \dfrac{\partial^2 \mathcal{L}_{\mathrm{MF}}^{(\gamma)}(\Omega_{\mathrm{S}}, \boldsymbol{s}_{\mathrm{F}})}{\partial \phi_{\mathrm{S}} \partial \theta_{\mathrm{S}}} & \dfrac{\partial^2 \mathcal{L}_{\mathrm{MF}}^{(\gamma)}(\Omega_{\mathrm{S}}, \boldsymbol{s}_{\mathrm{F}})}{\partial \phi_{\mathrm{S}}^2} \end{bmatrix} \tag{8.47}$$

其中，

$$\frac{\partial \mathcal{L}_{\mathrm{MF}}^{(\gamma)}(\Omega_{\mathrm{S}}, \boldsymbol{s}_{\mathrm{F}})}{\partial \theta_{\mathrm{S}}} = 2\mathrm{Re}\left((\boldsymbol{\xi}^{(\gamma-1)} - \boldsymbol{T}_{\mathrm{MF}}(\Omega_{\mathrm{S}})\boldsymbol{s}_{\mathrm{F}})^{\mathrm{H}} \frac{\partial(\boldsymbol{T}_{\mathrm{MF}}(\Omega_{\mathrm{S}}))}{\partial \theta_{\mathrm{S}}}\boldsymbol{s}_{\mathrm{F}}\right) \tag{8.48}$$

$$\frac{\partial \mathcal{L}_{\mathrm{MF}}^{(\gamma)}(\Omega_{\mathrm{S}}, \boldsymbol{s}_{\mathrm{F}})}{\partial \phi_{\mathrm{S}}} = 2\mathrm{Re}\left((\boldsymbol{\xi}^{(\gamma-1)} - \boldsymbol{T}_{\mathrm{MF}}(\Omega_{\mathrm{S}})\boldsymbol{s}_{\mathrm{F}})^{\mathrm{H}} \frac{\partial(\boldsymbol{T}_{\mathrm{MF}}(\Omega_{\mathrm{S}}))}{\partial \phi_{\mathrm{S}}}\boldsymbol{s}_{\mathrm{F}}\right) \tag{8.49}$$

$$\frac{\partial^2 \mathcal{L}_{\mathrm{MF}}^{(\gamma)}(\Omega_{\mathrm{S}},\boldsymbol{s}_{\mathrm{F}})}{\partial \theta_{\mathrm{S}}^2} = 2\mathrm{Re}\left((\boldsymbol{\xi}^{(\gamma-1)} - \boldsymbol{T}_{\mathrm{MF}}(\Omega_{\mathrm{S}})\boldsymbol{s}_{\mathrm{F}})^{\mathrm{H}} \frac{\partial^2(\boldsymbol{T}_{\mathrm{MF}}(\Omega_{\mathrm{S}}))}{\partial \theta_{\mathrm{S}}^2}\boldsymbol{s}_{\mathrm{F}} \right) - 2\left\| \frac{\partial(\boldsymbol{T}_{\mathrm{MF}}(\Omega_{\mathrm{S}}))}{\partial \theta_{\mathrm{S}}}\boldsymbol{s}_{\mathrm{F}} \right\|_2^2 \tag{8.50}$$

$$\frac{\partial^2 \mathcal{L}_{\mathrm{MF}}^{(\gamma)}(\Omega_{\mathrm{S}},\boldsymbol{s}_{\mathrm{F}})}{\partial \phi_{\mathrm{S}}^2} = 2\mathrm{Re}\left((\boldsymbol{\xi}^{(\gamma-1)} - \boldsymbol{T}_{\mathrm{MF}}(\Omega_{\mathrm{S}})\boldsymbol{s}_{\mathrm{F}})^{\mathrm{H}} \frac{\partial^2(\boldsymbol{T}_{\mathrm{MF}}(\Omega_{\mathrm{S}}))}{\partial \phi_{\mathrm{S}}^2}\boldsymbol{s}_{\mathrm{F}} \right) - 2\left\| \frac{\partial(\boldsymbol{T}_{\mathrm{MF}}(\Omega_{\mathrm{S}}))}{\partial \phi_{\mathrm{S}}}\boldsymbol{s}_{\mathrm{F}} \right\|_2^2 \tag{8.51}$$

$$\frac{\partial^2 \mathcal{L}_{\mathrm{MF}}^{(\gamma)}(\Omega_{\mathrm{S}},\boldsymbol{s}_{\mathrm{F}})}{\partial \theta_{\mathrm{S}}\partial \phi_{\mathrm{S}}} = 2\mathrm{Re}\left((\boldsymbol{\xi}^{(\gamma-1)} - \boldsymbol{T}_{\mathrm{MF}}(\Omega_{\mathrm{S}})\boldsymbol{s}_{\mathrm{F}})^{\mathrm{H}} \frac{\partial(T_{\mathrm{MF}}(\Omega_{\mathrm{S}}))}{\partial \theta_{\mathrm{S}}\partial \phi_{\mathrm{S}}}\boldsymbol{s}_{\mathrm{F}} \right) - 2\left(\frac{\partial(\boldsymbol{T}_{\mathrm{MF}}(\Omega_{\mathrm{S}}))}{\partial \phi_{\mathrm{S}}}\boldsymbol{s}_{\mathrm{F}} \right)^{\mathrm{H}} \frac{\partial(\boldsymbol{T}_{\mathrm{MF}}(\Omega_{\mathrm{S}}))}{\partial \theta_{\mathrm{S}}}\boldsymbol{s}_{\mathrm{F}} \tag{8.52}$$

$$\frac{\partial^2 \mathcal{L}_{\mathrm{MF}}^{(\gamma)}(\Omega_{\mathrm{S}},\boldsymbol{s}_{\mathrm{F}})}{\partial \theta_{\mathrm{S}}\partial \phi_{\mathrm{S}}} = \frac{\partial^2 \mathcal{L}_{\mathrm{MF}}^{(\gamma)}(\Omega_{\mathrm{S}},\boldsymbol{s}_{\mathrm{F}})}{\partial \phi_{\mathrm{S}}\partial \theta_{\mathrm{S}}} \tag{8.53}$$

8.4.2 数值模拟

假设三个声源，DOA（$(\theta_{\mathrm{S}i},\phi_{\mathrm{S}i})$）依次为（142°,85°），（142°,41°），（67°,181°），所有声源辐射声波的频率均包括 2 000 Hz，3 000 Hz，4 000 Hz，5 000 Hz 以及 6 000 Hz，各声源在各频率下的强度列于表 8.4 中（均参考标准声压 2×10^{-5} Pa 进行 dB 缩放），添加 SNR 为 40 dB 的独立同分布高斯白噪声干扰，目标声源区域离散间隔为 5°×5°，快拍数目均设为 1。

表 8.4　多正弦稳态声源强度

频率/Hz	2 000	3 000	4 000	5 000	6 000
(142°,85°)声源 1/dB	100.00	100.00	100.00	100.00	100.00
(142°,41°)声源 2/dB	97.50	97.50	97.50	97.50	97.50
(67°,181°)声源 3/dB	93.97	93.97	93.97	93.97	93.97

图 8.5(a)和图 8.5(b)为 NOMP-CB 逐频识别声源的成像图和声源强度重建结果。图 8.5(c)和图 8.5(d)为多频率同步 NOMP-CB 的成像图和声源强度重建结果。NOMP-CB 识别 2 000 Hz 与 3 000 Hz 信号时,未能准确估计声源 1 与声源 2 的 DOA,且在 3 000 Hz 下,该方法在声源 1 附近识别一伪源。此外,在这两个频率下,估计声源强度与真实声源强度相差较大,这是因为声源频率较低,空间分辨率较差,声源间距离较小时,NOMP-CB 的声源识别性能下降。多频率 NOMP-CB 准确识别了所有声源的 DOA 且准确估计了所有频率下各声源的强度。这是由于高频时的空间分辨率高,引入高频成分进行同步计算有助于空间分辨率的提升。

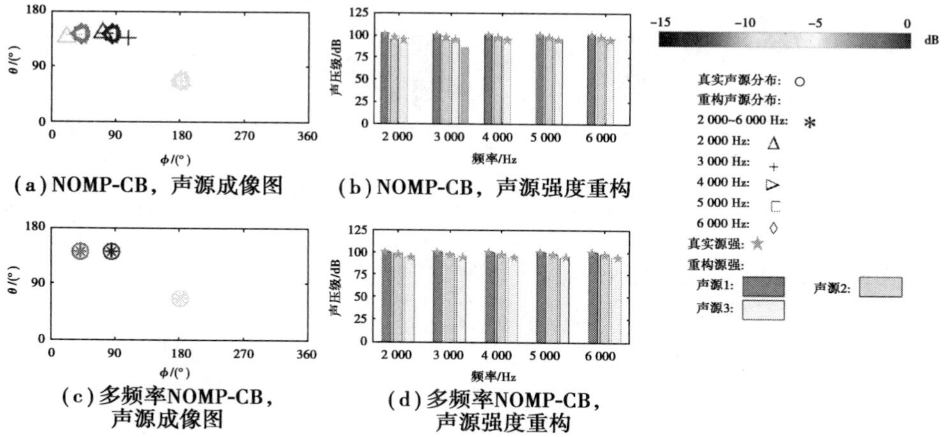

(a)NOMP-CB，声源成像图
(b)NOMP-CB，声源强度重构
(c)多频率NOMP-CB，声源成像图
(d)多频率NOMP-CB，声源强度重构

图 8.5　多正弦稳态声源识别结果

8.5 小结

本章提出基于球面传声器阵列测量的 NOMP-CB 方法,包括多快拍版本和多频率版本。多快拍 NOMP-CB 方法在 OMP 基础上引入牛顿优化过程,在局部连续区域内不断优化识别的声源位置坐标,多频率 NOMP-CB 通过建立多频率联合最大似然估计模型,再执行 NOMP 进行模型求解实现声源的多频率同步识别。多快拍 NOMP-CB 适用于稳态声源的逐频识别,且可通过增加快拍数目提高声源识别性能,多频率 NOMP-CB 更适合宽带声源的多频率同步识别。

参考文献

[1] TROPP J A, GILBERT A C. Signal recovery from random measurements via orthogonal matching pursuit[J]. IEEE Transactions on Information Theory, 2007, 53(12): 4655-4666.

[2] PEILLOT A, OLLIVIER F, CHARDON G, et al. Localization and identification of sound sources using "compressive sampling" techniques[C] // Proceedings of the 18th International Congress on Sound and Vibration 2011, ICSV 2011, 10-14 July 2011, Paris, France. pp. 2713-2720.

[3] 宁方立，卫金刚，刘勇，等. 压缩感知声源定位方法研究[J]. 机械工程学报，2016，52(19)：42-52.

[4] NING F, WEI J, QIU L, et al. Three-dimensional acoustic imaging with planar microphone arrays and compressive sensing [J]. Journal of Sound and Vibration, 2016, 380: 112-128.

[5] NING F, PAN F, ZHANG C, et al. A highly efficient compressed sensing algorithm for acoustic imaging in low signal-to-noise ratio environments[J]. Mechanical Systems and Signal Processing, 2018, 112: 113-128.

[6] EDELMANN G F, GAUMOND C F. Beamforming using compressive sensing [J]. Journal of the Acoustical Society of America, 2011, 130 (4): EL232-EL237.

[7] ZHONG S, WEI Q, HUANG X. Compressive sensing beamforming based on

covariance for acoustic imaging with noisy measurements[J]. Journal of the Acoustical Society of America, 2013, 134(5): EL445-EL451.

[8] SIMARD P, ANTONI J. Acoustic source identification: experimenting the l_1 minimization approach[J]. Applied Acoustics, 2013, 74(7): 974-986.

[9] XENAKI A, GERSTOFT P, MOSEGAARD K. Compressive beamforming[J]. Journal of the Acoustical Society of America, 2014, 136(1): 260-271.

[10] 张晋源, 杨洋, 褚志刚. 压缩波束形成声源识别的改进研究[J]. 振动与冲击, 2019, 38(1): 195-199.

[11] GERSTOFT P, MECKLENBRÄUKER C F, XENAKI A, et al. Multisnapshot sparse Bayesian learning for DOA[J]. IEEE Signal Processing Letters, 2016, 23(10):1469-1473.

[12] XENAKI A, BÜNSOW B J, GRæSBØLL C M. Sound source localization and speech enhancement with sparse Bayesian learning beamforming[J]. Journal of the Acoustical Society of America, 2018, 143(6): 3912-3921.

[13] NANNURU S, KOOCHAKZADEH A, GEMBA K L, et al. Sparse Bayesian learning for beamforming using sparse linear arrays[J]. Journal of the Acoustical Society of America, 2018, 144(5): 2719-2729.

[14] NANNURU S, GERSTOFT P, PING G, et al. Sparse planar arrays for azimuth and elevation using experimental data[J]. Journal of the Acoustical Society of America, 2021, 149(1): 167-178.

[15] CANDÈS E J, WAKIN M B, BOYD S P. Enhancing sparsity by reweighted ℓ_1 minimization[J]. Journal of Fourier Analysis and Applications, 2008, 14(5-6): 877-905.

[16] 杨咏馨, 褚志刚, 杨洋. 基于正交匹配追踪的二维离网压缩波束形成声源识别方法[J]. 机械工程学报, 2022, 58(11): 88-97.

[17] 樊小鹏, 余立超, 褚志刚, 等. 二维动态网格压缩波束形成声源识别方法

[J]. 机械工程学报, 2020, 56(22): 46-55.

[18] YANG Y X, CHU Z, YANG Y, et al. Two-dimensional Newtonized orthogonal matching pursuit compressive beamforming [J]. Journal of the Acoustical Society of America, 2020, 148(3): 1337-1348.

[19] YANG Y X, YANG Y, CHU Z, et al. Multi-frequency synchronous two-dimensional off-grid compressive beamforming [J]. Journal of Sound and Vibration, 2022, 517: 116549.

[20] ELHAMIFAR E, VIDAL R. Block-sparse recovery via convex optimization [J]. IEEE Transactions on Signal Processing, 2012, 60(8): 4094-4107.

[21] ELDAR Y C, KUPPINGER P, BÖLCSKEI H. Block-sparse signals: uncertainty relations and efficient recovery [J]. IEEE Transactions on Signal Processing, 2010, 58(6): 3042-3054.

[22] ZHANG Z, RAO B D. Recovery of block sparse signals using the framework of block sparse Bayesian learning[C] // ICASSP 2012 - 2012 IEEE International Conference on Acoustics, Speech, and Signal Processing (ICASSP), 25-30 March 2012, Kyoto, Japan. pp. 3345-3348.

[23] XENAKI A, GERSTOFT P. Grid-free compressive beamforming [J]. Journal of the Acoustical Society of America, 2015, 137(4): 1923-1935.

[24] YANG Y, CHU Z, XU Z, et al. Two-dimensional grid-free compressive beamforming [J]. Journal of the Acoustical Society of America, 2017, 142 (2): 618-629.

[25] YANG Y, CHU Z, PING G, et al. Resolution enhancement of two-dimensional grid-free compressive beamforming [J]. Journal of the Acoustical Society of America, 2018, 143(6): 3860-3872.

[26] LIU Y, CHU Z, YANG Y. Iterative Vandermonde decomposition and shrinkage-thresholding based two-dimensional grid-free compressive beamforming [J].

Journal of the Acoustical Society of America, 2020, 148(3): EL301-EL306.

[27] YANG Y, CHU Z, PING G. Two-dimensional multiple-snapshot grid-free compressive beamforming [J]. Mechanical Systems and Signal Processing, 2019, 124: 524-540.

[28] ANG Y Y, NGUYEN N, GAN W S. Multiband grid-free compressive beamforming [J]. Mechanical Systems and Signal Processing, 2020, 135: 106425.

[29] CHANDRASEKARAN V, RECHT B, PARRILO P A, et al. The convex geometry of linear inverse problems[J]. Foundations of Computational Mathematics, 2012, 12(6): 805-849.

[30] DUMITRESCU B. Positive trigonometric polynomials and signal processing applications[M]. Dordrecht, Netherlands: Springer, 2007.

[31] BOYD S, VANDENBERGHE L. Convex optimization [M]. Cambridge, UK: Cambridge University Press, 2004: 1-684.

[32] CHI Y, CHEN Y. Compressive two-dimensional harmonic retrieval via atomic norm minimization [J]. IEEE Transactions on Signal Processing, 2015, 63 (4): 1030-1042.

[33] YANG Z, XIE L, STOICA P. Vandermonde decomposition of multilevel Toeplitz matrices with application to multidimensional super-resolution [J]. IEEE Transactions on Information Theory, 2016, 62(6): 3685-3701.

[34] BOYD S, PARIKH N, CHU E, et al. Distributed optimization and statistical learning via the alternating direction method of multipliers[J]. Foundations and Trends® in Machine Learning, 2010, 3(1): 1-122.

[35] LI Y, CHI Y. Off-the-grid line spectrum denoising and estimation with multiple measurement vectors [J]. IEEE Transactions on Signal Processing, 2016, 64(5): 1257-1269.

[36] HJORUNGNES A. Complex-valued matrix derivatives[M]. New York, USA:

Cambridge University Press, 2011.

[37] CHU Z, LIU Y, YANG Y, et al. A preliminary study on two-dimensional grid-free compressive beamforming for arbitrary planar array geo metries [J]. Journal of the Acoustical Society of America, 2021, 149(6): 3751-3757.

[38] RAFAELY B. Plane-wave decomposition of the sound field on a sphere by spherical convolution[J]. Journal of the Acoustical Society of America, 2004, 116(4): 2149-2157.

[39] YAN S, SUN H, SVENSSON U P, et al. Optimal modal beamforming for spherical microphone arrays[J]. IEEE Transactions on Audio. Speech. and Language Processing, 2011, 19(2): 361-371.

[40] LI X, YAN S, MA X, et al. Spherical harmonics MUSIC versus conventional MUSIC[J]. Applied Acoustics, 2011, 72(9): 646-652.

[41] HALD J. Spherical beamforming with enhanced dynamic range [J]. SAE International Journal of Passenger Cars-Mechanical System, 2013, 6(2): 1334-1341.

[42] CHU Z, ZHAO S, YANG Y, et al. Deconvolution using CLEAN-SC for acoustic source identification with spherical microphone arrays[J]. Journal of Sound and Vibration, 2019, 440: 161-173.

[43] FERNANDEZ-GRANDE E, XENAKI A. Compressive sensing with a spherical microphone array[J]. Journal of the Acoustical Society of America, 2016, 139(2): EL45-EL49.

[44] PING G, CHU Z, YANG Y. Compressive spherical beamforming for acoustic source identification[J]. ACTA Acustica United with Acustica, 2019, 105(6): 1000-1014.

[45] SALMAN ASIF M, ROMBERG J. Fast and accurate algorithms for re-weighted ℓ_1-norm minimization[J]. IEEE Transactions on Signal Processing, 2013, 61

(23): 5905-5916.

[46] YIN S, CHU Z, ZHANG Y, et al. Adaptive reweighting homotopy algorithm based compressive spherical beamforming with spherical microphone arrays [J]. Journal of the Acoustical Society of America, 2020, 147(1): 480-489.

[47] WANG J, KWON S, SHIM B. Generalized orthogonal matching pursuit[J]. IEEE Transactions on Signal Processing, 2012, 60(12): 6202-6216.

[48] YIN S, YANG Y, CHU Z, et al. Newtonized orthogonal matching pursuit-based compressive spherical beamforming in spherical harmonic domain [J]. Mechanical Systems and Signal Processing, 2022, 177: 109263.

[49] YANG Y, CHU Z, YANG L, et al. Enhancement of direction-of-arrival estimation performance of spherical ESPRIT via atomic norm minimisation [J]. Journal of Sound and Vibration, 2021, 491: 115758.